BETRIEBSRATSARBEIT
KOMPAKT

Robert Hauser
Gerhard Höbart
Peter Hoffmann
Helga Hons
Roland Lang
Heinz Leitsmüller
Willi Mernyi
Gernot Mitter
Ruth Naderer
Johann Ofner
René Schindler
Hannes Schneller

UNTERNEHMENSKRISE

Krisen erkennen.
Krisen analysieren.
Krisen bewältigen.

ÖGB VERLAG

Die Inhalte in diesem Buch sind von den Autoren und vom Verlag sorgfältig erwogen und geprüft, dennoch kann eine Garantie nicht übernommen werden. Eine Haftung der Autoren bzw. des Verlages und seiner Beauftragten für Personen-, Sach- und Vermögensschäden ist ausgeschlossen.

Rechtsstand: Juni 2009

Gedruckt auf chlorfrei gebleichtem Papier

Layoutentwurf/Umschlaggestaltung: Michael Mazohl
Layout/Grafik: Dietmar Kreutzberger
Lektorat: Mag. Birgit Janischevski
Projektmanagement: Mag. Gerhard Bröthaler

Medieninhaber:
Verlag des Österreichischen Gewerkschaftsbundes GmbH, Wien
1230 Wien, Altmannsdorfer Straße 154–156
www.oegbverlag.at, office@oegbverlag.at

Hersteller:
Verlag des Österreichischen Gewerkschaftsbundes GmbH, Wien
Verlags- und Herstellungsort: Wien
Printed in Austria
ISBN 978-3-7035-1385-5

INHALTSVERZEICHNIS

VORWORT

Krisen erkennen. Krisen analysieren.
Krisen bewältigen.

ArbeitnehmerInnen verzichten „freiwillig" auf Lohn und Gehalt, um ihrem Unternehmen aus der Krise zu helfen. Das gleiche Unternehmen – wir reden von Magna – kauft wenig später die deutsche General-Motors-Tochter Opel. Für viele betroffene Beschäftigte und für die breite Öffentlichkeit stellt sich in diesem Beispiel die berechtigte Frage, wer denn da jetzt eine Krise hat? Oder auf wessen Rechnung die Bewältigung der Krise geht? Ist Lohnverzicht bei den Beschäftigten zur Finanzierung eines Großeinkaufs (wahrscheinlich schon mit Blick auf künftige neue Gewinne) die richtige Art, eine Krise zu bewältigen? Und für wen ist das richtig?

Dieses Beispiel trägt viele Elemente in sich, die in diesem Buch behandelt werden: vom rechtzeitigen Erkennen der Krise über deren korrekte Analyse, von der Kommunikation der BetriebsrätInnen mit der Belegschaft bis hin zur Frage, wer die Bewältigung der Krise mit welcher Maßnahme am Ende bezahlt.

Zweifellos gibt es Unternehmenskrisen und zweifellos hat die Firma Magna, wie viele andere auch, im Zuge der Wirtschaftskrise Auftragseinbrüche und rückläufige Gewinne verspürt. Aber wo genau liegt die Krise, wenn ArbeitnehmerInnen verzichten und die Konzernleitung gleichzeitig offenbar prall gefüllte Kassen hat? Wo genau liegt die Krise, wenn auf der einen Seite Kurzarbeit vereinbart wird oder Belegschaften reduziert werden und andererseits Prämien und Bonuszahlungen an Manager fließen?

Selbstverständlich gibt es Unternehmenskrisen, und in den seltensten Fällen fallen sie plötzlich und unerwartet vom Himmel. Krisen frühzeitig zu erkennen ist möglich, verschiedene Instrumente dafür werden im Folgenden beschrieben, angefangen beim Erkennen erster Anzeichen in den Unternehmensbilanzen bis zu Hintergrundinformationen und Analysen aus den Fachabteilungen von Gewerkschaften und Arbeiterkammern.

Es kommt aber nicht nur darauf an, Krisen frühzeitig zu erkennen und zu analysieren, sondern für die Bewältigung die richtigen Schlüsse zu ziehen. Die Herausforderungen, die sich BetriebsrätInnen dabei stellen, sind vielfältig, vom richtigen Einschätzen der Schwere der Krise über die Kommunikation mit der Belegschaft bis zu den nötigen – und richtigen! – Maßnahmen zur Krisenbewältigung. Richtig kann in einem Fall eine Kurzarbeitsvereinbarung sein, in einem anderen Sozialpläne, Bildungskarenz, Arbeitszeitverkürzung oder vieles andere – das und mehr wird im Folgenden ausführlich beschrieben.

Aus Sicht der ArbeitnehmerInnenvertretungen ist es bei der Bewältigung von Unternehmenskrisen aber ganz sicher **nicht richtig, die Lasten und Kosten den ArbeitnehmerInnen aufzubürden.** Das wäre nicht nur menschlich nicht richtig, sondern auch ökonomisch dumm und fahrlässig. Dumm und fahrlässig, weil es die Krise ja nur weiter verschärft, wenn man die Einkommen der ArbeitnehmerInnen in Krisenzeiten schmälert. Dann kaufen sie zwangsläufig (noch) weniger, die Umsätze der Unternehmen brechen noch weiter ein, noch mehr Kündigungen sind die Folge und vermindern erneut die Kaufkraft – eben jene „Abwärtsspirale", die seit der Weltwirtschaftskrise der 1930er Jahre alle kennen! Wer weniger Geld hat, kann weniger Geld ausgeben, so einfach ist es – und für viele Unternehmer offenbar doch so schwer zu begreifen. Langfristig gesehen helfen geringere Einkommen ihrer Beschäftigten auch den Unternehmen daher nicht: Der Schaden, den sie von sich selbst abzuwenden trachten, trifft am Ende doch auch sie – ganz nach Henry Fords viel strapaziertem Spruch, dass „Autos keine Autos kaufen".

Kluge Unternehmer suchen gerade in Krisenzeiten verstärkten Kontakt zu ihren BetriebsrätInnen - und kluge BetriebsrätInnen holen sich Information, Rückhalt und Unterstützung bei ihren Gewerkschaften und in den Arbeiterkammern. Die AutorInnen bieten BetriebsrätInnen mit dem vorliegenden Buch eine Fülle von Instrumenten, um Krisen zu erkennen, zu analysieren und zu bewältigen, einschließlich einer umfassenden Liste von weiterführender Literatur, einschlägigen Linktipps und Kontakten zu Gewerkschaften und Arbeiterkammern.

Gemeinsam sind wir stark - und gemeinsam werden wir auch die Krise meistern!

Ruth Naderer/Heinz Leitsmüller

BETRIEBSWIRTSCHAFTLICHES KNOWHOW FÜR BETRIEBSRÄTE

1

Durch die Krise

1.1 EINE EINLEITUNG – VERSUCH EINER KRISENDEFINITION

Unter Krise versteht man in der Regel eine schwierige Situation oder Zeit, die den Höhe- und Wendepunkt einer gefährlichen Entwicklung darstellt. Das Phänomen Krise tritt in vielen Bereichen auf – etwa im Gesundheitsbereich, in der Psychologie und natürlich auch in der Wirtschaft. Gemeinsam ist allen Krisenerscheinungen, dass von ihnen eine massive Existenzbedrohung ausgeht, die durch ein **hohes Potential an Unsicherheit über die weitere Entwicklung** gekennzeichnet ist. Unternehmenskrisen bedrohen die Existenz eines Unternehmens, dahinter stehen aber auch die Schicksale von Beschäftigten, Lieferanten und Gläubigern. Der Verlust der Arbeit hat nicht nur eine ökonomische Dimension, sondern kann bei den Betroffenen auch psychische und gesundheitliche Krisen auslösen.

Schicksale von Beschäftigten, Lieferanten und Gläubigern

Wann wird nun wer in welchem Zusammenhang eine Unternehmenskrise ausrufen? Die Krisendefinition und -wahrnehmung hängt ganz maßgeblich von der eigenen **Sichtweise, Interessenlage und Betroffenheit** ab. Der Aktionär einer an der Börse notierten Aktiengesellschaft wird eine Krise wahrnehmen, wenn der Aktienkurs geringer als erwartet steigt oder sogar fällt – wie es zuletzt während der Finanzmarktkrise 2008/09 massiv der Fall war. Da sich der Aktienkurs oft relativ unabhängig von der realen Ertragslage des Unternehmens entwickelt, kann es durchaus passieren, dass Aktionäre trotz passabler Unternehmensgewinne die Krise ausrufen. Gläubiger eines Unternehmens - etwa Banken oder Lieferanten - werden vor allem dann von einer Krise sprechen, wenn ihre Forderungen an ein Unternehmen im Zuge von Zahlungsunfähigkeit oder Überschuldung massiv gefährdet sind. Die Geschäftsführung eines Unternehmens hat hingegen den Auftrag, eine gute Unternehmensperformance zu liefern. Gelingt dies nicht, kann schon ein geringer Gewinnrückgang als - nicht zuletzt persönliche - Krise erlebt werden, letztendlich geht es auch um die Verlängerung des Geschäftsführungsvertrags.

Krisenwahrnehmung und Definition hängt von der Betroffenheit ab

Beschäftigte werden eine Unternehmenskrise vorrangig mit der Unsicherheit und dem Schicksal ihres Arbeitsplatzes verbinden. Alle eben beschriebenen Krisenphänomene und unterschiedlichen Krisenwahrnehmungen der betroffenen Akteure haben jedenfalls auch Auswirkungen auf die Beschäftigung. Arbeitsplätze werden jedoch auch ohne fundamentale betriebswirtschaftliche Begründung abgebaut, wenn Konzerne z.B. ihre interne Arbeitsteilung neu strukturieren, betriebliche Funktionen verlagern oder Standorte stilllegen. Hier lösen „bewusste" Entscheidungen von Eigentümern oder Managern Krisen aus.

Unabhängig davon, was der Anlass einer Krise ist und wer die Krise wie wahrnimmt, **ist die Folge immer ein sich rasch aufbauender Handlungsdruck.** Für die BelegschaftsvertreterInnen gipfelt dieser in der Sicherung und Erhaltung des Standorts und der Arbeitsplätze. In einem erstem Schritt gilt es, sich einen Überblick über die Situation zu verschaffen. **Informationsgewinnung und Kommunikation** mit Schlüsselpersonen **stehen im Vordergrund**. Als nächstes müssen die Informationen bewertet und interpretiert werden. Ergebnis dieses Schrittes sollten Vermutungen und die Entwicklung von Szenarien sein, in welche Richtung es weiter gehen könnte. Darauf aufbauend kann der Betriebsrat nun, am besten im Team, verschiedene Handlungsalternativen erarbeiten und nach erfolgter Entscheidungsfindung auch realisieren.

Nach den ersten Handlungen sollte dieser Kreislauf wieder von vorne gestartet werden, um die nächsten Schritte zu planen. In einer akuten Krise sind diese

Schritte freilich nicht so einfach umzusetzen. Information ist schwierig zu bekommen, relevante Daten sind in der Krise oft nicht vorhanden oder veraltet. Die Kommunikation wird häufig drastisch zurückgefahren, an die Stelle strukturierter Kommunikation tritt die Gerüchteküche. Und schließlich ist es in extremen Situationen nicht einfach, Entscheidungen zu treffen bzw. Lösungen umzusetzen, da Krisenentscheidungen über die gewohnten Routinen hinausgehen und ihre Auswirkungen nur schwer eingeschätzt werden können.

Kommunikation wird in der Krise drastisch eingeschränkt – Gerüchte brodeln

Dieser **Beitrag soll als Unterstützung für BetriebsrätInnen dienen, einen Weg durch die Krise zu finden.** Im Mittelpunkt stehen Informationsgewinnung und Kommunikation, die eine ganz wesentliche Basis für eine Krisenbewältigung darstellen.

1.2 TYPISCHER KRISENVERLAUF – KLASSISCHE KRISENSTADIEN

Wie weit ist die Krise fortgeschritten?

Wie ernst ist die Situation? Wie viel Zeit steht für Maßnahmen zur Krisenvermeidung bzw. -bewältigung zur Verfügung? Wie groß ist der Handlungsspielraum?

Eine Unternehmenskrise bricht nicht über Nacht aus. Ein Unternehmen wird nicht aus heiterem Himmel von heute auf morgen insolvent. In fast allen Unternehmen gibt es schon Monate, manchmal sogar Jahre, bevor die Krise akut wird, die ersten Anzeichen und Symptome – wenn es auch jetzt im Sog der Finanzkrise schneller gehen kann. Unternehmenskrisen durchlaufen meistens 3 Stadien, beginnend mit einer **Strategiekrise**, die in der Folge in eine **Ertragskrise** übergeht und mit der **Liquiditätskrise** endet. Die Reihenfolge ist meist dieselbe, sofern nicht rechtzeitig adäquate Gegensteuerungsmaßnahmen ergriffen werden. Strategiekrisen werden als solche oft nicht einmal erkannt. Die für alle Beteiligten sichtbare und oft schmerzhafte Ertrags- und vor allem Liquiditätskrise folgt erst später. Anders verlief allerdings die Finanzmarktkrise 2009, die bei vielen Unternehmen mit einer Kreditklemme begonnen hat. Damit verbundene Liquiditätsengpässe führten zu Investitionsstopps und Nachfrage-

Unternehmenkrisen durchlaufen meist 3 Stadien: Strategiekrise, Ertragskrise, Liquiditätskrise

rückgängen, die in weiterer Folge Ertragseinbrüche mit sich brachten.

Je früher reagiert wird, desto besser

Wenn dem Betriebsrat erste Krisengerüchte zu Ohren kommen, sollte er möglichst rasch feststellen, wie weit sie bereits fortgeschritten ist. Nur so kann er einschätzen, ob es schon 5 vor 12 ist oder ob es noch genügend Zeit für soziale und kreative Maßnahmen gibt. Der verbleibende Zeitraum für die Ergreifung von Maßnahmen zur Krisenbewältigung wird immer kleiner. Während bei der strategischen Krise noch ein längerer Zeitraum zur Gegensteuerung zur Verfügung steht, bleiben bei der Liquiditätskrise oft nur einige Tage bzw. Wochen.

Je früher die Verantwortlichen – Geschäftsführung und ManagerInnen – die Krise erkennen und Maßnahmen ergreifen, desto eher kann eine Existenzbedrohung bzw. die Insolvenz des Unternehmens abgewendet werden. Der Schaden für die Beteiligten – ArbeitnehmerInnen, EigentümerInnen, GläubigerInnen, LieferantInnen, KundInnen – kann minimiert werden.

Wichtige Hinweise für den Betriebsrat

Wenn es erste Anzeichen für eine Krise im Unternehmen gibt, sollte auch der Betriebsrat rasch reagieren. In einem ersten Schritt geht es darum, umfassende Informationen zu sammeln und auszuwerten, um zuverlässig einschätzen zu können, wie weit die Krise schon fortgeschritten ist. Alle Krisen kündigen sich in Form verschiedener Indikatoren an.

Werden Krisen erst erkannt bzw. ernst genommen, wenn es bereits Liquiditätsengpässe gibt, bleibt für moderate Gegensteuerungsmaßnahmen kaum Zeit. Kurzfristig wirkende Kosteneinsparungen werden dann rasch durchgezogen. Nur allzu oft werden Löhne, Gehälter und Sozialleistungen nach Einsparungsmöglichkeiten durchforstet. Ein rechtzeitiges ‚Hinschauen' und Eingreifen des Betriebsrates kann somit negative Folgen für die ArbeitnehmerInnen abschwächen bzw. sogar abwenden.

1.2.1 STRATEGIEKRISE ODER LATENTE KRISE – DIE KRISE WIRFT ERSTE SCHATTEN

Ein Unternehmen macht hohe Gewinne, hat steigende Umsätze und eine gute Presse und kann trotzdem allmählich in eine Strategiekrise schlittern. Die Zahlen sind o.k., Erfolgspotentiale wie z.B. ein besonderer Wettbewerbsvorteil, die Qualität der Produkte oder ein gutes Markenimage bekommen jedoch erste Kratzer. Die Zukunftschancen sind beeinträchtigt. Neben unternehmerischen Fehlentscheidungen bzw. -entwicklungen können auch Faktoren, die nicht im unternehmerischen Einflussbereich liegen, zu einer Strategiekrise führen. Währungsschwankungen, protektionistische Maßnahmen von Konkurrenten, Branchenkrisen oder globale Konjunkturkrisen können vor allem exportorientierte Unternehmen stark negativ beeinflussen.

Der Beginn einer sich anbahnenden Krise ist kaum im betrieblichen Rechnungswesen - Bilanz, Kostenrechnung - erkennbar. Klassische erste Anzeichen sind das Fehlen neuer Produkte durch Vernachlässigung von Forschung und Entwicklung, Fehlinvestitionen, eine nachlassende Produktqualität, ein Ansteigen der Kundenbeschwerden bzw. -reklamationen, versäumte Liefertermine, gestiegene Forderungen oder sinkende Auftragsstände.

Beispiel: Ein Unternehmen der Automobilbranche macht jahrelang hohe Gewinne mit einem bei den Kunden sehr beliebten, allerdings im Benzinverbrauch nicht sehr sparsamen Modell. Aufgrund der guten Ergebnisse wird auf die Weiterentwicklung zu wenig Wert gelegt und sie nur zögernd vorangetrieben. Das Unternehmen verliert allmählich seinen Wettbewerbsvorteil, da die Konkurrenz durch konsequente Forschung und Entwicklung stetig sparsamere Autos auf den Markt bringt. Das Unternehmen gerät in eine strategische bzw. latente Krise.

1.2.1.1 Früherkennung von Unternehmenskrisen

Was ist Krisenfrüherkennung? Wer hat Interesse daran? Wer ist dafür verantwortlich bzw. kann einen Beitrag leisten?

Woran erkennt man den Beginn einer Krise? Worauf soll man schauen?

Die Früherkennung von Krisen ist Bestandteil eines umfassenden Krisenmanagements im präventiven Bereich. Latent vorhandene, den Fortbestand eines Unternehmens bedrohende Krisen sollen frühzeitig aufgedeckt werden, um rechtzeitig Gegenmaßnahmen einleiten zu können. Im Unternehmen eingerichtete Früherkennungssysteme beziehen sowohl

Hard Facts (Kennzahlen, Wertveränderungen bestimmter Größen) als auch qualitative Anzeichen bzw. schwache Signale ein.

Internes Kontrollsystem und Risikomanagement zur Früherkennung

Organisatorisch ist die Früherkennung meistens im Controlling eingebunden. Die Verantwortung liegt vor allem beim Vorstand, der in börsenotierten und sehr großen Unternehmen auch per Gesetz für die Errichtung eines Internen Kontroll- und Risikomanagementsystems und damit für ein effektives Früherkennungssystem zuständig ist. Der Aufsichtsrat – insbesondere ein eingerichteter Prüfungsausschuss – hingegen muss die Wirksamkeit dieser Systeme überprüfen.

Grundsätzlich **gibt es eine Reihe von Stakeholdern, die Interesse an einer Früherkennung haben:** Banken, WirtschaftsprüferInnen, AnteilseignerInnen, LieferantInnen, KundInnen, KonkurrentInnen, InvestorInnen. Auch die ArbeitnehmerInnen tragen ein erhebliches Risiko und haben ein berechtigtes Interesse daran, dass Krisen frühzeitig erkannt und bewältigt werden – noch bevor „personelle Maßnahmen" wie Reduktion von Sozialleistungen, Kurzarbeit oder Personalabbau und Kündigungen als Sanierungsinstrument eingesetzt werden müssen.

Anzeichen einer Strategiekrise	Ursache, Problem dahinter	Was anschauen, hinterfragen, beobachten
Fehlen neuer Produkte	Forschung und Entwicklung wird vernachlässigt	Produktlebenszyklus, Forschungs- und Entwicklungsbudget
Anlaufschwierigkeiten bei neuen Anlagen, Überkapazitäten	Fehlinvestitionen, Fehlplanungen	Planrechnungen, Investitionsanträge, Kapazitätsauslastung
Produktqualität sinkt	Probleme in der Prozessorganisation, Qualität der Vormaterialien, Ausbildung der MitarbeiterInnen	Kundenbefragungen, Ergebnisse von Qualitätsaudits, Ausschuss- und Reklamationsquoten
Lagerbestand bei Vorräten steigt	Absatzschwierigkeiten, verfehlte Lagerpolitik	Bilanzanalyse: Vorratsbestand, Lagerdauer; Absatz- und Marktanalyse
versäumte Liefertermine	Produktions- bzw. Logistikprobleme	Vertriebsprozesse

Außenstände steigen, hohe Forderungen	internes Mahnwesen, Liquiditätsprobleme von Hauptkunden	Bilanzanalyse: Forderungsbestände, Kundenziel; Analyse der Debitoren
Auftragsbestand, Absatz sinkt	rückläufige Nachfrage, Produktqualität, Überkapazitäten am Markt	gemäß § 108 (1) ArbVG erfragen
Terminvereinbarungen werden nicht eingehalten (z. B. Liefertermine)	unrealistische Zeitvorgaben, Zeitdruck, zu wenig Personal, Ausbildung	Gespräche mit KollegInnen
Personalfluktuation steigt	Arbeitszufriedenheit sinkt, Führungsqualitäten und Unternehmenskultur mangelhaft	Gespräche mit KollegInnen

1.2.2 ERTRAGSKRISE – DIE KRISE NIMMT IHREN LAUF

Wird in der Strategiekrise nicht gehandelt, nimmt die Krise ihren Lauf und es folgt früher oder später die Ertragskrise. Die Krise schreitet voran und gewinnt an Tempo. Der zeitliche und finanzielle Spielraum wird merkbar geringer. Die Ertragskrise ist durch **rückläufige Umsätze, sinkende Gewinne bzw. Verluste oder niedrigere Rentabilitäten** gekennzeichnet. Anfallende Verluste zehren am Eigenkapital. Eine Ertragskrise ist im Zahlenwerk des betrieblichen Rechnungswesens (Gewinn- und Verlustrechnung, Bilanz, Kostenrechnung) deutlich erkennbar. Auch eine sinkende Produktivität, unausgelastete Kapazitäten, die Realisierung einmaliger Erträge wie Anlagenverkäufe und Rückstellungsauflösungen und vermehrte Preisnachlässe sind typische Indikatoren der Ertragskrise.

In der Ertragskrise sinkt der zeitliche und finanzielle Spielraum

Beispiel: Unser Autohersteller verliert durch sein langsam „altmodisches" und zu viel Benzin verbrauchendes Modell Kunden, die zu den Konkurrenten überwechseln. Der Marktanteil des Herstellers geht zurück. Absatz, Umsatz und in der weiteren Folge auch die Gewinne des Unternehmens sinken bzw. es werden Verluste erzielt.

Anzeichen der Ertragskrise	Ursache, Problem dahinter	Was anschauen, hinterfragen, beobachten
sinkende Produktivität	rückläufige Umsätze, teure Vormaterialien, schlechte Organisation, ineffektiver Personaleinsatz	Bilanzanalyse: Wertschöpfung, Wertschöpfung pro Beschäftigtem und mengenmäßige Produktion
steigende Gemeinkosten, overheads	ineffektive Aufbau- oder Ablauforganisation	Kostenrechnungskennzahlen, z. B. Entwicklung der Gemeinkosten
unausgelastete Kapazitäten	Nachfragerückgang, Überkapazitäten	Marktanalyse, Entwicklung der Produktionszahlen
Bilanzbild wird geschönt	Ertrags- oder Liquiditätsprobleme	Bilanzanalyse: Auflösung von Rückstellungen und Rücklagen, Verkauf von Vermögenswerten, Sale-and-lease-back
steigende Kreditkosten	Banken verlangen höhere Zinsen für höheres Risiko, höhere Verschuldung des Unternehmens	Bilanzanalyse: Zinsaufwendungen, Verschuldung und Verschuldungsdauer steigen
steigende Preisnachlässe, Rabatte	Absatzschwierigkeiten, mangelnde Qualität der Produkte	Bilanzanalyse: Erlösschmälerungen
Sozialleistungen werden gekürzt	Ertrags- oder Liquiditätsprobleme	Bilanzanalyse: Personalaufwand, Rückstellungen für Restrukturierungen
Eigenkapital wird aufgezehrt	hohe Verluste, zu hohe Ausschüttungen an die Eigentümer, zu geringe Eigenkapitaldecke	Bilanzanalyse: Eigenkapitalquote und Fristenentsprechung

1.2.3 LIQUIDITÄTSKRISE – DIE KRISE WIRD AKUT

Dauert die Ertragskrise länger an und verfügt das Unternehmen nur über eine schmale Eigenkapitalausstattung oder schlechte Finanzierungsstruktur, ist die Liquiditätskrise unausweichlich. Die schlechte Ertragssituation führt zu einer unbefriedigenden Selbstfinanzierungssituation (niedriger oder negativer Cashflow), die liquiden Mittel werden immer knapper. **Zu Beginn können „finanzielle Löcher" oft noch durch weitere Kreditaufnahmen, Umschuldungen und Verpfändungen geschlossen werden.**

Wenn Kredite nur mehr gegen erhöhte Sicherheiten gewährt werden, sich die Lieferanten durch Eigentumsvorbehalt oder Lieferung gegen Barzahlung absichern, Rückstände beim Finanzamt und bei den Sozialversicherungen ansteigen, Kurzarbeit droht und Löhne und Gehälter verspätet ausbezahlt werden, ist die Situation üblicherweise schon bedrohlich.

Gläubiger verlieren das Vertrauen und stellen Kredite fällig

Wenn das Unternehmen seinen laufenden Zahlungsverpflichtungen nicht mehr nachkommen kann, Gläubiger das Vertrauen verlieren und keine weiteren Kredite gewähren bzw. Kredite fällig stellen, droht die Zahlungsunfähigkeit.

Zur genauen Analyse der Liquiditätskrise benötigt man laufende Finanzpläne, die lückenlos alle zukünftigen Ein- und Auszahlungen und ihren zeitlichen Anfall aufzeichnen, um die ‚Zahlungslücke' zu erheben. Um den Weiterbestand des Unternehmens zu gewährleisten und die Insolvenz abzuwenden, muss jedenfalls die Zahlungsfähigkeit gesichert werden.

Während der Finanzmarktkrise 2008/09 sind auch etliche an sich „gesunde" Unternehmen durch die restriktive Kreditvergabepolitik der Banken in Liquiditätsschwierigkeiten geraten. Notwendige Investitionen können nicht finanziert werden.

Maßnahmen zur Sicherung der Liquidität

Maßnahmen zur Sicherung der Liquidität können von den Eigentümern durch Gesellschafterzuschüsse bzw. Kapitalerhöhung erfolgen. Auch der Verkauf von nicht betriebsnotwendigem Vermögen oder Sale-and-lease-back-Finanzierungen oder Zuschüsse der öffentlichen Hand sind denkbar. Wenn all diese Maßnahmen nicht mehr greifen oder nicht genützt werden können, kann nur mehr ein Forderungsverzicht der wichtigsten Gläubiger (Stiller Ausgleich) oder ein Verkauf des Unternehmens an zahlungskräftigere Gesellschafter das Unternehmen retten.

Beispiel: Zu spät erkennt unser Autohersteller die sich anbahnende Krise. Er tätigt größere Modernisierungsinvestitionen und beauftragt die Entwicklung eines neuen Modells. Die Ertragslage hat sich mittlerweile derart verschlechtert, dass kein positiver Cashflow und somit kein eigener Beitrag zur Finanzierung mehr erzielt wird. Die Investitionen bzw. die Entwicklungsarbeiten müssen fremdfinanziert werden. Die liquiden Mittel werden knapp, wodurch das Unternehmen nicht mehr alle Zahlungsverpflichtungen rechtzeitig einhalten kann.

Anzeichen der Liquiditätskrise	Ursache, Problem dahinter	Was anschauen, hinterfragen, beobachten
Cashflow sinkt oder wird negativ	laufende Kosten können nicht mehr durch laufende Erträge finanziert werden	Bilanzanalyse
verzögerte Zahlungen von Verbindlichkeiten	Zahlungsengpässe	aktuelle Finanz- bzw. Liquiditätspläne
Kredite nur mehr gegen erhöhte Sicherheiten: Pfand, Hypotheken, Wechsel	Banken und andere Gläubiger verlieren Vertrauen	aktuelle Finanz- bzw. Liquiditätspläne
Lieferungen nur mehr gegen Barzahlung oder Eigentumsvorbehalt	Lieferanten sichern sich ab	aktuelle Finanz- bzw. Liquiditätspläne
Löhne und Gehälter werden verspätet ausbezahlt	Liquiditätsprobleme	aktuelle Finanz- bzw. Liquiditätspläne
ArbeitnehmerInnen sollen Urlaub konsumieren	Unterauslastung	Stimmung in der Belegschaft, Jahresabschlussdaten
Schichten werden abgesetzt	Unterauslastung	Stimmung in der Belegschaft, Jahresabschlussdaten
Überstundenstopp, Kurzarbeit, Kündigungen	Unterauslastung	Stimmung in der Belegschaft
Rückstände bei Finanzamt und Sozialversicherung	Liquiditätsprobleme	

Anzeichen der Liquiditätskrise	Ursache, Problem dahinter	Was anschauen, hinterfragen, beobachten
Gründung von Tochtergesellschaften bzw. Holding, Ausgliederung von Betrieben in neu gegründete Gesellschaften	Risikominimierung der Eigentümer	§ 109 (1) ArbVG

1.3 URSACHEN VON UNTERNEHMENSKRISEN

Die **Ursachenanalyse einer Unternehmenskrise ist die Basis für die Einleitung von Sanierungsschritten.** Nur wer die Ursachen kennt, kann auch gezielte und abgestimmte Maßnahmen zur Behebung der Probleme einleiten. Betriebsräte erleben die Praxis oft ganz anders: Völlig unabhängig von der Krisenursache werden als einzige Maßnahme Personalaufwendungen gekürzt und Arbeitsplätze abgebaut. Damit wird zwar kurzfristig die Kostenseite des Unternehmens entlastet, die eigentliche Ursache für die Krise ist aber nicht beseitigt. Die Krise kann kurze Zeit später wieder virulent werden. Dieses Phänomen kennen wir aus dem Gesundheitsbereich. Zahnschmerzen können durch Schmerztabletten gemildert werden, gelöst werden kann dieses Problem aber nur dann, wenn es an der Wurzel gepackt wird und die Ursache für die Schmerzen beseitigt wird.

Nur wer die Ursachen kennt, kann die richtigen Schritte setzen

GRAFIK ZUM THEMA

Krisenursachen
Laut Kreditschutzverband von 1870 verteilen sich die Insolvenzursachen 2008 wie folgt:

1.3.1 KAPITALMANGEL, FINANZIERUNG DES UNTERNEHMENS

Ursache	Problem für das Unternehmen
geringe Eigenkapitalausstattung, hohe Schulden	Zu wenig Eigenkapital bedeutet, dass das Unternehmen über zu wenig Reserven verfügt, um Verluste aufzufangen. Schulden müssen darüber hinaus zurückbezahlt werden, es kommt zu Liquiditätsengpässen.
zu hohe Privatentnahmen bzw. Dividenden	Hohe Privatentnahmen führen zu einer Verringerung der Eigenkapitalausstattung und damit zu einer Schwächung der Krisenresistenz.
falsche Finanzierungsstruktur – langfristiges Vermögen wird kurzfristig finanziert und umgekehrt	Es droht die Gefahr von Zahlungsschwierigkeiten, wenn Kredite eine längere Laufzeit haben als die Nutzungsdauer des Vermögens.
Forderungsausfälle, Vorratsabwertungen etc.	Das Unternehmen bekommt Liquiditätsprobleme. Die Ausfälle führen darüber hinaus zu Verlusten.
Kreditlimitbeschränkungen etc.	Kann das Unternehmen die teilweise sehr strengen Auflagen von Banken (Basel II) nicht erfüllen, erhält es entweder zu wenig Kredite oder muss hohe Zinsen bezahlen. Der Finanzierungsspielraum wird massiv eingeschränkt.

1.3.2 ERTRAGS- UND KOSTENSEITIGE URSACHEN

Ursache	Problem für das Unternehmen
sinkender Umsatz	Umsatzrückgänge können eine Reihe von Ursachen haben. Diese reichen von Marketing- und Vertriebsmängeln, Konkurrenzdruck, Preisverfall bis hin zu Qualitäts- und Produktionsmängeln. Umsatzprobleme können in der Praxis meistens nicht kurzfristig beseitigt werden, sie führen unmittelbar zu Ertragsrückgängen. Kurzfristig werden daher meist Kostensenkungen als Ausgleichsmaßnahmen eingesetzt.
zu hohe Fixkostenbelastung	Fixkosten (Mieten, Abschreibungen, Finanzierungskosten) bestehen unabhängig von der Auslastung und fallen bei Umsatzrückgängen weiter an.

unrentable Geschäftsbereiche	Unrentable Geschäftsbereiche haben negative Deckungsbeiträge oder erreichen nicht den Break-even-Punkt. Ohne entsprechende Gegensteuerungsmaßnahmen erhöhen sich die Verluste.
ineffiziente Kostenstruktur	Zu hohe Kosten können bei allen Kostenarten wie Material, bezogenen Leistungen, Personal, Vertriebskosten, Verwaltungskosten etc. anfallen.

1.3.3 STRATEGISCHE URSACHEN

Ursache	Problem für das Unternehmen
Weiterentwicklung des Unternehmens wurde vernachlässigt.	Die Vernachlässigung von Forschung, Produktentwicklung, Markterweiterung etc. führt langfristig zu einer Beeinträchtigung der Ertragspotentiale.
Fehleinschätzungen von Marktentwicklung, Fehlinvestitionen	Investitionen in falsche Strategien oder technische Betriebsmittel führen zu einer langfristigen „falschen" Kapitalbindung. Die Sanierung solcher Fehlentscheidungen ist nur mit hohen Verlusten möglich.
riskante Veranlagungen bzw. Beteiligungen, Spekulationen	Spekulative Veranlagungen können hohe Wertberichtigungen und damit bedrohliche Verluste verursachen.

1.3.4 EXTERNE URSACHEN

Ursache	Problem für das Unternehmen
Branchenkrise, Konjunkturkrise, Krise am Arbeitsmarkt, Finanzmarktkrise, Währungskrise, Inflation, politische Krisen	Die Liste externer Ursachen ist lang. Ein Unternehmen steht immer im Kontext mit seiner Umwelt. Konjunkturkrisen, Branchenkrisen und Krisen von Abnehmern, Lieferanten etc. haben Auswirkungen auf ein Unternehmen. Ein gut geführtes Unternehmen beobachtet seine Umwelt laufend und kann rasch auf diese Veränderungen reagieren. Schlecht gemanagte Unternehmen scheitern oft schon an kleineren Veränderungen der Rahmenbedingungen. Ausnahmesituationen – wie zuletzt die Konjunkturkrise 2009 – stellen alle beteiligten Marktteilnehmer vor enorme Herausforderungen.

1.3.5 URSACHEN IM BEREICH DES MANAGEMENTS

Ursache	Problem für das Unternehmen
mangelnde Kompetenz, zu geringes Management-Knowhow	Eine immer komplexere globalisierte Wirtschaft erfordert exzellente wirtschaftliche, technische, juristische und soziale Kompetenz. Wenn diese Kompetenzen nicht ausreichend vorhanden sind, kommt es zu Defiziten in der Unternehmenssteuerung.
Schwächen in der Corporate Governance	Mängel in der Unternehmenskontrolle – internes Kontrollsystem, Risikomanagement, Aufsichtsrat – können rasch zu Existenz bedrohenden Krisen führen.
kurzfristige Orientierung	ManagerInnen, die sich vorwiegend auf kurzfristige Erfolge konzentrieren, vernachlässigen die Entwicklung von langfristigen Erfolgspotentialen.
persönliches Verschulden	Darunter fallen alle Fälle von Wirtschaftskriminalität wie Betrug, Veruntreuung, Bestechung so wie grob fahrlässige oder vorsätzliche Verletzungen der Sorgfaltspflichten von ManagerInnen.

1.4 ANALYSEWERKZEUGE FÜR DEN BETRIEBSRAT

Unternehmenskrisen sind vor allem zu Beginn schwer erkennbar, da die wirtschaftliche Performance von Unternehmen in der Regel stetigen Auf- und Abwärtsentwicklungen unterworfen ist. Die Ausschläge sind von unterschiedlicher Intensität. Seit Beginn des 21. Jahrhunderts werden die Konjunkturausschläge heftiger und uneinschätzbarer, die „Volatilität" auf den Märkten steigt. Unsere Unternehmen stehen im globalen Wettbewerb, sind immer enger miteinander verflochten und häufig international weit verzweigt aufgestellt. So können in der Praxis Ereignisse, die weit weg stattfinden und denen man zunächst kaum Bedeutung schenkt, eine veritable Krise eines heimischen Unternehmens auslösen. Der viel zitierte Flügelschlag eines Schmetterlings in China führt dann zu spürbaren Auswirkungen bei einem europäischen Unternehmen.

Neben **klassischen Analysewerkzeugen wie der Analyse eines Jahresabschlusses** werden Instrumente immer wichtiger, die es ermöglichen, komplexe Zusammenhänge zu erkennen und zukünftige Auswirkungen besser einzuschätzen. Diese Instrumente beruhen lediglich auf „weichen Signalen". Sie sind zwar relativ unscharf, aber eine unverzichtbare Grundlage für die Konstruktion möglicher Zukunftsszenarien. Sie beginnen bei unbestätigten Gerüchten, reichen über Pressemeldungen, allgemeine Konjunkturberichte, geplante Gesetzesänderungen oder Regierungswechsel in einem relevanten Absatzland und gipfeln in konkreten Aussagen des Managements in Aufsichtsratssitzungen oder Pressekonferenzen.

Das Augenmerk auf harte Fakten und „weiche Signale" richten

Eine umsichtige Betriebsratsarbeit sollte auf einem kontinuierlichen und aktuellen Monitoringsystem aufgebaut sein, welches die wirtschaftliche Lage des Unternehmens beleuchtet und zukünftige Entwicklungen, Chancen und Risken erkennen lässt. Ein derartiges Monitoringsystem ist das Fundament für strategische Handlungen der Arbeitnehmervertretung. **Jede Betriebsratsstrategie setzt eine klare Zielsetzung voraus** – und nicht selten sind die Ziele von der fundamentalen wirtschaftlichen Entwicklung des Unternehmens abhängig.

1.4.1 BETRIEBSRATS-MONITOR

Im Folgenden wird ein einfacher und umfassender Betriebsrats-Monitor vorgestellt, der geeignet ist, die wirtschaftliche Situation des Unternehmens verlässlich einzuschätzen und daraus entsprechende Handlungsoptionen abzuleiten. Die Qualität eines Monitoringsystems hängt natürlich davon ab, mit welchen Inhalten es „gefüttert" wird. **Je genauer und aktueller die Daten sind, desto besser ist die Information.**

Einschätzung der wirtschaftlichen Situation und Ableitung von Handlungsoptionen

Empfohlen wird, auch die Quellen der Daten aufzuzeichnen (z.B. Zeitungsmeldungen, Geschäftsberichte, Internetadressen). Dies kann beim Zitieren gegenüber Dritten hilfreich sein. Genau zitierte Informationen können schließlich auch besser gefunden werden, wodurch die laufende Pflege und Aktualisierung des Monitors erleichtert wird.

Betriebsrats-Monitor
Der Betriebsratsmonitor sollte folgende Komponenten enthalten:

GRAFIK ZUM THEMA

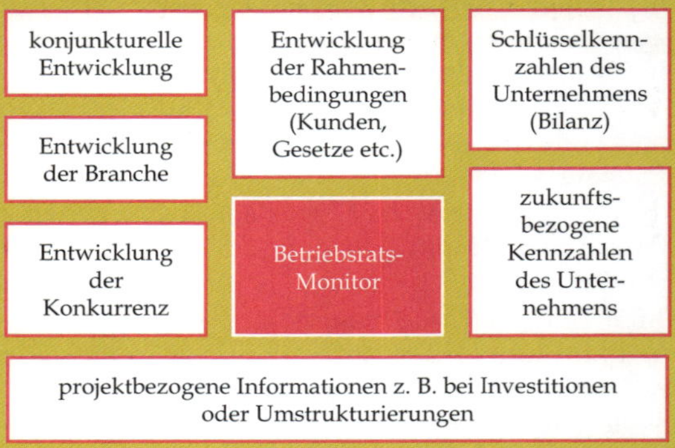

1.4.1.1 Konjunkturelle Entwicklung

Jedes Unternehmen ist Teil der nationalen und globalen Volkswirtschaft. **Gesamtwirtschaftliche Entwicklungen haben Auswirkungen auf ein einzelnes Unternehmen** – ebenso umgekehrt. Verschlechtert sich die Konjunktur etwa weil die KonsumentInnen weniger Geld ausgeben bzw. zur Verfügung haben, sinkt die Nachfrage nach Gütern und Umsatzeinbußen der Unternehmen sind die Folge. Steigt die Inflation, verteuern sich die Vorleistungen wie Materialkosten oder Energieaufwendungen, die Kosten können nicht mehr im Preis untergebracht werden.

Volkswirtschaftliche Daten wie die **Entwicklung des Bruttoinlandsprodukts, der Inflationsrate, der Exporte oder der aktuellen Arbeitslosenrate** können z.B. bei den Wirtschaftsforschungsinstituten WIFO oder IHS oder der Statistik Austria abgefragt werden. Die aktuellen Zahlen sind auf deren Homepage veröffentlicht. Für Betriebsräte bieten Arbeiterkammer und Gewerkschaften speziell aufbereitete Informationen wie z.B. Branchenanalysen an.

Zu beobachtendes Kriterium	Erläuterung
BIP – Bruttoinlandsprodukt	Das BIP stellt die Summe aller in Österreich während eines Jahres von den Unternehmen geschaffenen Werte dar (Wertschöpfung). Ein steigendes BIP bedeutet Wirtschaftswachstum, ein Rückgang des BIP Rezession. In einer Rezession – wie zuletzt 2009 – sind viele Unternehmen mit rückläufigen Umsätzen und damit evtl. verbundenen Verlusten konfrontiert. Die Kosten können nicht mehr verdient werden, Investitionen werden aufgeschoben und Arbeitsplätze abgebaut.
Inflationsrate – z. B. Verbraucherpreis-Index (VPI)	Die Entwicklung der Preise hat sowohl für die Umsatz- als auch die Kostenentwicklung Bedeutung. Ob ein Unternehmen bei Preissteigerungen zu den Gewinnern oder Verlierern zählt, hängt von der Branche und der Wertschöpfungsstufe ab. Bei Preissteigerungen im Energiebereich profitieren z.B. die Energieversorgungsunternehmen, während die Industrie mit Kostensteigerungen in Form höherer Strom- oder Ölpreise konfrontiert ist.
Exportquote	Die Exportquote drückt aus, wie sich die nationalen Exporte entwickeln. Steigende Exporte bieten exportorientierten Unternehmen positive Geschäftsimpulse und damit steigende Umsätze. Sinken die Exporte, weil z.B. ein Abnehmerland wirtschaftliche Schwierigkeiten hat, sinken auch die Geschäftsmöglichkeiten der heimischen Wirtschaft und damit wieder die Umsätze.
Arbeitslosenquote, Beschäftigungsentwicklung	Die Entwicklung der Beschäftigtenzahlen und der Arbeitslosenquote sind für den Betriebsrat Schlüsselkennzahlen, weil sie auf den Druck am Arbeitsmarkt bzw. in einzelnen Sektoren schließen lassen.

1.4.1.2 Entwicklung der Branche

Unternehmenskrisen können mitunter durch branchenspezifische Faktoren verursacht werden. So wurde 2009 die Krise der Autozulieferindustrie einerseits durch die allgemeine Finanzkrise ausgelöst, andererseits war sie aber auch eine Folge der Krise der internationalen Autoindustrie. Weltweite Überkapazitäten und die amerikanische Autoindustrie, die nach wie vor auf Benzin fressende SUVs statt auf energieeffiziente Fahrzeuge setzte, führten zur Krise der Autohersteller und damit auch der heimischen Zulieferer.

Branchenkrisen haben meist spezifische Ursachen. Auslöser können veränderte Rahmenbedingungen sein: höhere Energiepreise führen zu Kostensteigerungen in der Stahl- oder Papierindustrie, weniger verfügbares Einkommen führt zu Einbußen im Tourismus und bei Fluglinien, niedrigere öffentliche Investitionen führen zu Einbrüchen in der Bauwirtschaft. Durch die immer stärkere globale Vernetzung können negative Entwicklungen einer Branche auch auf andere ausstrahlen. Die Finanzkrise 2009, die von Kredit- und Versicherungsunternehmen ausgegangen ist, hat rasch auch Branchen der Realwirtschaft erfasst.

Wichtige Kennzahlen einer Branche sind die Entwicklung der Produktionswerte, der Auftragseingänge und der Exporte. Informationen dazu liefern die Wirtschaftsforschungsinstitute, die Statistik Austria und die Fachverbände der Wirtschaftskammer. Je aktueller die Daten sind (z.B. Quartalsdaten), desto höher ist die Aussagekraft in Bezug auf eine etwaige Krisengefährdung eines Unternehmens.

Branchenanalysen zur Unterstützung für BetriebsrätInnen

Die Arbeiterkammer Wien bietet Betriebsräten ein besonderes Service, indem sie für Schlüsselbranchen eigene Branchenanalysen zur Verfügung stellt.

Zu beobachtendes Kriterium	Erläuterung
Produktionswert, mengenmäßige Produktion	Der Produktionswert zeigt den Wert aller produzierten Güter. Rückgänge von Produktionswert oder Produktionsmenge weisen auf Nachfragerückgänge hin.
Auftragseingang, Auftragsbestand	Die Auftragslage ermöglicht einen Blick auf die zukünftige Entwicklung der Branche. Eine rückläufige Auftragslage ist mit der Gefahr sinkender zukünftiger Umsätze verbunden.
Konjunkturtest	Das Wirtschaftsforschungsinstitut erstellt für etliche Branchen regelmäßig Konjunkturtests, die Hinweise auf die kurzfristige Entwicklung einer Branche geben.
branchenspezifische Schlüsselzahlen	z. B. Passagierzahlen bei Fluglinien, Bierverbrauch pro Kopf in der Brauindustrie, Entwicklung der Neuzulassungen in der Fahrzeugindustrie

1.4.1.3 Entwicklung der Konkurrenz

Ein Blick auf die Konkurrenz zeigt, welche Entwicklungen in der Branche stattfinden oder zukünftig zu erwarten sind. Besonderes Augenmerk sollte auf technologische und strategische Entwicklungen gelegt werden. Versäumt das Unternehmen eine technologische Entwicklung, wird sich die Wettbewerbssituation gegenüber den Konkurrenten verschlechtern. Besonders in dynamischen und innovationsfreudigen Bereichen wie der Informations- und Telekommunikationsbranche oder der Biotechnologie ist es wichtig, nicht den Anschluss zu verlieren.

Auch strategische Entwicklungen bzw. Versäumnisse können für krisenhafte Entwicklungen maßgeblich sein. Ein Beispiel dafür sind **Konzentrationsbestrebungen von namhaften Konkurrenten.** Ein Konkurrent übernimmt einen anderen, gemeinsam erlangen sie größere Marktmacht und versuchen, ein drittes Unternehmen aus dem Markt zu drängen.

Information über die Konkurrenz bzw. den relevanten Markt erhält man etwa über Geschäftsberichte, die von größeren Unternehmen öffentlich z.B. im Internet zur Verfügung stehen, oder über Zeitungsmeldungen.

Geschäftsberichte von größeren Unternehmen sind öffentlich

Zu beobachtendes Kriterium	Erläuterung
Marktanteil	Der Marktanteil drückt aus, welchen Anteil das Unternehmen am gesamten Markt hat – weltweit, national oder regional. Ein Verlust von Marktanteilen weist auf eine rückläufige Bedeutung des Unternehmens hin.
Umstrukturierungen	Übernahmen, Akquisitionen, Fusionen oder Eigentümerwechsel führen zu Verschiebungen der Marktmacht und damit zu einer Veränderung der eigenen Position. Die Aktivitäten der wichtigsten Konkurrenten sollten daher regelmäßig beobachtet werden.
technologischer und prozessualer Wandel	Welche Entwicklungen und Innovationen gibt es bei den Kernprodukten? Hier geht es neben der Entwicklung der Produkte und Leistungen auch um die Prozessgestaltung. Wenn es der Konkurrenz gelingt, effizientere Prozesse und Verfahren zu entwickeln, wird das Unternehmen möglicherweise zukünftig Kostennachteile haben.

1.4.1.4 Rahmenbedingungen

Unternehmenskrisen können ihren Ursprung auch in veränderten Rahmenbedingungen haben, die sich jedoch nicht völlig überraschend einstellen. Für ein gut organisiertes und wachsames Management sollte es eine Selbstverständlichkeit sein, **das Unternehmen laufend und kontinuierlich den sich ändernden Rahmenbedingungen anzupassen.** Das Unterlassen stetiger Anpassung oder größere und plötzliche Veränderungen in der Unternehmensumwelt können aber zu nicht überbrückbaren Schwierigkeiten führen.

Relevante Indikatoren müssen definiert werden

Die Beobachtung der Rahmenbedingungen setzt voraus, dass die relevanten Indikatoren in einem ersten Schritt definiert werden. Bei einem Unternehmen der chemischen Industrie kann z.B. die Entwicklung des Umweltrechtes oder bei einem energieintensiven Produzenten (z.B. Stahlindustrie) die Entwicklung der Energie- oder Rohstoffpreise relevant sein. Bei exportorientierten Unternehmen können die volkswirtschaftlichen Entwicklungen in den Abnehmerländern maßgeblich sein (z.B. Währungsentwicklung, Zinspolitik, Entwicklung des Konsums etc.).

Im Aufsichtsrat wird über die Rahmenbedingungen berichtet

Aus welchen Quellen man Informationen über Rahmenbedingungen beziehen kann, hängt von der Art der gewünschten Information ab. Etwas privilegiert sind Betriebsräte, die ein Aufsichtsratsmandat innehaben. In den vierteljährlich stattfindenden Aufsichtsratssitzungen sollte über die Entwicklung der Rahmenbedingungen und über die wirtschaftliche Entwicklung des Unternehmens berichtet werden.

1.4.1.5 Schlüsselkennzahlen des Unternehmens

Im Mittelpunkt eines aussagekräftigen Betriebsrats-Monitorings sollten Schlüsselkennzahlen des Unternehmens stehen. Kennzahlen aus dem Jahresabschluss liefern Informationen über vorhandene Reserven, die Höhe der Schulden, die Kosten und den Gewinn des Unternehmens. Der Betriebsrat hat unter bestimmten Bedingungen gemäß § 108 Arbeitsverfassungsgesetz (ArbVG) einen Anspruch auf Aushändigung des Jahresabschlusses.

Der Betriebsrat hat Anspruch auf den Jahresabschluss

Der Jahresabschluss ist zwar vergangenheitsorientiert, Informationen über vorhandene Reserven z.B. sind jedoch das Fundament der wirtschaftlichen

Lage und daher der weiteren Entwicklung des Unternehmens. Schlüsselkennzahlen werden durch die Analyse des Jahresabschlusses – „Bilanzanalyse" – gewonnen. Dabei werden bestimmte Kennzahlen errechnet und mit den Ergebnissen der Vorjahre bzw. mit den Werten anderer Unternehmen derselben Branche in Beziehung gesetzt. **Eine Bilanzanalyse eignet sich gut zur Diagnose von Ertrags- und Liquiditätskrisen.** Strategiekrisen können mit einer Bilanzanalyse im Normalfall nicht erkannt werden, da die Ertrags- und Finanzlage meist noch in Ordnung sind.

Arbeiterkammern unterstützen Betriebsräte und Aufsichtsräte mit der Analyse und Interpretation ihrer Jahresabschlüsse.

Arbeiterkammern bieten Bilanzanalysen für BetriebsrätInnen an

Gliederung einer Gewinn- und Verlustrechnung nach dem Unternehmensgesetzbuch (UGB):

Gewinnentstehung		Umsatzerlöse
	+/–	Bestandsveränderung
	+	Aktivierte Eigenleistungen
	+	sonstige betriebliche Erträge
		+ Erträge aus Anlagenverkäufen
		+ Erträge aus Rückstellungsauflösungen
		+ sonstige Erträge
	–	Materialaufwand u. Aufwand für bezogene Leistungen
	–	Personalaufwand
	–	Abschreibungen
	–	Sonstige betriebliche Aufwendungen
	=	**Betriebserfolg (EBIT)**
	+	Erträge aus Beteiligungen
	+	Erträge aus Wertpapieren
	+	Sonstige Zinserträge
	+	Erträge aus Finanzanlagenverkäufen
	–	Aufwand aus Finanzanlagen
	–	Zinsaufwand
	=	**Finanzerfolg**
	=	**EGT (Ergebnis der gewöhnlichen Geschäftstätigkeit)**
	+/–	**außerordentliches Ergebnis**
	–	Ertragssteuern
Gewinnverwendung	=	Jahresüberschuss
	–	**Dotierung Rücklagen**
	+	**Auflösung Rücklagen**
	+/–	**Gewinnvortrag/Verlustvortrag**
	=	**Bilanzgewinn**

Gliederung einer Bilanz nach UGB:

Aktiva	Passiva	
A. Anlagevermögen **Immaterielle Werte** 1. Bestandsveränderung 2. Geschäfts-/Firmenwert 3. Anzahlungen **Sachanlagen** 1. Grundstücke, Bauten 2. Technische Anlagen, Maschinen 3. Betriebs- und Geschäftsausstattung 3. Anzahlungen, Anlagen in Bau **Finanzanlagen** 1. Beteiligungen 2. Ausleihungen 3. Wertpapiere **B. Umlaufvermögen** 1. Vorräte 2. Forderungen 3. Wertpapiere und Anteile 4. Kassa, Schecks, Bankguthaben **C. Rechnungsabgrenzungen**	**A. Eigenkapital** 1. Nennkapital (Grund-, Stammkapital) 2. Kapitalrücklagen 3. Gewinnrückzahlungen 4. Bilanzgewinn **B. Unversteuerte Rücklagen**	Eigenkapital
	C. Rückstellungen 1. RSt. für Abfertigungen 2. RSt. für Pensionen 3. RSt. für Steuern 4. Sonstige RSt. **D. Verbindlichkeiten** 1. Anleihen 2. Verbindlichkeiten gegenüber Kreditinstituten 3. Erhaltene Anzahlungen 4. Verbindlichk. aus Lieferungen und Leistungen 5. Wechselverbindlichkeiten 6. Verbindlichk. gegenüber verbundenen Unternehmen 7. Sonstige Verbindlichkeiten **E. Rechnungsabgrenzungen**	Fremdkapital
Gesamtvermögen	**Gesamtkapital**	

1.4.1.6 Wichtige Kennzahlen im Rahmen einer Bilanzanalyse

1.4.1.6.1 Die Ertragslage

Kennzahl	Erläuterung
Umsatz	Der Umsatz ergibt sich aus verkaufter Menge und erzieltem Preis. Für die meisten Unternehmen ist der Umsatz die wichtigste Ertragsposition. Ein stagnierender oder rückläufiger Umsatz birgt die Gefahr, dass die anfallenden Kosten nicht zur Gänze abgedeckt werden können und Verluste entstehen. Eine genaue Aufgliederung der Umsätze in einzelne Segmente zeigt, bei welchen Produktgruppen Umsatzprobleme auftreten.
EBIT	Das EBIT ist eine der am häufigsten verwendeten Gewinngrößen. EBIT ist die Abkürzung für „Earnings before interest and tax" - Gewinn vor Steuern und Zinsen. Das EBIT zeigt, ob im operativen Geschäft ein Gewinn erzielt wurde. Ein negatives EBIT ist ein Alarmzeichen, weil die Kosten im operativen Bereich nicht in den Preisen an die Kunden untergebracht werden können.
Finanzerfolg	Der Finanzerfolg ergibt sich aus dem Saldo von Ertrags- und Aufwandszinsen sowie dem Beteiligungsergebnis. Da jedes Unternehmen mit Fremdkapital arbeitet, ist der Finanzerfolg meist negativ, da die Aufwandszinsen für die Kredite durchschlagen. Ein zu hoher negativer Finanzerfolg bringt zum Ausdruck, dass die Fremdkapitalbelastung zu hoch ist. Etwaige Gewinne im operativen Bereich (EBIT) werden durch den negativen Finanzerfolg aufgesogen.
außerordentliche Erträge	Außerordentliche Erträge sind Erträge, die nur einmal erzielt werden können wie Gewinne aus dem Verkauf von Grundstücken oder anderen Vermögenswerten. Um trotz einer Ertragskrise Gewinne ausweisen zu können, werden außerordentliche Erträge realisiert, die jedoch nicht nachhaltig sind und möglicherweise eine Krise verdecken. Nicht selten werden sogar betriebsnotwendige Vermögensgegenstände wie Gebäude und Fahrzeuge verkauft und dann wieder zurückgeleast - „Sale-and-lease-back".

Kennzahl	Erläuterung
Eigenkapitalrentabilität	Die Eigenkapitalrentabilität bringt die Verzinsung des eingesetzten Kapitals zum Ausdruck (Jahresüberschuss / Eigenkapital). Fällt die Verzinsung für die Eigentümer zu gering aus, werden alternative Investments für sie lukrativer. Die Gesellschafter könnten geneigt sein, das Kapital durch Gewinnentnahmen abzuziehen und woanders zu investieren. Bei negativer Rentabilität wird Kapital verloren.
Dividende	Die Dividende ist jener Teil des erzielten Jahresüberschusses, der an die Eigentümer verteilt wird. Bei Einzelunternehmen spricht man von „Privatentnahme". Durch zu hohe Dividenden wird dem Unternehmen Substanz entzogen – das Kapital fehlt für Investitionen oder Projekte und muss durch Schulden ersetzt werden. Wenn mehr als der erwirtschaftete Jahresüberschuss ausgeschüttet wird, verringert sich die Eigenkapitalsubstanz des Unternehmens.

1.4.1.6.2 Die Finanzlage

Kennzahl	Erläuterung
Cashflow	Mit Hilfe des Cashflow kann die Selbstfinanzierungskraft eines Unternehmens beurteilt werden. Der Cashflow zeigt die Fähigkeit des Unternehmens, finanzielle Mittel über die laufende Geschäftstätigkeit hinaus zu erwirtschaften und steht dem Unternehmen für Investitionen, Schuldentilgung und Dividendenzahlung zur Verfügung. Ein negativer Cashflow ist für die Zukunft des Unternehmens gravierend, weil nicht einmal der laufende Betrieb (Personal, Material etc.) aus den Umsätzen finanziert werden kann. *Cashflow-Quote* Die Cashflow-Quote (Umsatzverdienstrate) zeigt, wie viel Euro Cashflow mit 100 Euro Umsatz erwirtschaftet werden. Diese Kennzahl dient dazu, die Finanzkraft von Unternehmen miteinander zu vergleichen. Cashflow-Quoten über 5 Prozent sind zufriedenstellend, negative Cashflow-Quoten weisen auf eine akute Unternehmenskrise hin.
Fiktive Verschuldungsdauer	Diese Kennzahl zeigt, wie oft der Cashflow des Geschäftsjahres theoretisch verdient werden müsste, um die gesamte Verschuldung des Unternehmens abzubauen – unter der Annahme, dass keine Investitionen und Ausschüttungen erfolgen. Eine Fiktive Verschuldungsdauer von 5 Jahren zeigt, dass Verschuldung und Finanzkraft in einem angemessenen Verhältnis stehen. Eine Fiktive Verschuldungsdauer von über 10 Jahren zeigt, dass die Verschuldung in keinem angemessenen Verhältnis zur Finanzkraft steht. Ergeben sich mehr als 15 Jahre, wird Sanierungsbedarf vermutet.

1.4.1.6.3 Reserven eines Unternehmens

Kennzahl	Erläuterung
Eigenkapitalquote	Das Eigenkapital ist das Fundament der betrieblichen Finanzierung und steht dem Unternehmen dauerhaft zur Verfügung. Die Höhe des Eigenkapitals ist von der Bereitschaft der Eigentümer abhängig, dem Unternehmen Eigenkapital zur Verfügung zu stellen. Es hat für die Krisenfestigkeit des Unternehmens eine große Bedeutung, weil Verluste durch Eigenkapital aufgefangen werden. Die Eigenkapitalausstattung drückt das „Durchhaltevermögen" des Unternehmens aus. Die Bewertung des Eigenkapitalanteils ist von der Branchenzugehörigkeit, vom Geschäftsrisiko und der Anlagenintensität abhängig. Ein Eigenkapitalanteil von über 30 Prozent weist jedenfalls auf eine gute Eigenkapitalausstattung hin. Liegt der Eigenkapitalanteil unter 8 Prozent, muss er als unzureichend eingestuft und Sanierungsbedarf vermutet werden.
Liquidität	Die Liquidität drückt aus, ob die kurzfristigen Verbindlichkeiten durch liquide Mittel (alternativ auch durch Forderungen und Vorräte) gedeckt sind. In diesem Fall ist die Zahlungsfähigkeit des Unternehmens positiv. Können die kurzfristigen Verbindlichkeiten nicht durch Umlaufvermögen abgedeckt werden - die Kennzahl Liquidität ist dann unter 100 Prozent -, besteht die Gefahr von Zahlungsengpässen, die in der Folge bis zur Zahlungsunfähigkeit und Insolvenz führen können.
Stille Reserven	Stille Reserven werden nicht in der Bilanz ausgewiesen. Sie entstehen durch die Bewertungsregeln des österreichischen Unternehmensrechts (UGB): der Anschaffungswert eines Vermögensgegenstandes stellt die Obergrenze für den Ausweis in der Bilanz dar. Bei Gegenständen, deren Wert im Zeitablauf über diesen Wert steigt – z.B. Grundstücke oder Wertpapiere – sammelt sich somit im Laufe der Zeit eine „Stille Reserve" an. Diese Reserve kann im Krisenfall einen Beitrag zur Rettung des Unternehmens leisten.

1.4.1.6.4 Zukunftsbezogene Kennzahlen

Kennzahlen über die zukünftige Entwicklung des Unternehmens sind mit einer Unsicherheit in Bezug auf ihre Eintrittswahrscheinlichkeit verbunden. Wichtig ist es daher, die **Annahmen, auf denen die Prognosen beruhen, zu hinterfragen und einem Plausibilitäts-Check zu unterwerfen.** Beispielsweise könnte ein geplantes überdurchschnittlich hohes Umsatzwachstum von 10 Prozent auf der Annahme sehr optimistischer Konjunkturprognosen, verstärkter Werbe- und Vertriebsaktivitäten oder Akquisitionen von Beteiligungen in Wachstumsmärkten beruhen. Diese Faktoren können nun auf ihre Eintrittswahrscheinlichkeit beurteilt werden, womit auch das Umsatzwachstum realistisch evaluiert werden kann.

„Business-Plan" und Vorschaurechnung

Die kurz- und mittelfristige Planung eines Unternehmens wird üblicherweise in einem „Business-Plan" festgehalten. Dieser sollte eine Vorschaurechnung für die nächsten ein bis drei Jahre auf Basis von Planbilanzen und Plangewinn- und Verlustrechnungen enthalten. Weitere wichtige zukunftsbezogene Kennzahlen und Berechnungen sind **Budgetberechnungen, Investitionspläne, Personalpläne, Auftragsbestände, Unternehmenswertberechnungen** im Sinne von Business-Value-Berechnungen sowie Liquiditäts- und Finanzpläne.

Während einer Unternehmenskrise steht die Erhaltung der Zahlungsfähigkeit im Vordergrund, weshalb es empfehlenswert ist, Finanz- und Liquiditätspläne in kürzeren Abständen (quartalsweise, monatsweise) zu verlangen.

Soll-Ist-Vergleich

Empfehlenswert ist eine Gegenüberstellung von Voranschlag (= Budget) und den tatsächlichen Werten (= Bilanz) – also ein Vergleich von Soll und Ist. Über- oder unterschreiten die Ist-Werte die Soll-Werte um ein relevantes Ausmaß, sollten die Ursachen der Abweichungen hinterfragt werden. Unter Umständen können große Abweichungen auch auf mangelnde Sorgfalt bei der Erstellung der Planungsrechnung hinweisen.

1.4.1.6.5 Projektbezogene Informationen

Für einzelne Projekte gibt es üblicherweise eigene Kennzahlensets, um die Rentabilität des Vorhabens zu beurteilen. Diese Kennzahlen stammen vor allem aus der Kostenrechnung und werden üblicherweise vom Controlling erstellt

Investitionskennzahlen	Amortisation (Kapitaleinsatz/Gewinn): Wie lange dauert es, bis die Anschaffungskosten durch Gewinne wieder hereingespielt werden? Return on Investment (ROI) (Gewinn/Kapitaleinsatz*100): Wie hoch ist die Rentabilität des Projekts?
Kennzahlen aus der Kostenrechnung	Deckungsbeitrag (Preis – Variable Kosten): drückt aus, ob durch die Erzeugung eines Produkts/Leistung ein Beitrag zur Abdeckung der Fixkosten erwirtschaftet wird. Break-even-Punkt: Er zeigt, wie viel Stück eines Produktes verkauft werden müssen, um in die Gewinnzone zu gelangen. Kennzahlen aus der Kalkulation (z.B. Berechnung von Aufschlägen, Margen etc.) dienen als Grundlage für Preisbildung.
spezifische Projektkennzahlen	Abhängig von der Art des Projekts werden spezifische Kennzahlen berechnet. Beispiele: – Rentabilität des Projekts – Qualitätskennzahlen – Personalkennzahlen – Prozesskostenberechnungen – Overhead-Berechnungen etc.

1.5 AKTEURE IN DER UNTERNEHMENSKRISE

1.5.1 AUFSICHTSRAT

Zwei ArbeitnehmervertreterInnen im Aufsichtsrat können jederzeit einen Bericht verlangen

Den **ArbeitnehmervertreterInnen im Aufsichtsrat** kommt im Rahmen der Insolvenzprophylaxe eine besondere Verantwortung zu. Ihnen stehen wesentlich **mehr Informationsmöglichkeiten zur Verfügung als dem „einfachen" Betriebsrat,** etwa jederzeit von Vorstand oder Geschäftsführung einen Bericht über spezifische betriebliche Vorgänge zu verlangen. Unterstützt durch ein zweites Aufsichtsratsmitglied kann der Vorstand diese Berichtspflicht nicht verweigern. Zusätzlich kann der Aufsichtsrat – unter der Voraussetzung eines mehrheitlichen Beschlusses – jederzeit in sämtliche Unterlagen und Aufzeichnungen des

Unternehmens Einsicht nehmen. Vierteljährlich hat der Vorstand dem Aufsichtsrat über die Entwicklung der wirtschaftlichen Lage zu berichten. Die ArbeitnehmervertreterInnen haben die Möglichkeit, direkt mit dem Wirtschaftsprüfer in Kontakt zu kommen, wenn der Prüfer im Rahmen einer Aufsichtsratssitzung über seine Prüfungsergebnisse Bericht erstattet. ArbeitnehmervertreterInnen im Aufsichtsrat haben damit eine **Fülle von Informationsmöglichkeiten, die das Erkennen von krisenhaften Erscheinungen wesentlich erleichtern.**

Direkter Kontakt mit dem Wirtschaftsprüfer

Treten erste Krisenanzeichen auf, hat der Aufsichtsrat die Aufgabe, die Ursachen zu analysieren und vom Management entsprechende Gegensteuerungsmaßnahmen und Konzepte einzufordern. Die Umsetzung sollte durch regelmäßiges Controlling sowie eine Überprüfung der Wirksamkeit der ergriffenen Maßnahmen begleitet werden. Greifen die Maßnahmen nicht, müssen alternative Schritte überlegt und angeregt werden. Nützt dies alles nicht und gerät das Unternehmen trotzdem allmählich in Liquiditätsschwierigkeiten, sollten die Aufsichtsratsitzungen in kürzeren Abständen angesetzt und der finanzielle Status Quo regelmäßig beobachtet werden. Mit den wichtigsten Gläubigern und Kapitalgebern - vor allem mit den Banken - sollte der Kontakt intensiviert werden und Szenarien und Handlungsmöglichkeiten zur Bewältigung der Krise erstellt werden.

Durch den direkten Kontakt zu den Kapitalvertretern haben die ArbeitnehmervertreterInnen im Aufsichtsrat die Möglichkeit, die Eigentümer im Fall einer Krise stärker in die Verantwortung zur Krisenbewältigung zu nehmen. Erforderliche Maßnahmen im Bereich der Unternehmensstrategie, der Unternehmensfinanzierung oder der Unternehmenssteuerung sollten dargestellt und eingefordert werden.

Eigentümer stärker in die Verantwortung nehmen

Dem Aufsichtsrat kommt im Krisenfall eine Schlüsselrolle zu. Die Betriebsräte haben durch die Mitbestimmung im Aufsichtsrat die Chance, negative Folgen für die Beschäftigten bestmöglich zu vermeiden oder zumindest zu lindern sowie bei entscheidenden strategischen Weichenstellungen die Interessen der Beschäftigten einzubringen. **Arbeiterkammer und Gewerkschaften unterstützen die KollegInnen** dabei durch Serviceleistungen wie Schulungen (IFAM), Beratungen oder Informationsmaterialien.

Siehe auch: http://wien.arbeiterkammer.at/betriebsraete.htm

1.5.2 DER WIRTSCHAFTSPRÜFER

Aufsichtsratspflichtige Kapitalgesellschaften müssen den Jahresabschluss – bevor er dem Aufsichtsrat vorgelegt wird – von einem Wirtschaftsprüfer prüfen lassen. Die Prüfung des Jahresabschlusses ist eine Ordnungs- und Gesetzmäßigkeitsprüfung. Im Mittelpunkt steht dabei die Einhaltung der Rechnungslegungsvorschriften, wie etwa der Bewertungs- und Gliederungsvorschriften sowie entsprechender Regelungen im Gesellschaftsrecht bzw. der Satzung des Unternehmens. Für die Überwachung der Zweckmäßigkeit der Mittelverwendung ist der Abschlussprüfer nicht zuständig, dafür ist der Aufsichtsrat verantwortlich.

Die Prüfung des Jahresabschlusses

Entsprechen der Jahresabschluss und die Rechnungslegung den gesetzlichen Mindestanforderungen, so hat der Abschlussprüfer den Jahresabschluss mit einem Bestätigungsvermerk zu versehen.

Einzuschränken oder zu versagen ist der Bestätigungsvermerk, wenn der Abschlussprüfer wesentliche Einwendungen hat. Erfolgt eine Einschränkung des Bestätigungsvermerkes, muss eindeutig zu erkennen sein, welche Einwendungen der Abschlussprüfer für wesentlich hält.

Der Bestätigungsvermerk ist als Teil des Jahresabschlusses bei offenlegungspflichtigen Gesellschaften auch zu veröffentlichen. Damit können auch externe Adressaten wie etwa Gläubiger erkennen, ob dieser uneingeschränkt oder eingeschränkt erteilt wurde.

Die Redepflicht des Wirtschaftsprüfers

Im Rahmen der Insolvenzprophylaxe ist die Redepflicht des Wirtschaftsprüfers im Rahmen des § 273 UGB von besonderer Bedeutung. Stellt er bei der Wahrnehmung seiner Aufgaben Tatsachen fest, die **den Bestand des geprüften Unternehmens gefährden oder seine Entwicklung wesentlich beeinträchtigen** können, hat er dies unverzüglich zu berichten. Der Wirtschaftsprüfer hat jedenfalls zur Insolvenzgefahr Stellung zu nehmen. Zusätzlich sind im Prüfbericht die Eigenmittelquote und die Verschuldungsdauer darzustellen. Liegt die Eigenmittelquote unter 8 Prozent und gleichzeitig die Verschuldungsdauer über 15 Jahre, wird gemäß Unternehmensreorganisationsgesetz ein Sanierungsbedarf vermutet. Auch dies hat der Wirtschaftsprüfer in seinen Bericht aufzunehmen. Wenn trotz Überschreitens der Grenzen kein Sanierungsbedarf vorliegt – etwa weil eine positive wirtschaftliche Entwicklung dargestellt werden kann –, ist dies ebenfalls im Bericht zu vermerken.

Der Wirtschaftsprüfer hat also eine zentrale Rolle bei der **Feststellung, ob ein Unternehmen sanierungsbedürftig oder insolvenzgefährdet ist.** Für den Betriebsrat ist es wichtig, das Ergebnis der Abschlussprüfung in Erfahrung zu bringen. ArbeitnehmerInnen im Aufsichtsrat haben den entscheidenden Vorteil, dass ihnen der Wirtschaftsprüfbericht vorgelegt werden muss. Einfache Betriebsratsmitglieder sind auf die Informationsrechte im Rahmen des Arbeitsverfassungsgesetzes angewiesen, eine ausdrückliche Vorlage des Wirtschaftsprüfberichtes ist nicht vorgesehen.

AufsichtsrätInnen erhalten den Wirtschaftsprüfbericht

1.5.3 INTERNE KONTROLLE, RISIKOMANAGEMENT

Zahlreiche Unternehmenskrisen der vergangenen Jahre sind auf Mängel der Corporate Governance, insbesondere der Unternehmenskontrolle, zurückzuführen. Die interne Unternehmenskontrolle hat zusätzlich zum Aufsichtsrat eine wichtige Rolle, um Fehlentwicklungen rechtzeitig zu erkennen, zu vermeiden und Gegensteuerungsmaßnahmen zu ergreifen.

Das Interne Kontrollsystem IKS befasst sich unter anderem mit der Einhaltung von Rechnungslegungsvorschriften, freiwilligen Regeln wie Codes of Conducts und Handbüchern. Es reicht bis zur Überprüfung der Funktionsfähigkeit der den Rechnungslegungsprozess unterstützenden IT und der Sicherstellung von Security Standards. **Hauptziel des IKS ist die Verhinderung und Aufdeckung von Fehlern und Unregelmäßigkeiten.** Als Instrumente stehen präventive und aufdeckende Kontrollen zur Verfügung.

Das Risikomanagement ist breiter angelegt als das Interne Kontrollsystem. Es behandelt nicht nur die Rechnungslegung, sondern sämtliche Unternehmensrisiken wie Kreditrisiken, Umweltrisiken, Finanzanlagerisiken oder Risiken einzelner Unternehmensprozesse. Unter Risikomanagement wird die systematische Erfassung und Bewertung von Risiken sowie die Steuerung von Reaktionen auf festgestellte Risiken verstanden. Eine vollständige Vermeidung von Risiken ist nicht Ziel und kann nur erreicht wer-

Risikomanagement ist die systematische Erfassung und Bewertung von Risiken

den, wenn man jede risikobehaftete Aktivität unterlässt. Sinnvoll ist dies nur bei bestandsgefährdenden Risiken. Es geht darum, das Risiko zu begrenzen, indem Risikopotentiale auf ein akzeptables Maß reduziert werden und Risiken gestreut werden (z.B. durch Diversifikation). Bei der Risikolimitierung setzt das Management Limite (definierte Ober- bzw. Untergrenzen) für das Eingehen von Risiken. Risiko kann auch durch Verträge an Dritte überwälzt werden, wie typischerweise beim Abschluss einer Versicherung.

Risikopotentiale reduzieren und Risiken streuen

Die Vermeidung, Verminderung und Überwälzung von Risiken kann Risiken jedoch nie vollständig ausschließen. Das verbleibende Restrisiko muss das Unternehmen akzeptieren und selbst tragen. Dies bedingt das **Vorhandensein eines entsprechenden Risikodeckungspotentials z.B. in Form ausreichenden Eigenkapitals,** da ein gegebenenfalls eintretender Schaden aus eigener Kraft gedeckt werden muss.

Für die Einrichtung des Internen Kontrollsystems sowie des Risikomanagements ist der Vorstand verantwortlich, der sich dazu meist eigens eingerichteter Stabstellen (z.B. Abteilungen für Risikomanagement, Interne Revision, Controlling etc.) bedient.

Der Prüfungsausschuss muss die Wirksamkeit von IKS und Risikomanagement überwachen

Der Prüfungsausschuss und damit die delegierten ArbeitnehmervertreterInnen sind zur Überwachung der Wirksamkeit des IKS sowie des Risikomanagements der Gesellschaft verpflichtet. Im Lagebericht sind die wichtigsten Merkmale des internen Kontrollsystems und des Risikomanagementsystems im Hinblick auf den Rechnungslegungsprozess darzustellen

1.5.4 EXTERNE UNTERNEHMENSBERATER

Viele Unternehmen ziehen in Krisenzeiten Berater von außen zu, die nicht in die Unternehmenshierarchie eingebunden sind. Die Distanz ermöglicht ihnen, das Unternehmensgeschehen von außen und ohne „Scheuklappen" zu betrachten. Daher ist es für BeraterInnen meist einfacher, Bewegung in Strukturen und Abläufe zu bringen und Veränderungen in Gang zu setzen. **Oft ist das Management nicht fähig, Maßnahmen ohne externe Hilfe umzusetzen.** Veraltete Strukturen, Kommunikationsschwierigkeiten und fest eingefahrene Hierarchien können oft nur von außen durchbrochen werden.

Wenn bestehende Machtstrukturen Veränderungen von innen erschweren, werden BeraterInnen zu Hilfe gerufen bzw. „vorgeschoben", um den erforderlichen Veränderungsprozess in Gang zu bringen. Ihre Stärke ist nicht immer ein Wissensvorsprung, sondern oft auch ein Methodenvorsprung. Sie wissen, wie man große Veränderungsprojekte im Unternehmen anlegt und gestaltet. Sie wissen, wie man durch Fragen an relevante Informationen kommt.

In akuten Krisenphasen werden neben den von außen geholten Sanierungsmanagern auch betriebswirtschaftliche Berater beigezogen, die diverse Analysen, Benchmarks und Gutachten zur Kostensanierung bzw. -reduktion liefern. Sie sind eher beinharte Rationalisierer und „Kostenschneider" als Berater. In vielen Fällen werden sie vom Management geholt, um **„objektive Entscheidungsgrundlagen" zur Umsetzung schwieriger und unpopulärer Maßnahmen** zu liefern. Oft stehen das Ziel der Beratung bzw. Analysen und der Weg von vornherein fest: Kosten drücken und Personal abbauen.

Berater liefern Analysen, Benchmarks und Gutachten zur Kostenreduktion

Einzelne Unternehmensbereiche wie Produktion, Vertrieb oder Beschaffung und die dort anfallenden Kosten werden durchleuchtet und analysiert. Die betroffenen ArbeitnehmerInnen dienen lediglich als Auskunftgeber für die Analysen und werden sonst kaum einbezogen. Diese Berater arbeiten oft mit Benchmarks aus großen Datenbanken, die als Messlatte für das eigene Unternehmen herangezogen werden. Dabei handelt es sich um Vergleichswerte, die bei Beratungen oder Analysen anderer Unternehmen der gleichen Branche erstellt wurden.

Benchmarks werden für fast alles herangezogen: Kosten von Produkten, Dauer von Abläufen und Prozessen, Durchlaufzeiten von Aufträgen etc. Diese **Benchmarks sind insofern problematisch, als man meist nicht nachvollziehen kann, wie sie genau zustande gekommen sind** und welche Unternehmen bzw. welche Indikatoren darin enthalten sind. Trotzdem werden sie als Grundlage für Einsparungen herangezogen.

Aufgrund der kurzfristigen Orientierung sind Kostensanierer für Unternehmen, deren eigentliches Problem im Strategiebereich liegt, die falsche Wahl. Geht es z.B. um Themen wie Strategiefindung, interne Kommunikation oder Steigerung der Qualität sollten prozessorientierte Strategieberater beigezogen werden: BeraterInnen mit einem ganzheitlichen,

Kostensanierer versus prozessorientierte Strategieberater

beteiligungsorientierten Ansatz, die die Betroffenen in den Problemlösungsprozess einbinden. Meist wird in Projekten unter Mitwirkung von vielen Beschäftigten unter der Begleitung und Moderation der BeraterInnen gearbeitet. Sie nehmen nicht für sich in Anspruch, von vornherein zu wissen, wie Lösungen auszusehen haben, aber auch sie arbeiten für die Auftraggeber. Ihre Stärke ist es, Potentiale, mögliche Wege und Methoden aufzuzeigen und Veränderungsprozesse zu begleiten. Diese Herangehensweise ist geeignet, eine Strategiekrise im Unternehmen zu bewältigen, nicht jedoch eine weit fortgeschrittene Krise, die rasches Handeln und schnelle Erfolge erforderlich macht.

1.5.4.1 Betriebsrat und Unternehmensberater

Werden BeraterInnen ins Unternehmen geholt, steht der Betriebsrat vor einer Reihe von grundlegenden Entscheidungen. Es geht zunächst um eine grundsätzliche Positionierung und um die Entscheidung, ob und inwieweit er an Veränderungsprozessen mitwirken soll. **Damit der Betriebsrat eine sinnvolle Strategie verfolgen kann, sollte er folgende Punkte abklären.**

- ❑ Wird der Vertrag zwischen Unternehmensleitung und Beratungsfirma offengelegt ? Wie lautet der konkrete Auftrag?
- ❑ Welcher Preis wurde vereinbart? Wie setzt er sich zusammen - das Verhältnis Fixpreis zu Erfolgsbeteiligung lässt unter Umständen erkennen, dass Kostenersparnis im Vordergrund steht. Welche Parameter bestimmen die Erfolgsbeteiligung (z.B. Personalreduktion, vordefinierte Kosteneinsparungen)?
- ❑ Welche Ziele werden angestrebt? Was ist das vereinbarte Ergebnis?
- ❑ Wie wird Ablauf und Organisation des Projektes gestaltet?
- ❑ Werden MitarbeiterInnen eingebunden? Wenn ja, in welcher Form (z.B. Projektteam, Interviews)? Wie werden sie ausgewählt?
- ❑ In welcher Form und an wen werden Zwischenergebnisse berichtet? Gibt es ein Berichtsgremium? Wie gestaltet sich der Informationsfluss zwischen BeraterInnen und Auftraggeber?

- Wie wird mit Informationen umgegangen? Wer hat Zugang zu Informationen?
- Wird der Betriebsrat ausreichend informiert?
- Zu welchem Zeitpunkt wird der Betriebsrat informiert?
- Soll der Betriebsrat regelmäßig Zwischeninformationen erhalten? Nur so ist eine Einflussnahme auf Entscheidungen seitens des Betriebsrates überhaupt möglich.
- Wie werden Entscheidungen getroffen? Wie ist der Betriebsrat in den Entscheidungsfindungsprozess eingebunden?

Erst die Beantwortung dieser Fragen lässt erkennen, welcher Typ von Unternehmensberater am Werk ist. **Traditionelle Kostensanierer werden kaum Interesse haben, den Betriebsrat einzubinden.** Auch wird es nicht im Interesse des Betriebsrates sein, aktiv an Lösungen mitzuarbeiten. In diesen Fällen wird es eher darum gehen, die rechtliche Ebene – Arbeitsverfassungsgesetz, Mitbestimmungsrechte – auszunutzen und Politik im Unternehmen zu machen. Der Betriebsrat sollte sich **Bündnispartner im Unternehmen zur Unterstützung suchen** und einen Verhandlungsrahmen von der Belegschaft holen.

Mitbestimmungsrechte nutzen und Politik im Unternehmen machen

Sind hingegen prozessorientierte StrategieberaterInnen am Werk, gibt es verschiedene Möglichkeiten der Betriebsratsbeteiligung. Diese BeraterInnen sind weitgehend der Auffassung, dass Veränderungen im Unternehmen nicht ohne Einbindung der Beschäftigten und des Betriebsrates machbar sind. Trotzdem sollte der Betriebsrat als Körperschaft die Vor- und Nachteile seiner möglichen Handlungsoptionen sorgfältig abwägen.

1.6 AKTIVE BETEILIGUNG DES BETRIEBSRATES BEI VERÄNDERUNGSPROJEKTEN

Viele Unternehmen geben dem Betriebsrat bei strategischen Projekten – z.B. Entwicklung von neuem Lohnsystem und Arbeitszeitmodellen, neue Organisationsformen – die Möglichkeit, in Projektgruppen aktiv mitzuarbeiten. Durch die Mitarbeit soll er sich mit dem Projekt und den erarbeiteten Ergebnissen identifizieren und diese auch mittragen. Das kann aber auch zu einer Dilemmasituation "Mitgefangen – Mitgehangen" und zu Konflikten führen.

Entscheidet sich der Betriebsrat für die aktive Teilnahme einzelner Betriebsratsmitglieder in Projektgruppen, sollten folgende Punkte berücksichtigt werden:

Wichtige Hinweise für den Betriebsrat

Den Handlungsspielraum und die zu vertretende Position vorher in der Körperschaft abklären.

Es ist zwar für die Körperschaft schwierig, sich vorher ein Bild zu machen. Das Abstecken eines Rahmens ist jedoch notwendig, um eigene Forderungen durchzubringen und sich nicht überfahren zu lassen.

Ein Betriebsratsmitglied nie als Einzelperson, sondern immer als VertreterIn der Körperschaft in das Projektteam entsenden – bei der Klärung von Spielregeln für die Arbeitsweise im Projektteam besonders darauf achten.

Im Projektteam die Rolle als VertreterIn des Kollegialorganes Betriebsrat klarstellen und sich auf keinen Fall durch Geheimhaltungsverpflichtung von der Körperschaft „abschneiden" lassen.

Zwischenergebnisse regelmäßig dem Kollegialorgan Betriebsrat präsentieren – diese in der Körperschaft mit den Betriebsratspositionen vor und nach jeder Projektsitzung abgleichen.

1.7 SANIERUNG

Unter Sanierung werden **sämtliche Maßnahmen verstanden, um Liquiditäts-, Ertrags- und strategische Krisen zu beseitigen.** Zumeist setzt die Sanierung erst zu einem relativ späten Zeitpunkt der Liquiditätskrise ein. Die Erfolgswahrscheinlichkeit ist daher auch geringer als in jenen Fällen, in denen bereits frühzeitig gegengesteuert wird. Der Sanierungsprozess beginnt mit einer Stabilisierungsphase, in der die Überlebensfähigkeit des Unternehmens sichergestellt wird, und geht in eine Phase der Sicherstellung der Ertrags- und Erfolgspotentiale über.

Im Rahmen der Sanierungsprüfung wird untersucht, ob das Unternehmen **sanierungsbedürftig, sanierungsfähig, sanierungswürdig** und **sanierbar** ist.

1.7.1 SANIERUNGSBEDÜRFTIGKEIT

Ein Unternehmen ist jedenfalls sanierungsbedürftig, wenn eine Ertragsschwäche bereits durch Liquiditätsprobleme überschattet ist. In diesem Sinne gibt es folgende **Indikatoren für die Sanierungsbedürftigkeit** von Unternehmen:

- Eigenkapital inklusive Rücklagen ist bereits aufgezehrt.
- Hohe Verluste werden erwartet.
- Die Zahlungsunfähigkeit steht bevor.
- Aktuelle Bilanzzahlen führen bei Banken und Lieferanten zu Vertrauensverlust.

Wirtschaftsprüfer und Aufsichtsrat haben eine wichtige Funktion

Aufsichtsräte von prüfungspflichtigen Gesellschaften haben hier einen enormen Informationsvorteil. Stellt nämlich der Abschlussprüfer – Wirtschaftsprüfer – bei der Wahrnehmung seiner Aufgaben Tatsachen fest, die den Bestand des geprüften Unternehmens oder Konzerns gefährden oder seine Entwicklung wesentlich beeinträchtigen können, so muss er gemäß § 273 UGB unverzüglich darüber berichten. Er muss auch unverzüglich über wesentliche Schwächen bei der internen Kontrolle des Rechnungslegungsprozesses berichten. Er muss die Berichte unterzeichnen und den gesetzlichen Vertretern und den Mitgliedern des Aufsichtsrates zur Verfügung stellen. Ein wichtiger Anhaltspunkt für die Sanierungsbedürftigkeit sind die Kennzahlen des Unternehmensreorganisationsgesetzes. Liegt die Eigenkapitalquote unter 8 Prozent und die Verschuldungsdauer über 15 Jahren, wird Sanierungsbedarf vermutet.

1.7.2 SANIERUNGSFÄHIGKEIT

Ein Unternehmen ist sanierungsfähig, wenn es **mittel- und langfristige Überlebenschancen** hat und die Potentiale im Unternehmen ausreichen, um Sanierungsmaßnahmen erfolgreich umzusetzen. Für die Beurteilung der Sanierungsfähigkeit sind folgende Faktoren ausschlaggebend:

- strategische Marktchancen, sanierbarer Kernbereich (Kostenstruktur, Unternehmensorganisation etc.)
- ausreichende finanzielle Unterstützung durch Eigentümer, Banken, Lieferanten, Bund und Länder

- geeignetes Krisenmanagement
- Vorliegen eines Sanierungskonzeptes beruhend auf realistischen Annahmen

Relativ gering sind die Sanierungschancen, wenn bereits seit Jahren Verluste erzielt wurden, das Eigenkapital durch Verluste aufgezehrt, der Cashflow null bzw. negativ und die Finanzierung durch Eigentümer und Banken nicht sichergestellt ist.

Voraussetzung für die Sanierungsfähigkeit eines Unternehmens ist jedenfalls eine „positive Fortführungsprognose" unter Berücksichtigung der Auswirkungen der bereits geplanten Sanierungsmaßnahmen. Dazu müssen die auf die Sanierungsschritte folgenden Planbilanzen bereits ohne Überschuldung dargestellt werden können und Zahlungsfähigkeit muss gewährleistet sein.

1.7.3 SANIERUNGSWÜRDIGKEIT

Die Geldgeber entscheiden über die Sanierungswürdigkeit des Unternehmens

Über die Sanierungswürdigkeit eines Unternehmens entscheiden in erster Linie die Geldgeber, sofern sie die Zukunftsaussichten und Erfolgspotentiale positiv beurteilen. Dies wird der Fall sein, wenn die Ursachen der Krise bekannt sind und deren Beseitigung möglich erscheint.

Banken bzw. andere Gläubiger werden nur dann zusätzliche finanzielle Mittel zur Verfügung stellen, wenn dadurch die Wahrscheinlichkeit steigt, dass sie neben den neu zur Verfügung gestellten Krediten auch die ursprünglichen - zumindest zum Teil - zurückbekommen.

Die Sanierung kann in Angriff genommen werden, wenn Sanierungsfähigkeit und Sanierungswürdigkeit gegeben sind. Wenn nicht, ist die Liquidation bzw. Insolvenz des Unternehmens die unvermeidbare Konsequenz.

1.7.4 SANIERUNGSPROZESS

In vielen Fällen **wird sofort ein neues Sanierungsmanagement eingesetzt.** Der Sanierungsmanager beginnt den Sanierungsprozess klassischerweise mit einer Analyse der IST-Situation und einer Planung für das laufende Jahr. Das Unternehmensumfeld wird neu eingeschätzt, insbesondere die Dauer und Intensität einer Branchen- und/oder Konjunkturkrise. Die Stärken und Schwächen des Unternehmens und der wichtigsten Mitbewerber sowie der Handlungsspielraum sind zu beurteilen.

Unter Berücksichtigung der IST-Situation werden verschiedene Szenarien – unterschiedliche Einschätzungen der Zukunft – entwickelt, wobei alle relevanten Umfeldbedingungen zu berücksichtigen sind. Neben einem Szenario, das auf möglichst realistischen Annahmen beruht, sollte ein „Worst-Case"-Szenario erstellt werden. Werden die „Schlechtwetteranzeigen" in der Planung nicht berücksichtigt und tritt dann tatsächlich eine „Schlechtwetterperiode" ein (z.B. Verteuerung der benötigten Rohstoffe), wird ein gesundes Unternehmen weiterbestehen und höchstens weniger Gewinne erzielen. Für ein zu sanierendes Unternehmen kann diese Entwicklung jedoch existenzgefährdend sein. Zu optimistische Ansätze in der Planung sind nicht geeignet, die Gläubiger zu weiteren Zugeständnissen zu bewegen.

Basierend darauf sind das Sanierungsziel und die Sanierungsstrategie festzulegen. Dabei geht es noch nicht um den präzisen Weg bzw. um konkrete Maßnahmen, sondern darum, den Weg abzustecken, Grenzen festzulegen und Überlegungen bezüglich möglicher Bündnis- bzw. Kooperationspartner anzustellen. Kurz: eine visionäre, kurzgefasste Darstellung des Weges. Wenn die Grundsatzentscheidungen getroffen und eine Sanierungsstrategie formuliert wurde, sollten konkrete Maßnahmen in Angriff genommen werden.

Die Sanierungsstrategie ist eine visionäre, kurzgefasste Darstellung des Weges

1.7.5 SANIERUNGSPLAN

Der Sanierungsplan sollte **alle geplanten Maßnahmen – finanzielle, ertragswirtschaftliche und strategische** – enthalten. Diese sind zeitlich und inhaltlich aufeinander abzustimmen und ihre Auswirkungen sind in Vorschaurechnungen (Finanzpläne, Budgets, Planbilanzen und Plan G&V) darzustellen.

1.7.5.1 Beseitigung der Liquiditätskrise

Finanzielle Sanierungsmaßnahmen dienen dazu, das Unternehmen wieder aus der Illiquidität (Zahlungsunfähigkeit) und/oder Überschuldung herauszuführen. Die finanzielle Planung und Gestaltung der

Zukunft erfolgt im Rahmen der Finanzplanung. Da Zahlungsfähigkeit die Voraussetzung für das Bestehen eines Unternehmens ist, muss diese als erstes gesichert werden. **Die Zahlungsfähigkeit hat im Rahmen der Finanzplanung einen übergeordneten Stellenwert.** Dazu wird ein Finanzplan erstellt, der lückenlos alle zukünftigen Ein- und Auszahlungen und ihren exakten zeitlichen Anfall aufzeichnet. So kann festgestellt werden, wie hoch die Lücke bzw. ein eventueller Überschuss für den jeweiligen Planungszeitraum ist.

Sichern der Zahlungsfähigkeit

Maßnahmen zur finanziellen Sanierung bzw. zur Deckung des Finanzbedarfs:

- Gesellschafterzuschüsse
- Kapitalerhöhung
- Verkauf von nicht betriebsnotwendigem Vermögen: Grundstücke, Häuser, Antiquitäten, Rechte
- Reduktion von Forderungen, z.B. durch Forderungsverzicht
- Erhöhung der Lieferantenverbindlichkeiten
- Abbau des Lagers
- „Sale-and-lease-back"-Geschäfte
- Neue Kredite von Banken, Konzerngesellschaften
- Umschichtungen von Krediten
- Zuschüsse der öffentlichen Hand

1.7.5.2 Beseitigung der Ertragskrise

Ziel der ertragswirtschaftlichen Sanierung ist es, das Unternehmen wieder in die Gewinnzone zu bringen. Die zur Verfügung stehende Zeit zur Umsetzung der Maßnahmen hängt entscheidend von der Eigenkapitalausstattung ab. Je schlechter diese ist, desto schneller muss die ertragswirtschaftliche Sanierung greifen.

Eigenkapitalausstattung ist entscheidend

Eine sorgfältige Analyse der Krisenursachen ist unumgängliche Voraussetzung für die Ertragssanierung. **Maßnahmen können nur greifen, wenn sie an den „richtigen" Schwachstellen ansetzen.** So kann ein Umsatzeinbruch z.B. die unterschiedlichsten Ursachen haben, z.B. veraltete Produkte, überhöhte Preise, Überkapazitäten am Markt, Produktionsengpässe, Konjunktureinbruch auf den Absatzmärkten, Vertrieb, Werbung etc.

Eine **Überprüfung des Leistungs- und Kostenkataloges** sollte folgen. Der Produktmix muss untersucht und die Deckungsbeiträge einzelner Produkte berechnet werden. Zur ertragsmäßigen Sanierung können Marketingmaßnahmen (Werbung, Verkaufsförderung, Preispolitik) sowie Verbesserungen im internen Rechnungswesen (Buchhaltung, Kostenrechnung) führen.

Da die ertragsmäßige Sanierung, d.h. die Steigerung der Einnahmen, meist nicht von heute auf morgen greift, ist jedenfalls mit Rationalisierung bei den Kosten zu rechnen. Die kostenseitige Sanierung führt schneller zu Erfolgen und geht von Einsparungen bei Material und Vorleistungen bis zu Kürzungen des Personalaufwandes in jeder Form.

Kosten kürzen ist so beliebt, weil es zu raschen Erfolgen führt

- Analyse der Krisenursachen!
- Überprüfung des Leistungs- und Kostenkatalogs
- Ertragsseitige Sanierung – Steigerung der Umsätze – dauert oft zu lange!
- Kostenseitige Sanierung – Rationalisierungen bei allen Kosten – greift schneller!

1.7.5.3 Beseitigung der Strategiekrise

Das strategische Konzept sollte insbesondere die Wiedergewinnung strategischer Erfolgspotentiale sowie die Vermeidung strategischer Krisen in der Zukunft beinhalten. Das **Unternehmen muss neu positioniert werden, um einen langfristigen Erfolg sicherzustellen.**

Maßnahmen zur Strategischen Neupositionierung

- Erschließung neuer Märkte
- Neuausrichtung der Kundenzielgruppen
- Entwicklung neuer Produkte
- Zurückziehen des Unternehmens aus manchen Bereichen – Ausgliederungen, Outsourcing, Verkauf von Beteiligungen oder Betriebsteilen
- Erhöhung des Durchhaltevermögens
- Veränderungen der Organisationskultur
- neue Arbeitszeitmodelle
- Neustrukturierung der Aufbau- und Ablauforganisation – Schnittstellen im Unternehmen und zu Lieferanten und Kunden neu gestalten

1.8 DER UMGANG MIT DER KRISE MACHT DEN UNTERSCHIED

Für den konkreten Ablauf einer Unternehmenskrise macht es einen großen Unterschied, wie alle Beteiligten, insbesondere die Entscheidungsträger, damit umgehen. Ein leider allzu häufiger Umgang ist **möglichst langes Leugnen, Verschweigen und Bagatellisieren der problematischen Situation.** Die Krise wird als Versagen und Unglück gewertet.

Die Krise könnte jedoch auch genutzt werden, indem man sich den schwierigen Herausforderungen stellt und diese zu meistern versucht. Eine Krise kann auch als Phase einer dynamischen Entwicklung betrachtet werden.

Je früher die Krise erkannt wird, desto besser

Der Zeitpunkt, zu dem eine Krise erkannt wird und Gegensteuerungsmaßnahmen eingeleitet werden, ist entscheidend. Je später dies erfolgt, desto größer werden die negativen Auswirkungen der Krise sein.

Werden alle Krisenindikatoren von den Verantwortlichen möglichst lange übersehen und Maßnahmen erst eingeleitet, wenn das Überleben des Unternehmens schon massiv bedroht ist, läuft die Krise ungesteuert ab. Obwohl meist schmerzhaft und destruktiv für alle Beteiligten, ist dieser Umgang in der Praxis häufig zu beobachten. Damit der Betriebsrat die ungesteuerte Krise rechtzeitig erkennt, wird sie im Rahmen dieses Buches als Negativlehrbeispiel behandelt.

1.8.1 EIN UNGESTEUERTER KRISENVERLAUF ODER WIE MAN IN DIE INSOLVENZ SCHLITTERT

Was passiert, wenn nichts passiert?

Jeder Beginn einer Unternehmenskrise ist durch mangelhafte Leistungen oder Ergebnisse gekennzeichnet, die zwar gering sind, im Normalfall aber immer wiederkehren. Bei der ungesteuerten Krise werden Anzeichen und Probleme (siehe Anzeichen Strategiekrise) vom Management und allen Beteiligten übersehen, nicht als solche wahrgenommen, konsequent geleugnet, verharmlost oder nicht ernst genommen. Viele hoffen, dass sich alles wieder von selbst ändern wird. **„Wir werden schon ungeschoren davonkommen" ist der Grundtenor.** Diese Phase ist für Betriebsräte besonders schwierig, wenn sie die herannahende Krise erkennen, aber bei den Verantwortlichen auf taube Ohren stoßen.

Irgendwann werden die mangelhaften Leistungen bzw. Ergebnisse offensichtlich, die Fehler türmen sich. Die Verantwortlichen reagieren in vielen Fällen mit **Wut, Angst, Rivalitäten, gegenseitigen Beschuldigungen, Besorgnis und Zerrissenheit.** Wenn die Öffentlichkeit noch nicht informiert ist, könnte die Krise von einer klugen Unternehmensleitung immer noch als Chance genutzt werden. Der Höhepunkt der Krise steht ohne adäquate Gegensteuerungsmaßnahmen noch bevor.

Die Folgen des Nichthandelns werden für alle spürbar. Schwierigkeiten und Verstimmungen werden offensichtlich. Probleme können nicht mehr versteckt werden, weder im Unternehmen noch nach außen. Die Öffentlichkeit ist allmählich informiert. Der Höhepunkt der nicht kontrollierten Krise wird erreicht. In dieser Phase wird die Betroffenheit aller mit der Firma in Berührung stehender Personen massiv spürbar.

Die Öffentlichkeit ist informiert – der Höhepunkt der Krise naht

Angestellte und ArbeiterInnen sind wie gelähmt, das gemeinsame Ziel ist nicht mehr greifbar. SpitzenmanagerInnen werden permanent und überall mit der schwierigen Lage konfrontiert. Kunden verlieren das Vertrauen in das Unternehmen. Banken und Gläubiger fordern verstärkt Information und Mitsprache. Im schlimmsten Fall stellen sie Kredite fällig. Lieferanten sichern sich ab.

Typisch für den Höhepunkt der ungesteuerten Krise ist eine sich ausbreitende Panik. Die Ereignisse laufen ungeordnet ab. **Das persönliche Überleben des Managements und der MitarbeiterInnen wird zur übergeordneten Zielgröße.** Verlässliche Informationen sind Mangelware und Daten unterliegen unterschiedlichsten Interpretationen. Differenzen im Management treten nun in aller Deutlichkeit zutage. Die Belegschaft verliert oft den Respekt vor dem Management und das Management wird angreifbar.

Verlässliche Information ist Mangelware

Die anzustrebenden Ziele sind verschwommen und widersprüchlich. Entscheidungen werden problematisiert, nicht ausgeführt. In dieser Situation steuert das Unternehmen auf den Zusammenbruch zu. Allmählich resignieren alle Betroffenen, die MitarbeiterInnen, die Geldgeber, die KundInnen und LieferantInnen und die Öffentlichkeit.

Radikaler Wandel wird unvermeidbar

Die letzte Phase ist durch **Schock und Ungewissheit** gekennzeichnet. Ist bis zu diesem Zeitpunkt nichts Wesentliches geschehen, so ist ein radikaler Wandel (z.B. Ausgleich, Konkurs, Aufkauf von Firmenteilen durch andere Firmen) unvermeidbar.

Gelingt es nicht, eine Krise in den Griff zu bekommen, so verläuft sie mit großer Wahrscheinlichkeit in der beschriebenen Form ab. Die beste Zeit, um konstruktive Veränderungen in Angriff zu nehmen, ist die erste Phase. Es kommt darauf an, den Ablauf der ungesteuerten Krise zu unterbrechen - je früher, desto besser - und die Ereignisse in eine neue Richtung zu lenken. Ein Nichteingreifen trifft alle Beteiligten in jedem Fall am härtesten.

1.8.2 EIN GESTEUERTER KRISENVERLAUF ODER WIE ES BESSER FUNKTIONIEREN KANN

Die gesteuerte Krise beginnt im Prinzip genauso wie die ungesteuerte Krise. Es sind dieselben mangelhaften Leistungen bzw. Ergebnisse, die auf eine problematische Entwicklung hinweisen. Der Ablauf ist dennoch ein völlig anderer, da die Verantwortlichen auch verantwortungsvoll mit der Krise umgehen.

Wird rechtzeitig gegengesteuert, muss das Ende nicht eine radikale Veränderung bedeuten. Der Ablauf könnte wie folgt sein: Die ersten Anzeichen werden sofort wahrgenommen und als Problem erkannt. Bereits in dieser Phase erfolgt das Eingeständnis des Managements, dass ein Problem existiert. Es werden alle nur denkbaren Anstrengungen unternommen, um an Lösungen zu arbeiten und die Schwierigkeiten abzuwenden bzw. auf ein Minimum zu begrenzen.

Die Ereignisse überstürzen sich nicht auf derart fatale Weise. Am Höhepunkt ist bereits ein Verständnis der Situation vorherrschend. So können Handlungsalternativen erarbeitet und bewertet werden. Im optimalen Fall gibt es einen Kurzzeitplan, um Schäden gering zu halten.

Die gesteuerte Krise kann durch Reformen, Organisationsänderungen, Unternehmensumstrukturierungen, neue Arbeitszeitmodelle, Anpassung an die sich verändernde Rahmenbedingungen etc. bewältigt werden. Diese Entwicklung verursacht weniger Kosten und ist mit Sicherheit **für alle Beteiligten weniger schmerzvoll.**

Wichtige Hinweise für den Betriebsrat

Das Vorkrisenstadium ist für den Betriebsrat die beste Zeit aktiv zu handeln, um die Krise nicht ungesteuert hereinbrechen zu lassen.

Nutzen Sie alle Ihnen zur Verfügung stehenden Ressourcen.

Wenn es zur Krise kommt, so aktivieren Sie Ihr Netzwerk. Überlegen Sie – am besten im Team – wer Ihre Verbündeten sind und von wem Sie Unterstützung erhalten können. Denken Sie dabei an AbteilungsleiterInnen innerhalb des Unternehmens, BetriebsratskollegInnen aus anderen Unternehmen, KollegInnen aus Gewerkschaften und Arbeiterkammern sowie an die einen oder anderen KapitalvertreterInnen aus dem Aufsichtsrat oder PolitikerInnen. Beschaffen Sie sich Informationen und führen Sie Gespräche mit den Verantwortlichen.

Nehmen Sie die Situation und die bevorstehenden Schwierigkeiten ernst. Denken Sie so früh wie möglich Alternativen durch und bewerten Sie diese. Nehmen Sie rechtzeitig zu diversen geplanten Änderungen Stellung oder unter Umständen wirken Sie auch aktiv daran mit.

Ziehen Sie die BeraterInnen und ExpertInnen aus Gewerkschaften und Arbeiterkammern bei. Lassen Sie Ihr Material – Bilanzen, Wirtschaftspläne, Vorschaurechnungen, Liquiditätspläne – prüfen, damit Sie die Situation realistisch einschätzen können und wissen, wie dringend gehandelt werden muss.

Denken Sie daran: Sie können zu Ihrer Beratung in allen Angelegenheiten gemäß § 39 (4) Arbeitsverfassungsrecht die zuständige freiwillige Berufsvereinigung oder gesetzliche Interessenvertretung der ArbeitnehmerInnen beiziehen!

1.9 DIE HANDLUNGSMÖGLICHKEITEN DES BETRIEBSRATES

Unternehmenskrisen wirken sich immer auf die Beschäftigten im Unternehmen aus. Im günstigsten Fall werden die MitarbeiterInnen dazu angehalten, Überstunden und Urlaub abzubauen, im schlechteren Fall erfolgen Einsparungen bei diversen Sozialleistungen, im schlechtesten Fall drohen Massenkündigungen und Betriebsschließungen.

Der Betriebsrat muss sich jedenfalls eine eigene Strategie zurechtlegen. Er kann sich gegen die von der Geschäftsführung vorgeschlagenen Maßnahmen wehren und möglicherweise damit alle Arbeitsplätze zumindest kurzfristig retten. Mittel- oder langfristig könnte allerdings der Erfolg der Sanierung gefährdet werden. Er kann den Personalkürzungs- bzw. Einsparungsmaßnahmen aber auch gleich zustimmen, womit er jedoch seine eigene Glaubwürdigkeit und Legitimierung auf´s Spiel setzt.

Informationsbeschaffung und Analyse als Grundlage für die Betriebsratsstrategie

Egal für welche Strategie sich eine Betriebsratskörperschaft in einer sich abzeichnenden oder akuten Unternehmenskrise entscheidet – **verhindern, raushalten, kontrollieren oder aktiv einbringen** – gründliche Informationsbeschaffung und eine Analyse der aktuellen Situation sollten das Fundament jeder Betriebsratsstrategie sein. Im Sinne: Wissen macht handlungsfähig!

Im Folgenden werden Vorschläge gemacht, was der Betriebsrat wann betreffend Insolvenzfrüherkennung und Gegensteuerungsmaßnahmen tun kann. Dies ist kein ‚Rezept' für die Betriebsratstätigkeit, sondern nur eine Ideensammlung.

CHECKLISTE KAPITEL 1

☐ 1 Von einer Krise ist noch nicht die Rede

- ☐ Beobachten Sie laufend die ersten **Anzeichen** einer Krise (Kapazitätsauslastung, Reklamationsquote etc.), selbst wenn die Ertragszahlen positiv sind und das Unternehmen einen gesunden Eindruck macht.

☐ 2 Erste Anzeichen einer Krise

- ☐ Wenn sich eine Krise abzeichnet, stellen Sie fest, wie weit fortgeschritten sie ist: **Strategie-, Ertrags-, Liquiditätskrise.** Je mehr Zeit verfließt, desto schneller müssen Maßnahmen zur Gegensteuerung ergriffen werden. Der Handlungsspielraum des Betriebsrates wird zunehmend enger.
- ☐ Sammeln Sie Informationen. Fordern Sie Material an: Bilanzen, Wirtschaftspläne, Deckungsbeitragsrechnungen, Planrechnungen, Investitionsrechnungen etc.
- ☐ Ziehen Sie BeraterInnen und **ExpertInnen** aus Gewerkschaften und Arbeiterkammern bei. Lassen Sie Ihr Material überprüfen, damit Sie die Situation realistisch einschätzen können und wissen, wie dringend gehandelt werden muss.
- ☐ Versuchen Sie auf den Umgang und den Krisenverlauf einzuwirken. Ein ungesteuerter **Krisenverlauf** ist destruktiv und erschwert die Bewältigung erheblich, da die Krise erst in einem weit fortgeschrittenen Stadium „zugegeben" wird.
- ☐ Suchen Sie den Kontakt mit der Geschäftsleitung und mit den Verantwortlichen. Wirken Sie auf einen gesteuerten Ablauf ein.

☐ 3 Mitten in der Krise

- ☐ Aktivieren Sie ihr **Netzwerk!** Überlegen Sie – am besten im Team – wer ihre **Verbündeten** sind und von wem Sie Unterstützung erhalten können. Denken Sie dabei an AbteilungsleiterInnen innerhalb des Unternehmens, BetriebsratskollegInnen aus anderen Unternehmen, KollegInnen aus Gewerkschaften und Arbeiterkammern, PolitikerInnen sowie an KapitalvertreterInnen aus dem Aufsichtsrat.

CHECKLISTE KAPITEL 1

- ☐ Machen Sie sich ein Bild über die **Ursachen** der Krise. Wenn keine **Ursachenanalyse** erstellt wurde, könnten Sie als Betriebsrat gezielt auf eine Aufarbeitung der Ursachen drängen bzw. dahingehend Impulse geben.
- ☐ Legen Sie besonderes Augenmerk auf das **Durchhaltevermögen** des Unternehmens. Je höher das **Eigenkapital** des Unternehmens ist, desto länger können Verluste aufgefangen werden, desto länger überlebt das Unternehmen in der Krise, desto geringer ist die Dringlichkeit von notwendigen Maßnahmen. Ein „Zeitpolster" ermöglicht ein gezieltes und überlegtes Herangehen, negative Auswirkungen auf die Belegschaft können abgeschwächt werden.
- ☐ Machen Sie sich mit der **Eigentumsstruktur** vertraut, informieren Sie sich über die Eigentümer und **AufsichtsrätInnen** des Unternehmens. Klären Sie, ob das Unternehmen ein Kernunternehmen der Eigentümer/des Konzerns oder nur eine „sonstige Beteiligung" und ob die Eigentümer in einem anderen Bereich/Unternehmen erhöhten Liquiditätsbedarf haben. Besteht die Gefahr, dass Forderungen an den Konzern abgeschrieben werden müssen? Informieren Sie sich über die Höhe der **Ausschüttungen,** die in den letzten Jahren an die Eigentümer geflossen sind, und über die Möglichkeiten der Eigentümer, eine Kapitalerhöhung vorzunehmen. Nehmen Sie durchaus Kontakt mit den Eigentümern auf!
- ☐ Holen Sie die Positionen zur Krise von den anderen Akteuren ein: Aufsichtsrat, Wirtschaftsprüfer.
- ☐ Klären Sie die Einflussmöglichkeiten des lokalen Managements – vor allem in internationalen Konzernen.
- ☐ Fremdkapital – Kredite: Je höher das Fremdkapital ist, desto höher die Zinsbelastung des Unternehmens, desto eher sinkt die Bereitschaft der Banken, weitere Kredite zur Verfügung zu stellen. Auch die Laufzeit bzw. Fälligkeit ist entscheidend.

- ❑ Finanzanlagevermögen: Beachten Sie die Tochterunternehmen (Beteiligungen) Ihres Unternehmens und deren wirtschaftliche Situation. Beachten Sie besondere Risken bzw. Abschreibungsbedarf bei Wertpapieren und Finanzanlageprodukten.
- ❑ Gewinne – Verluste: Legen Sie besonderes Augenmerk auf die Ertrags- bzw. Verlustsituation des Unternehmens und auf die Verteilung des Jahresüberschusses bzw.- fehlbetrages auf das operative Geschäft (EBIT) und das Finanzgeschäft (Finanzerfolg).
- ❑ Kundenstruktur: Analysieren Sie die Kundenstruktur. Analysieren Sie, ob die Abhängigkeit von einem oder wenigen Kunden groß ist, ob wichtige Kunden in der Krise sind, aus welchen Ländern die Abnehmer kommen und ob es in einem Absatzmarkt ein erhöhtes Wechselkursrisiko gibt. Schauen Sie sich die Auftragsbestände, -eingänge und -storni an!

❑ **4 Sanierungsmaßnahmen werden ergriffen**

- ❑ Lassen Sie sich den Sanierungsplan vorlegen: Zeitplan, Ziele, Strategie, Maßnahmen, Szenarien.
- ❑ Legen Sie besonderes Augenmerk auf die geplanten **Sanierungsmaßnahmen** sowohl auf der operativen als auch auf der strategischen Ebene.
- ❑ Wenn **externe Berater** zur Unterstützung herangezogen werden, informieren Sie sich, welche Erfahrungen es mit der Beratungsfirma gibt.
- ❑ Überlegen Sie sich Ihre Rolle und Funktion als **Betriebsrat** bei den Sanierungsschritten. Empfehlenswert ist eine aktive Mitarbeit des Betriebsrates, vor allem bei operativen Maßnahmen. Hinterfragen Sie die strategischen Absichten der Eigentümer!
- ❑ Legen Sie besonderes Augenmerk auf die Auswirkungen der geplanten operativen Maßnahmen **auf das Personal!** Beurteilen Sie die Dringlichkeit der Maßnahmen und das Vorhandensein von Alternativen. Beschäftigen Sie sich damit, wie Härten abgefedert werden können, wer die Verlierer sind und wie diese am besten unterstützt werden können.

Willi Mernyi

ERFOLGREICHE KRISENKOMMUNIKATION

2

Die Krise als BR-Team meistern

Um nach vorne zu kommen und dort zu bleiben,
kommt es nicht darauf an,
wie gut du bist, wenn du gut bist,
sondern wie gut du bist, wenn du schlecht bist!

Martina Navratilova – Tennislegende

Auf die Arbeitswelt umgelegt bedeutet das: Erfolgreiche Betriebsratstätigkeit funktioniert auch in der Krise.

Die Definition von Unternehmenskrise, wie sie in der Betriebswirtschaft gegenwärtig formuliert wird, lautet: „...es ist ein **ungewollter und ungeplanter Prozess von begrenzter Dauer und Beeinflussbarkeit,** durch den die **überlebensrelevanten Ziele beeinträchtigt** werden, deren Gefährdung oder Nichterreichung zugleich die Existenz des Unternehmens gefährdet oder gar vernichtet“. Die Definition zeigt zwar etwas verschachtelt, aber doch sehr anschaulich, **worum es bei der Krise geht: Um alles!**

Meistens ist eine Unternehmenskrise die größte Herausforderung, die BetriebsrätInnen in ihren Tätigkeiten jemals erlebt haben. Dessen muss man sich erst einmal bewusst werden. Um die Lähmung der Betriebsratskörperschaft zu vermeiden, können die BetriebsrätInnen sich nicht ausschließlich auf die Bewältigung der Krise konzentrieren, sondern müssen auch weiterhin ihre „gewöhnlichen“ Tätigkeiten fortsetzen.

Folgerichtig kommt es während der Unternehmenskrise zu einer gewaltigen Steigerung des Arbeitspensums. Eine Unternehmenskrise erfordert von den BetriebsrätInnen einen **außerordentlich hohen physischen Einsatz.** Hinzu kommt aber auch die **psychische Belastung,** die durch die Existenzbedrohung der Beschäftigten und derer Familien ausgelöst wird. Aber auch die Gefahren für unternehmensexterne Beschäftigte, die durch Zulieferung oder angebotene Dienstleistungen direkt und indirekt von der Krise betroffen sind, verstärken diesen Druck zusätzlich.

Hinweise zu Stressverarbeitung in Kapitel 3

Noch stärker wird die psychische Belastung für BetriebsrätInnen, die im Rahmen der Kommunikation intern (gegenüber der Geschäftsführung und den MitarbeiterInnen), aber auch extern Rede und Antwort stehen müssen. Nie wird jedes einzelne Wort, jedes einzelne Mail, jeder einzelne Artikel so auf die Goldwaage der Kommunikation gelegt wie jetzt. Formulierungen, die unter normalen Umständen niemanden stören und sogar sachlich korrekt sind, können jetzt bei MitarbeiterInnen, die Ängste haben, als Provokation aufgefasst oder vom Management absichtlich oder unabsichtlich falsch gedeutet werden, ja eine an und für sich richtige und korrekte Aussage kann die Krise zusätzlich verstärken. **Die Kommunikation in der Krise stellt daher eine riesige Herausforderung dar** in einer Situation, in der die Betriebsratskörperschaft mit höchster Aufmerksamkeit beobachtet wird. Jetzt kann man natürlich einwenden:

Zur rechtlichen Seite der Information/ Kommunikation Kapitel 4

- „Na ja, eine Betriebsratskörperschaft hätte ja ein Krisenfrühwarnsystem einrichten können."
- „Eine Betriebsratskörperschaft müsste einen fix und fertigen Plan für die Krise vorbereitet haben."
- „Und die Betriebsratskörperschaft müsste schon längst Krisentrainings durchgeführt haben."

Das mag zwar in der Theorie stimmen, in der Praxis kenne ich allerdings keine Betriebsratskörperschaft, in der es so etwas gibt. Unternehmenskrisen haben verschiedene Ursachen bzw. einen Mix aus Ursachen, die „Standardkrise" existiert nicht und somit auch kein Standardpatentrezept. Was in diesem Beitrag geboten wird, ist folglich kein Rezept, sondern ein Konzept über Kommunikation in einer Krisensituation.

Krisensymptome siehe Kapitel 1

Rezept heißt: „Man nehme …"

Konzept heißt: „Man gebe, steuere von sich aus bei – und das reichlich."

2.1 WAS PASSIERT BEI NICHTSTUN?

In einem Unternehmen bleibt oftmals mitten in einer Krise die interne Kommunikation der BetriebsrätInnen mit den Beschäftigten auf der Strecke. Wenn die MitarbeiterInnen aus den Medien erfahren müssen, wie schlecht es um ihre Arbeitgeber bestellt ist oder gar, dass ihr eigener Job auf der „Abschussliste" steht, dann hat die Geschäftsführung völlig versagt. Aber auch die BetriebsrätInnen haben keine optimale Voraussetzung für erfolgreiches Handeln.

Gerade in Zeiten der Krise wollen die Beschäftigten genau wissen, wie ihre Firma aufgestellt ist. Und wenn in einem Betrieb Gerüchte kursieren, wie viel Geld eingespart werden muss und wie viele KollegInnen sich „demnächst nach etwas Neuem umschauen müssen", dann werden im Speisesaal/in der Kaffeeküche Vermutungen ausgetauscht, Summen weitergegeben, Namen geflüstert. Vieles ist dabei übertrieben oder falsch.

Gerüchte sind der Wellenschlag unterdrückter Information.

Roger Peyrefitte

Dieser „Flurfunk" schürt die Unsicherheit und lähmt die MitarbeiterInnen. Das kann dazu führen, dass auch die BetriebsrätInnen ins Kreuzfeuer der Kritik kommen:

- „Wofür haben wir die denn, wenn sie eh nichts tun?"
- „Schläft denn der Betriebsrat?"
- „Haben die sich vielleicht schon mit der Geschäftsführung arrangiert?"

Wenn BetriebsrätInnen Tag und Nacht daran arbeiten, das Unternehmen zu retten, diese Tätigkeit aber nicht kommunizieren, wird dies von den Beschäftigten so wahrgenommen, als würden sie nichts tun. Wenn BetriebsrätInnen in der Krise mit den Beschäftigten nicht kommunizieren, brauchen sie sich auch nicht über Angriffe der Beschäftigten zu wundern. Mit anderen Worten: Wer glaubt, durch Nichtkommunikation aus dem Schussfeld zu kommen, begibt sich direkt ins Fadenkreuz.

2.2 KOMMUNIZIEREN, KOMMUNIZIEREN, ...

Gute Information ist für jene, an die sie gerichtet ist, die AdressatInnen, dringend nötig und persönlich verwertbar. Klar und präzise, vollständig, aktuell und glaubwürdig.

Zuerst müssen wir uns natürlich der gängigsten Informationsmittel bewusst sein:

E-Mail, Intranet, Fax, Brief, SMS, Newsletter, Wandzeitung, Betriebsmedien, aktionistische Maßnahmen, Flugblätter etc. Diese Informationsmittel müssen von uns gut dosiert bedient werden: Möglichst alle nutzen, aber die Information kurz und prägnant halten.

Devise: kurz und prägnant informieren!

Gerade in einer Krise ist es wichtig, dass wir hier nicht Informationsmüll erzeugen. Der Frage der Information der MitarbeiterInnen sollten wir uns genauso penibel und zielorientiert widmen wie einem Sozialplan, einem Kurzarbeitszeitmodell oder einer Bilanzanalyse. Einfach nur viele Mails rauszujagen, um dann sagen zu können: „Wir haben ja eh informiert", mag zwar kurzfristig Sicherheit geben, ist aber mittel- und langfristig wirkungslos. Zu viele Informationen lähmen oder verzögern Kommunikation.

Die spannende Herausforderung ist, neben den herkömmlichen Informationsmitteln noch andere Informationsmöglichkeiten zu finden. Woher erhalten die MitarbeiterInnen normalerweise die wichtigen und hilfreichen Informationen? Wenn das auf dem Gang, in der Werkshalle, beim Buffet oder wo auch immer ist, stellt sich die entscheidende Frage: „Sind wir dann dort mit unseren Informationen präsent?" Ein E-Mail, das ausgeschickt und zusätzlich am schwarzen Brett ausgehängt wird, macht die Meinung der BetriebsrätInnen noch sichtbarer. Ich persönlich bin davon überzeugt, dass die **„face to face"-Kommunikation** auch in Zeiten des E-Mails und des Intranets die erfolgreichste ist. Gute Erfahrungen gab es in Betrie-

Informelle Kommunikationswege: Kantine, Teeküche ...

ben, die Gruppen-/Teil-/Abteilungsversammlungen durchgeführt haben. Das Wesen von guter Kommunikation ist, dass es um mehr geht als um Information geben. Dass BetriebsrätInnen ihren Leuten sagen, was Sache ist, ist zu wenig. In der Krise ist es nicht genug, nur zu informieren, sondern es ist **notwendig, zu kommunizieren.** Das heißt, nicht nur Information zu geben, sondern auch Information zu nehmen.

Information geben und nehmen!

Diese kleinen Versammlungen und MitarbeiterInnengespräche bringen uns viel klarer, als es die Geschäftsführung je bekommen kann, das ungeschminkte, ehrliche Feedback unserer KollegInnen. Und wenn wir diese Gespräche suchen, bedeutet das, dass wir als Betriebsratskörperschaft eine pro-aktive Haltung einnehmen, anstelle einer ausschließlich reaktiven Haltung, bei der wir nur darauf warten, was die anderen machen. **Es ist in der Krise besser zu agieren, als zu reagieren.**

Alles, womit wir direkt zu den MitarbeiterInnen vordringen, ist besser als irgendwelche 08/15 Kommunikationsmittel. Hier ist Phantasie gefragt!

Phantasie ist wichtiger als Wissen,
denn Wissen ist begrenzt.

Albert Einstein

- Wie ist die **Stimmung im Betrieb?**
- Wie hoch ist die Frustration?
- Wie groß ist die Kampfbereitschaft?

  All das kann bei Einweginformation wie E-Mail oder einem Artikel in Betriebszeitungen nicht festgestellt werden. Die Antworten helfen uns aber ungemein in der Ausrichtung unserer Strategie. Wir müssen Fragen stellen und nicht nur Antworten und Botschaften absetzen.

- Was benötigt wer?
- Was ist wichtig?
- Was ist nicht wichtig?
- Was ist dringend?
- Was ist nicht dringend?
- Wenn wir diese Fragen beantwortet haben, müssen wir die Informationen mit folgender Tabelle checken:

	wichtig	nicht wichtig
dringend	Priorität 1	Priorität 3
nicht dringend	Priorität 2	Priorität 4

Mit dieser Tabelle wird uns bewusst, welche Informationen benötigt werden und auf welche wir verzichten können.

Wer das einmal gemacht hat, weiß, dass dies ein paar Minuten Zeit benötigt, aber dafür Klarheit schafft, die für uns in dieser Krisenzeit ganz wichtig ist: die Klarheit über die Informationen und über die AdressatInnen. Das Aussortieren und Priorisieren von Informationen ist eine der wesentlichsten Aufgaben des Betriebsratsteams.

Regieren besteht im Festsetzen von Prioritäten.
Sir Harold Wilson

2.3 MEDIENVERHALTEN

Verschwiegenheitspflicht beachten! – Kapitel 4.3

JournalistInnen sind unsere PartnerInnen. Sie sind nicht unsere FeindInnen. Das heißt aber auch nicht, dass sie unsere FreundInnen sind. Sie stellen Fragen über Fragen. Manchmal empfinden BetriebsrätInnen das als nervend. In Wirklichkeit machen aber JournalistInnen nichts anderes als ihren Job. Sie haben echtes Interesse (in den meisten Fällen) und haben die Aufgabe zu informieren. **Sie brauchen vieles und das gleich.** Das hängt natürlich stark mit dem Zeitdruck zusammen, unter dem sie stehen. Hier ist es wichtig, so gut wie möglich zu versuchen, den JournalistInnen zu helfen, damit sie ihren Job gut machen können.

Zu diesem Job gehört natürlich, aktuell zu sein. Informationen, die sie schon haben, sind uninteressant. Je unmissverständlicher, ehrlicher und offener wir mit ihnen umgehen, umso einfacher können sie die Informationen verwerten. Wer Fragen von JournalistInnen nur scheinbar beantwortet, von Fragen ablenkt oder keine konkreten Antworten gibt, schafft natürlich Misstrauen. Die Abwehrantwort „Kein Kommentar!“ kommt einem Schuldeingeständnis gleich. **Wenn BetriebsrätInnen Fragen nicht beantworten** können, dann ist es gut, die **Gründe dafür** zu **nennen.** Gerade in Krisensituationen empfiehlt es sich, vom „derzeitigen Stand" zu sprechen oder einfach darauf hinzuweisen, dass diese Information leider wegen der Verschwiegenheitspflicht nicht gegeben werden kann. Das schafft Flexibilität.

Vor allem bei lokalen Medien ist es sinnvoll, ein Vertrauensverhältnis aufzubauen. Manchmal ist es gut, in der Redaktion als Betriebsratsmitglied anzurufen und die Position darzulegen. Bei meiner Arbeit mit BetriebsrätInnen habe ich noch keine Körperschaft erlebt, in der es nicht irgendein Mitglied gibt, das eine/n RedakteurIn einer regionalen Zeitung persönlich kennt. Das muss nicht immer ein politischer Kontext sein, viele BetriebsrätInnen kennen RedakteurInnen von regionalen Zeitungen aus ihrer Tätigkeit bei der Feuerwehr, Fußball- oder Musikvereinen.

Vertrauensverhältnisse nutzen

Dieses Vertrauensverhältnis, das es hier vielleicht gibt, muss genutzt werden. Auch wenn die Information des Betriebsratsmitglieds nicht am nächsten Tag abgedruckt wird, ist es doch eine nützliche Information für JournalistInnen.

Wenn BetriebsrätInnen mit MedienvertreterInnen schlechte Erfahrungen gemacht haben, dann sollten wir nicht aus dieser Erfahrung heraus alle JournalistInnen zurückweisen. Da die Medien in der heutigen Zeit großen Einfluss haben, gilt der Grundsatz: **Medien bei der Bewältigung der Krise mit einbeziehen.**

2.4 AKTIONSFORMEN AUSWÄHLEN

Die Logik des Profits, aber auch die Unterwerfung vieler Regierungen unter das neoliberale Diktat haben uns in diese Krise geführt. Unglaubliches, arrogantes Gewinnstreben gieriger Manager hat die Blase zum Platzen gebracht.

Jetzt verwenden diejenigen, die die Prediger der neoliberalen Lehre waren, die Krise, die sie mit verursacht haben, dazu, um uns BetriebsrätInnen das Messer anzusetzen:

- „Jetzt in der Krise müssen wir den Gürtel enger schnallen!"

- „Wo jetzt die Menschen in Kurzarbeit geschickt werden, da ist doch eine Null-Lohnrunde nicht mehr auszuschließen.“

Viele von uns kennen diese Versuche.

Wie war/ist die Kommunikationskultur?

Egal, ob unser Betrieb gerade von der Krise betroffen ist oder ob die Krise dazu verwendet wird, um Sozialleistungen zu kürzen oder Lohnverzicht zu argumentieren: Es stellt sich immer mehr die Frage, ob wir in einer entfesselten, hemmungslosen, kapitalistischen Gesellschaft mit der alten Sozialpartnerformel noch punkten können. Ich glaube nicht, dass das mit einem eindeutigen „Ja“ oder „Nein“ zu beantworten ist. Ich bin aber davon überzeugt, dass **das Handlungsrepertoire von Gewerkschaften und BetriebsrätInnen breiter werden** muss. Es reicht nicht mehr allein, sich auf das zu verlassen, was am Verhandlungstisch vereinbart wird.

Manchmal braucht es schnelles, zielorientiertes und maßgeschneidertes Handeln. Zeitgemäße Aktionen, die eine breite Öffentlichkeit erreichen, machen unser Anliegen sichtbar. In den letzten Monaten haben wir einige Beispiele erlebt, wo BetriebsrätInnen Wege gingen, die wir bisher nicht beschritten hatten.

AktivistInnen bei der „Besuchung“ der Aufsichtsratssitzung

Als die Postbus AG den Standort Erdberg in Wien schließen wollte, hielten sich die verantwortlichen Manager nicht an die mit dem Betriebsrat getroffenen Vereinbarungen. Der Betriebsrat organisierte eine Kundgebung vor der entscheidenden Aufsichtsratssitzung. Im Zuge der Aktion kam es zu einer „Besuchung“ der Aufsichtsratssitzung. Rund 150 Personen begleiteten den Betriebsrat in die Aufsichtsratssitzung und setzten damit ein Signal:

„Wir stehen hinter unserem Betriebsrat!“ Aber auch das Signal in Richtung Management: „Wir sind auch für andere, härtere Kampfformen bereit!“

Auch ist es notwendig, in einer globalisierten Krise **global zu denken und global zu handeln.** Die Zeiten, in denen GewerkschafterInnen mit der „Standort-Logik“ gegeneinander ausgespielt wurden, müssen endgültig vorbei sein. Gemeinsam mit den internationalen Abteilungen in den Gewerkschaften muss die Kommunikation mit den betroffenen Kolleginnen und Kollegen im selben Konzern jenseits der ohnehin nur mehr in unseren Köpfen vorhandenen österreichischen Grenze gesucht und gefunden werden.

Sich nicht ausspielen lassen

Einseitiges, nationales „wir sind wir“-Denken hat noch keiner Betriebsratskörperschaft Erfolg gebracht. Es gleicht der Situation der ZuschauerInnen im Kino: Der einzelne Besucher kann seine Sicht verbessern, indem er aufsteht. Weil ihnen die Sicht genommen wird, erheben sich auch die anderen ZuschauerInnen. Am Ende steht der ganze Kinosaal. Keiner sieht mehr als vorher.

Das Bestreben von Einzelnen, ihre Lage zu verbessern, führt dazu, dass es am Ende allen schlechter geht. Wenn ein Betrieb Löhne senkt, kann das in bestimmten Fällen eine Möglichkeit sein, das Überleben der Firma zu sichern. Wenn aber alle Betriebe Löhne senken und Leute entlassen, dann führt das direkt in die wirtschaftliche und soziale Katastrophe.

Abwärtsspirale

Dem kann nur eine wirksame und gelebte Solidarität der Beschäftigten entgegenstehen.

Ein gutes Beispiel für diese erfolgreiche Kommunikation innerhalb eines Konzerns über die nationalen Grenzen hinweg ist die Aktivität der Belegschaft der Generali Versicherung.

Im Jahr 2006 informierte der damalige Chef der österreichischen Generali den Betriebsrat von weiteren geplanten „Umstrukturierungen“, von denen „mehrere hunderte Leute betroffen“ sein sollten. Die Begründung: Generali müsse „auf dem Weg zur Nummer 1“ schlanker werden. Nicht, dass es Generali damals schlecht gegangen wäre - aber es seien eben „neue Organisationsstrukturen“ notwendig, hieß es knapp.

Der Generali Betriebsrat ließ sich das nicht gefallen und setzte neben einer erfolgreichen und zielorientierten Kommunikation mit der Belegschaft auf echtes Einbinden der Belegschaft. So organisierte er während des Generali-Tennisturniers in Kitzbühel, das ja Generali als Großsponsor unterstützt, ein Familientreffen im Centercourt 2, direkt neben dem Tennisturnier.

Generali-MitarbeiterInnen aus ganz Österreich kamen mit Bussen aus ganz Österreich nach Kitzbühel. Die Pass-Thurn-Bundesstraße wurde 30 Minuten blockiert - der Betriebsrat meinte dazu: „Sorry, aber wir mussten ja ein- und aussteigen".

Medien berichteten über die friedliche Kundgebung genausoviel wie über das Damen-Semifinalespiel am Nebencourt.

Erfolgreiche Aktionen

Die Geschäftsleitung gab sich auf diese Aktivität hin betont unbeeindruckt.

Demonstration mit den italienischen KollegInnen vor der Welt-Firmenzentrale der Generali in Triest.

Im September desselben Jahres fuhren dann 60 BetriebsrätInnen, begleitet von einem Kamerateam, vor die Welt-Firmenzentrale der Generali nach Triest.

Sie wurden freudig empfangen - nicht unbedingt von der Firmenleitung des italienischen Konzerns, aber von den italienischen KollegInnen. Die Finanzdienstleister-Gewerkschaft „fisac-cgil" hatte sich spontan mit den KollegInnen aus Österreich solidarisiert und eine Demo vor dem Generali-Firmenfoyer organisiert, bei der die TeilnehmerInnen laut und unmissverständlich skandierten: „Mamma Generali, alle deine Kinder sind gleich!" und „Gleiche Gruppe, gleiche Rechte!"

So wurden denn die unbequemen ÖsterreicherInnen auch recht bald zum Personalchef der italienischen Gruppe vorgelassen, dem sie ihre Petition übergaben. Inhalt: **Keine Kündigungen, statt dessen Beschäftigungsgarantien für die österreichischen Generali-MitarbeiterInnen.**

Schon auf der Heimfahrt wurde der Betriebsrat vom damaligen Chef der österreichischen Generali angerufen: „Ja, müssen Sie denn wirklich nach Italien demonstrieren fahren? Können wir unsere Probleme nicht hier bei uns lösen?" Da wusste der Betriebsrat: Jetzt bewegt sich was in den Verhandlungen.

Die Zähigkeit und Kommunikationsfähigkeit war es offenbar, welche die Generali-Leitung am Ende mürbe machte. Schon bald wurden die BetriebsrätInnen zu einem runden Tisch eingeladen. Die BetriebsrätInnen kamen natürlich, hatten jedoch ein ZIB 1-Kamerateam im Schlepptau und übergaben 25 wirtschaftliche Fragen.

Als über diese Übergabe in der Zeit im Bild 1 berichtet wurde, war klar: Jetzt sind wir am Drücker. Zwei Monate später war die Sache mit den Kündigungen vom Tisch und eine Beschäftigungsgarantie für zwei Jahre auf dem Tisch.

Es gibt hier ein breites Repertoire von schon gelungenen Aktionen, auf die BetriebsrätInnen zurückgreifen können und die alle auf der Homepage **www.oegb.at/kampagnen** abrufbar sind. Außerdem gibt es auf dieser Homepage auch alle notwendigen rechtlichen Tipps und Checklisten.

Buchtipp: Kampagnen und Aktionen erfolgreich organisieren

Genauso wie dir deine zuständige Gewerkschaft bei den Fragen, die auch im Buch angesprochen sind, hilft, gibt es in deiner Gewerkschaft ExpertInnen, die dir bei Fragen der Kommunikation erfolgreich zur Seite stehen. Nur eine von dir informierte Belegschaft kann dich als Betriebsrätin bzw. als Betriebsrat unterstützen. Nur eine Betriebsratskörperschaft, die mit ihren KollegInnen kommuniziert, erfährt ungefiltert, wie die Stimmung im Betrieb wirklich ist. Informiere und kommuniziere – und du bist auf dem richtigen Weg, die Krise zu bewältigen.

Peter Hoffmann

3 STRESS, KONFLIKTE, ÄNGSTE UND DIE BEDEUTUNG SOZIALER NETZWERKE IN DER KRISE.

Psychosoziale Phänomene bei MitarbeiterInnen in Unternehmenskrisen

Unternehmenskrisen bewirken bei allen davon betroffenen Menschen unterschiedlich stark ausgeprägte psychosoziale Phänomene wie Stress, Angst, Konflikte und psychische Krisen. Nicht nur für ExpertInnen und ManagerInnen, sondern auch für BetriebsrätInnen ist es eine Aufgabe und Herausforderung, auf diese Phänomene so zu reagieren, dass sie ihren negativen belastenden Charakter für die Betroffenen so rasch wie möglich verlieren und diese ihre persönliche und soziale Integrität, ihre **Gesundheit** und ihre **Arbeitsfähigkeit** auf hohem Niveau wiedererhalten. Denn ArbeitnehmerInnen, die sich in sich selbst zurückziehen, sind für gemeinsame Aktionen und Suche nach Lösungen kaum motivierbar, einzeln kämpfende Betriebsratsmitglieder burnout-gefährdet.

Gefahr: Rückzug und Motivationsverlust statt Suche nach Lösungen

Hinweis: BetriebsrätInnen sollten in betrieblichen Krisenzeiten die psychosozialen Reaktionen und Verhaltensweisen wie Ärger, Ängste, Stress, Konflikte, Aggressionen, Burnout auf mehreren Ebenen gleichzeitig im Auge behalten, bewerten und im gegebenen Falle rechtzeitig darauf reagieren. Dabei handelt es sich um:

- die Ebene des Managements;
- die Ebene der MitarbeiterInnen;
- die Ebene der Betriebsratskörperschaft;
- die Ebene der eigenen Person und
- die Ebene des „Systems Betrieb".

Auf psychosoziale Reaktionen und Verhaltensweisen hilfreich und effektiv zu reagieren ist für BetriebsrätInnen nicht leicht. Oft sind diese im Moment unerklärbar oder die betroffenen Akteure selbst sind nicht bereit, auf Hilfsangebote oder Lösungsvorschläge einzugehen oder an Betriebsratsaktionen teilzunehmen. Als Folge davon tritt dann bei den BetriebsrätInnen Ärger, Angst, Stress, Betroffenheit und Hilflosigkeit auf.

Auf Reaktionen der ArbeitnehmerInnen vorbereitet sein!

Möchte man als **Betriebsrat/-rätin auf solche psychosozialen Reaktionen und Verhaltensweisen** nicht nur **wirkungsvoll reagieren,** sondern diese auch **proaktiv verringern,** ist es notwendig, sich damit ein wenig detaillierter auseinanderzusetzen. Daher werden im Folgenden zunächst Krisen, ihre Phasen und Auswirkungen beschrieben (sowohl in psychischer Hinsicht beim Einzelnen als auch im „System" Unternehmen), der dadurch verursachte Stress und Stressauswirkungen sowie die gehäuft auftretenden Konflikte und Konfliktbewältigung. Wichtig ist es, auch die grundlegenden Ängste, die mit Krisen auftreten (z.B. „Was ist, wenn ich arbeitslos werde?"), zu beachten und bei der Kommunikation zu berücksichtigen. Ein Zaubermittel zur Bewältigung dieser außergewöhnlichen Belastung für Betriebsratsmitglieder heißt: Teamarbeit.

3.1 PSYCHOSOZIALE KRISEN

Überforderung

Bei psychosozialen Krisen haben wir es mit einem Verlust des seelischen Gleichgewichts zu tun, den ein Mensch dann verspürt, wenn er mit Ereignissen oder Lebensumständen konfrontiert wird, die er im Augenblick nicht bewältigen kann. **Diese neuen Ereignisse und Lebensumstände überfordern** von Art und vom Ausmaß her seine durch frühere Erfahrungen **erworbenen Fähigkeiten** und **erprobten Hilfsmittel** zur Erreichung wichtiger Lebensziele oder zur Bewältigung seiner Lebenssituation. (Vgl. Sonneck u.a., Krisenintervention und Suizidverhinderung)

3.1.1 GEFAHREN VON KRISEN

In Krisen ist die seelische Belastung äußerst hoch. Dementsprechend besteht eine starke Tendenz zu impulsiven Aggressions- und Kurzschlusshandlungen, die unter Umständen nicht rückgängig zu machen sind. Weiters können Krisen zu langwierigen körperlichen und seelischen Störungen führen sowie zu einem veränderten Sozialverhalten.

Tendenz zu impulsiven Handlungen

3.1.2 DREI ARTEN VON KRISEN

Grundsätzlich unterscheidet man drei unterschiedliche Arten von Krisen:

1. Traumatische Krisen
2. Veränderungskrisen
3. Chronische Krisen

Traumatische Krise

Die traumatische Krise wird als eine plötzlich aufkommende Situation von allgemein akzeptierter schmerzlicher Natur definiert, die auf einmal die psychische Existenz, die soziale Identität und Sicherheit und/oder die fundamentalen Befriedigungsmöglichkeiten bedroht (darunter fallen u.a. Verlust des Arbeitsplatzes, Tod wichtiger Bezugspersonen, plötzliche Invalidität z.B. durch einen Unfall, Katastrophen).

Die traumatische Krise läuft in **vier Phasen** ab, wobei die **erste Phase** und der **Beginn der zweiten Phase** das **Akutstadium** umfassend bis zu 6 Wochen dauern können.

In der **ersten Phase, der Schockphase,** hält der betroffene Mensch die Realität fern, wirkt nach außen hin geordnet,ist aber innerlich chaotisch. Dieser Zustand kann zu ziellosen Aktivitäten wie z.B. Toben oder zu einem Zustand der Betäubung führen.

In der **zweiten Phase, der Reaktionsphase,** wird die Konfrontation mit der Wirklichkeit unvermeidlich. Unter psychischen Abwehrmechanismen versucht nun der/die Betroffene die Wirklichkeit so an seinen momentanen Zustand anzupassen,wie er sie am besten akzeptieren kann. Es kommt zu Verleugnungstendenzen, zu einer Rationalisierung der Ereignisse, starken Abhängigkeitswünschen oder aber auch zu sozialem Rückzug mit selbstzerstörerischen Tendenzen (z.B. Alkohol- oder Medikamentenmissbrauch).

In der **dritten Phase, der Bearbeitungsphase,** beginnen sich die Betroffenen allmählich vom Trauma zu lösen und beginnen ihre Interessen wieder aufzunehmen und Zukunftspläne zu schmieden.

In der **vierten Phase, der Neuorientierung,** richtet sich das Selbstwertgefühl der Betroffenen wieder auf, was dazu führt, dass neue Beziehungen aufgenommen und Ziele entwickelt und verfolgt werden. Rückblickend betrachtet wurde Lebenserfahrung dazu gewonnen.

Veränderungskrise

Bei den **Veränderungskrisen** handelt es sich um Situationen, die nicht schlagartig eintreten, sondern sich über eine längere Zeitspanne hinweg entwickeln. Auch hier zeigt sich ein Vier-Phasen-Verlauf, wobei aber im Unterschied zur traumatischen Krise das Akutstadium erst gegen Ende der dritten Phase bzw. in der vierten Phase voll ausgeprägt ist.

In der **ersten Phase, der Konfrontation** mit dem problematischen Ereignis (z.B. Ankündigung von Entlassungen, betriebliche Reorganisationsmaßnahmen, Auflassen einer Abteilung oder eines Produktzweiges), bleibt das Problemlösungsverhalten (wie z.B. persönliche Strategien und Hilfsmittel) wirkungslos und führt zum Aufkommen von Unbehagen und psychischen Spannungen.

In der **zweiten Phase, Versagensphase,** erlebt sich die betroffene Person als Versagerin, die die belastende Situation nicht bewältigen kann. Als Folge davon nimmt die psychische Spannung zu und das Selbstwertgefühl sinkt.

In der **dritten Phase, der Mobilisierungsphase,** kommt es durch den ansteigenden inneren Druck zur Mobilisierung aller inneren und äußeren Bewältigungsstrategien, was u.U. zum Ausprobieren neuer oder ungewohnter Strategien führen kann. Entweder wird in dieser Phase die persönliche Krise bewältigt oder sie beginnt sich zu chronifizieren.

In der **vierten Phase tritt das Vollbild der Krise** auf, in der der betroffene Mensch unter einer hohen unerträglichen Spannung steht. Daraus ergeben sich für diesen Zustände wie Konfusion und Desorganisation, Rat- und Orientierungslosigkeit, ungesteuerte und ziellose Aktivitäten und „innerliche Lähmung". Die betroffenen Personen sind von den Interaktionen und Reaktionen der Umwelt (Bezugspersonen, professionelle HelferInnen, MitarbeiterInnen, Vorgesetzten, BetriebsrätInnen) in höchstem Maße abhängig.

Chronische Krisen

Chronische Krisen entstehen dann, wenn Veränderungskrisen durch Vermeidungsverhalten oder destruktive Bewältigungsmuster gelöst werden bzw. wenn traumatische Krisen in ihrem natürlichen Verlauf in der Reaktionsphase festgefahren sind, weil keine Bearbeitung stattgefunden hat.

Menschen in chronischen Krisen zeigen ein stark ausgeprägtes Vermeidungsverhalten und **vermeiden** jedwede **Anstrengung, die zu einer Veränderung der Situation führen könnte.** Ihre Aktivität beschränkt sich häufig in Klagen und Anklagen. Die Stimmung ist subdepressiv mit Schwankungen in begrenztem Umfang, meist jedoch ohne aufspürbaren Anlass, aber immer begleitet von körperlichem Unbehagen, das sich in verschiedensten körperlichen diffusen Beschwerden äußert.

3.1.3 PHASENVERLÄUFE IN UNTERNEHMENSKRISEN

In der **ersten Phase** werden Krisensignale nicht erkannt. Widersprüchliche Ziele, das betriebliche Informationswesen liefert keine Krisensignale, Informationen und das Potential der MitarbeiterInnen werden nicht genutzt und erkannt, Fehler häufen sich, die Unzufriedenheit bei den Kunden steigt, Fluktuation und Krankenstände nehmen im Unternehmen zu u.ä.m.

Krisensymptome auf betriebswirtschaftlicher Ebene siehe Kapitel 1

In der **zweiten Phase** wird die Krise geleugnet. Die Ursachen der Krise werden vorwiegend auf externe, konjunkturelle Faktoren zurückgeführt, man versucht die Ergebnisse im Vergleich zu anderen Unternehmen schön zu reden, das Betriebsklima wird aggressiver.

In der **dritten Phase** beginnt sich Hektik breit zu machen. Konflikte werden personalisiert und es kommt zum „Köpferollen", Einsparungsstrategien nehmen zu (z.B. beim Personal). Es werden widersprüchliche Entscheidungen getroffen, Zukunftsinvestitionen werden gestrichen und es kommt zu aggressiven Schuldzuweisungen (die teuren MitarbeiterInnen sind schuld, die Gewerkschaften sind schuld, die Wirtschaftspolitik ist schuld, etc.).

„Die anderen sind schuld!"

In der **vierten Phase** kann es je nach Entwicklung zur kompletten Depression im Unternehmen kommen, die sich u.a. in der Einengung der Sichtweise (z.B. rein auf finanzielle Aspekte) manifestiert oder in Einsicht, die dementsprechend dazu führt, dass sich das Unternehmen selbstkritisch mit den Krisenerscheinungen auseinandersetzt.

Aus dieser positiven Entwicklung aus der vierten Phase heraus ergibt sich dann konsequenterweise, dass sich **neue und klare Zukunftsperspektiven** entwickeln und damit einhergehend auch neue Organisations- und Führungsstrukturen.

Wie „funktioniert" das Unternehmen?

Bei Unternehmen handelt es sich um komplexe vernetzte Systeme, deren „Reaktionen und Verhaltensweisen" nur dann einigermaßen erklärbar und einschätzbar sind, wenn man ihre innere Dynamik kennt. Erst dann ist es möglich, die krisenverursachenden Systemelemente und Kreisläufe zu identifizieren und wirkungsvolle Maßnahmen dagegen zu treffen. Dementsprechend hilfreich ist der Einsatz von computerunterstützten Verfahren wie z.B. dem „Sensitivitätsmodell" von F. Vesper. Das Verfahren ist darauf angelegt, die „Sensitivität" eines komplexen Systems aufzuzeigen, sein Verhalten zugänglicher zu machen und Hilfen für die Erhaltung und Steigerung seiner ökonomisch-ökologischen Lebensfähigkeit zu bieten. Erarbeitet wird diese **Systemanalyse** von einem ausgewählten Team, dessen Mitglieder aus den relevanten Bereichen des Unternehmens kommen und in dem die Betriebsrätin/der Betriebsrat ein wichtiges Mitglied ist.

3.2 STRESS

Siehe auch Kapitel 2

Krisensituationen bedeuten für alle davon Betroffenen Stress. Die Definition von Unternehmenskrise, wie sie bereits in Kapitel 2 erfolgte, beinhaltet bereits einige Stressfaktoren, die in der arbeitspsychologischen Definition von Stress beinhaltet sind. Dabei wird **Stress** definiert als „Reaktion des Individuums auf **unannehmbare oder bedrohlich erlebte konflikthafte Fehlbeanspruchungen.** Diese können sowohl aus starker Überforderung (z.B. neue Aufgaben auf unbekanntem Gebiet, P. H.) als auch aus starker Unterforderung der körperlichen und psychischen sowie fachlichen Leistungsvoraussetzungen des Menschen erwachsen. Weitere Ursachen für diese als konflikthaft erlebte Fehlbeanspruchung können das Infragestellen wesentlicher persönlicher (ichnaher) Ziele sein einschließlich das Infragestellen sozialer Rollen, die ein Individuum inne hat (z.B. statt Beförderung Versetzung in eine andere Abteilung, P. H.). Stressreaktionen sind kennzeichnend für Situationen, in denen es den Betroffenen weder gelingt, den belastenden Umständen auszuweichen, noch durch eigenes Handeln eine Situationsveränderung zu bewirken. Die dadurch entstehenden emotionalen Belastungen sind durch unlustbetonte Erregungszustände und Ängste gekennzeichnet. Damit einhergehend ist eine Erhöhung der neuroendokrinen und neurovegetatven körperlichen Reaktionen" (P. Richter/W. Hacker, Belastung und Beanspruchung).

Die kognitiven Stressreaktionen zeigen sich u.a. in Form von Denkblockaden, Gedankenkreisel, Konzentrationsstörungen. Die Folge davon ist eine höhere Fehlerhäufigkeit bei den Betroffenen. Emotionale Reaktionen auf Stress sind u.a. Ärger, Unausgeglichenheit, Nervosität, Apathie. Auf körperlicher Ebene sind es Symptome wie Spannungskopfschmerz, Rückenschmerzen, Krampfneigung. Bei andauerndem Stress wird durch die dauernd erhöhte Adrenalin- und Noradrenalinausschüttung der Blutdruck erhöht und der Blutzuckerspiegel steigt an. Dadurch wird das Herz überbelastet und die Immunfunktion geht zurück.

Das Erreichen von persönlich wichtigen Zielen ist für das Erleben des eigenen Selbstwertes und für die Stabilisierung einer zugewiesenen Rolle und Aufgabe von enormer Bedeutung. Umso stressiger wird es für Beschäftigte, wenn persönlich wichtige Ziele nicht erreicht werden können. Das trifft ebenso für BetriebsrätInnen zu.

In Krisen werden die persönlichen Ziele von den unterschiedlichen AkteurInnen heftigst in Frage gestellt, was zu Verunsicherung, Stress und Angst führt. In der Folge nehmen die Konflikte zu und die Kommunikation wird rauer und verworrener.

Der Grad der persönlichen Ausstattung mit physischen und psychischen Leistungsvoraussetzungen spielt eine bedeutende Rolle bei der Bewältigung von Krisen. Gerade in Krisen sind ausgeprägte psychosoziale Kompetenzen bei den Betroffenen, wie z.B. Konflikt- und Kommunikationsfähigkeit, Frustrationstoleranz, Organisationskompetenz, Teamfähigkeit, Selbstwahrnehmung und Selbstreflexion, Entscheidungsfreudigkeit, Verantwortung übernehmen können, Rollenflexibilität enorm wichtig. Neben diesen psychosozialen Kompetenzen bedarf es einer körperlichen Fitness, die hohe Ausdauer und Konzentration bei den Betroffenen fördert.

In Krisen treten immer wieder neue Situationen auf, mit denen zuvor niemand gerechnet hat. Seien es katastrophale Bilanzen, die verschwiegen wurden, seien es neue ungewöhnliche Angebote oder Krisenpartner, seien es wirtschaftliche oder politische Entwicklungen, egal was, diese neuen unerwarteten Entwicklungen bewirken zuerst einmal Verunsicherung und ein kurzes Innehalten im Krisenmanagement. Stress entsteht dann, wenn es nicht gelingt, sich auf diese neue Situation einzustellen, aufgrund z.B. fehlender Informationen oder Kommunikation.

Näheres zum MItbestimmungsrecht siehe Kapitel 4.

Viele krisengeschüttelte Unternehmen sind in multinationale Konzerne eingebettet. Dementsprechend werden oft genug Entscheidungen in Gremien und an Orten getroffen, die schwer zugänglich sind und sich somit den Einflüssen von außen (direkte Mitsprachemöglichkeit der BetriebsrätInnen) immer wieder entziehen. In vielen Fällen liegt die Ursache für die Nichtbeeinflussbarkeit von Ereignissen und Entscheidungen in der Unklarheit darüber, ob, in welcher Form und inwieweit BetriebsrätInnen berechtigt sind, bestimmte Entscheidungen mitzutreffen. Die **Nichtbeeinflussbarkeit von Ereignissen und Entscheidungen führt sehr rasch zu Gefühlen der Hilflosigkeit und Frustration,** die in eine resignative oder aggressive Haltung der Betroffenen führen können.

Die „Schuld"-Frage

Krisen führen auch dazu, dass die Akteure Rollen einerseits neu verteilen und andrerseits die Rollen der anderen Akteure in Frage stellen dort, wo es taktisch gerade passt. Ein Beispiel dazu ist das **„Schwarze-Peter-Spiel".** Wer ist für die Krise verantwortlich? Wer ist der Sündenbock? Egal, wer diese Rolle erhält, er/sie hat nun das Stigma, unfähig zu sein und ist damit als Konflikt-/Krisenlösungspartner nicht mehr akzeptabel. Krisen werden immer auch zu einer Neupositionierung und neuen Rollen- und Machtverteilung der Akteure benutzt. Daher steht im Vordergrund der öffentlichen Diskussion die Suche nach den Schuldigen der Krise und nicht die Analyse der vielfältigen und komplexen sozialen, wirtschaftlichen und gesellschaftlichen Zusammenhänge, die zur Krise geführt haben.

Hinweis: Es liegt in der Natur der Sache, dass Krisen sehr wenig Zeit lassen, um sich ausreichend zu erholen. Trotzdem ist zu beachten: Fehlende Pausen führen zu Übermüdung, erhöhter Reizbarkeit, Ungeduld, Einengung der Sichtweise, was wiederum zu einem Ansteigen von Fehlentscheidungen und in weiterer Folge zu verheerenden sozialen und wirtschaftlichen Konsequenzen führen kann. Achtung: Es geht um alles.

3.2.1 CRITICAL INCIDENT STRESS MANAGEMENT (CISM) IN DER BETRIEBSRATSARBEIT?

In der Luftfahrt, im Rettungs- und Katastrophendienst beginnt sich seit ca. 10 Jahren (national und international) ein Betreuungskonzept für Menschen zu etablieren, die kritischen und stressreichen Ereignissen (sowohl innerhalb als auch außerhalb der Arbeit) ausgesetzt waren, die das Potential haben, über längere Zeit hinweg die Betroffenen in ihrer Gesundheit und Arbeitsfähigkeit negativ zu beeinträchtigen. Critical Incident Stress Management (CISM) **soll** diese **negativen Entwicklungen und** eine **Chronifizierung** der entstandenen Krise **verhindern.**

Für diese Tätigkeit werden von der Belegschaft ausgewählte KollegInnen von ExpertInnen zu CISM-Peers ausgebildet. Diese betreuen und unterstützen die Betroffenen nach einem genau definierten Konzept. Diese Betreuung kann einzeln, aber auch in Gruppen erfolgen, je nach Situation und Bedarf. Wesentlich dabei ist zu erwähnen, dass es sich um keine psychotherapeutische oder psychologische Behandlungsform handelt.

Ziel dieser Interventionsform ist es, die Handlungs- und Arbeitsfähigkeit der Betroffenen so rasch wie möglich wieder herzustellen.

„Du bist nicht allein"

Ein wesentlicher Punkt von CISM-Programmen ist die Aufklärung der MitarbeiterInnen darüber, was ein **Kritisches Ereignis** (Critical Incident) ist und **wie Menschen generell darauf reagieren.** Das ist umso wichtiger, da viele Betroffene meinen, dass nur sie alleine möglicherweise ein Krisenproblem haben (und daran selber schuld sind) und ihre psychischen und körperlichen Reaktionen darauf ungewöhnlich und sie möglicherweise „ein Fall für den Psychiater" sind. Grundsätzlich gilt aber: „Die körperlichen und psychischen Reaktionen in einer Krise sind normale Reaktionen auf ein abnormales Ereignis".

3.3 KONFLIKTE IN KRISEN

Krisen führen automatisch zu mehr oder weniger stark ausgeprägten Konflikten sowohl zwischen den Menschen (interindividuelle/soziale Konflikte) als auch im Menschen selbst (intrapsychische Konflikte/kognitive Dissonanz).

Um Stress rasch und effektiv bewältigen zu können, benötigt man die dementsprechenden psychischen, physischen und materiellen Mittel und Ressourcen In Krisen sind viele dieser Ressourcen knapp bemessen und nicht jederzeit verfügbar.

Eine **Hauptursache für Konflikte** in Unternehmen sind die **knapper werdenden Budgetmittel.** Diese führen zu Einsparungen bei Personal, bei Projekten und Produkten und Services, bei der betrieblichen Fort- und Weiterbildung usw. Weitere Konfliktherde treten auf. Zwischen den MitarbeiterInnen entsteht **Informationsmangel, fehlende Kooperation** und **Konkurrenz** und das Verhalten untereinander wird egoistischer und aggressiver.

Widersprüche

Kognitive Dissonanz beschreibt einen **inneren Konflikt,** der dann entsteht, wenn zwischen Handeln und dem eigenen Gefühl, den eigenen Einstellungen, Wünschen, Werten oder Absichten keine Übereinstimmung besteht. So kommt es dann zu kognitiver Dissonanz, wenn z.B. das Unternehmen von MitarbeiterInnen verlangt, Produkte zu verkaufen, die ihrem Werteverständnis nicht entsprechen (z.B. im Banken- und Versicherungsbereich). Oder es werden von Führungskräften Personalentscheidungen verlangt bzw. ein Führungsverhalten eingefordert, die ihrem „Menschenbild" bzw. Führungsverständnis nicht entsprechen. Die Lösungsmöglichkeiten für solche intrapsychischen Konflikte sind dann entweder Anpassung, die zu persönlichen Identitätskrisen und gesundheitlichen Beschwerden führen kann oder zu Verweigerung, die zum Verlust der Arbeitsposition oder sogar zum Verlust der Arbeitsstelle mit den dementsprechenden negativen sozialen Folgen wie Arbeitslosigkeit führen kann.

Von den Krisenbetroffenen wird bei weitem eine höhere **Konfliktfähigkeit** und **Konfliktlösekompetenz** abverlangt als in Nicht-Krisen Zeiten. Das Problem dabei ist, dass die meisten Menschen (egal, welche berufliche Position sie einnehmen) Konflikte scheuen und nie gelernt haben, damit effektiv umzugehen. Das dementsprechende Motto lautet: „Bloß keinen Streit" (Kalter Konflikt). Folge davon ist, dass die Spannungen spürbar sind, aber keine der Konfliktparteien redet darüber. Man zieht sich zurück und bunkert sich ein. Die Arbeit wird schwerfällig und nichts mehr geht weiter. Das andere Konfliktmotto lautet: "Ich streite, also bin ich" (Heißer Konflikt). Einer oder beide Konfliktpartner machen aus ihrem Ärger und Zorn aufeinander kein Geheimnis. Der Ton wird aggressiv und direkt. Externe Personen und Instanzen werden u.U. hineingezogen und die Streitparteien gehen über andere Menschen (MitarbeiterInnen) rücksichtslos hinweg. Die Arbeit wird chaotisch und hektisch.

Problem: Scheu vor Konflikten

Diese beiden Konflikthaltungen führen oft dazu, dass bei Konflikten nicht rechtzeitig interveniert wird. Die Folge ist dann meistens eine Eskalation des Konflikts bis hin zum Mobbing (Vernichtung bzw. Unterwerfung des Konfliktpartners).

Mobbing

Was bedeutet „konfliktfähig" sein?

Folgende persönliche Fähigkeiten sind dafür wesentlich:

- ❑ keine Angst vor einem Konflikt zu haben;
- ❑ Spannungen aushalten können und vor dem ersten Schritt überlegen;
- ❑ den Konflikt ansprechen und benennen können;
- ❑ die Kommunikation so führen und steuern, dass der Konflikt nicht zusätzlich verschärft wird (z. B. keine abwertenden Bemerkungen, nicht von einem Thema zum anderen springen, keine Verallgemeinerungen);
- ❑ aktiv zuhören können;
- ❑ Kritik annehmen und Kritik geben können;
- ❑ die Interessen der anderen Konfliktpartei berücksichtigen;
- ❑ die eigenen Schwächen kennen;
- ❑ sich in die Lage des Anderen reinversetzen können.

Konfliktfähigkeit führt zu positiven Konfliktlösungen wie **Kompromiss** (Konfliktparteien finden eine Lösung, bei der **beide „zurückstecken"** müssen) oder **Konsens (win-win-Situation;** Konfliktparteien finden eine gemeinsame Lösung, die beiden etwas bringt).

Sind Konflikte von den Konfliktparteien nicht aus eigener Kraft zu bewältigen, ist es notwendig, Dritte einzuschalten (z.B. MediatorInnen). Wie gesagt: rechtzeitig. Haben sich Konflikte erst einmal verhärtet, ist oft nur mehr eine drastische Maßnahme wie z.B. Versetzung der Streitparteien der Weisheit letzter Schluss.

Betriebsrat als Schiedsrichter?

Konflikte zwischen MitarbeiterInnen sind für BetriebsrätInnen in vielen Fällen schwierig zu handhaben, da man dabei rasch in die Rolle des „Schiedsrichters" gedrängt wird. Die Konfliktursachen liegen oft in mangelnder Führung oder Kompetenz- und Aufgabenverteilung, auf die die BetriebsrätInnen sehr geringen Einfluss haben. Darüber hinaus sind nur wenige von ihnen in Konfliktmanagement trainiert.

Um Konflikte konstruktiv lösen zu können, bedarf es einer **betrieblichen positiven Konfliktkultur.** Dazu gehört u.a.:

- die Bereitschaft, sich mit zwischenmenschlichen Interaktionen und Prozessen auseinandersetzen zu wollen;
- Diskrepanzen offen ansprechen und in konstruktiver Weise austragen zu können;
- Konflikte werden nicht allein als individuelles Problem gesehen, sondern in ihren strukturellen Zusammenhängen betrachtet;
- Sinn und Funktion von Konflikten für das Unternehmen müssen klar gemacht werden, um das Negativimage eines Konfliktes abzubauen;
- Macht darf nicht tabuisiert werden, sondern muss offen gelegt und thematisiert werden können;
- Unterstützung muss von anderen (KollegInnen, dem Betriebsrat, der Führung) eingefordert werden können, „ohne „das Gesicht dabei zu verlieren";
- es muss den MitarbeiterInnen und den Führungskräften im Betrieb klar sein, wie betriebliche Konflikte geregelt werden (z.B. Betriebsvereinbarung zu Mobbing).

3.4 ÄNGSTE IN KRISEN

Panse und Stegmann haben in ihrem Buch „Kostenfaktor Angst“ (1998) eine auch für den Betriebsalltag hilfreiche Klassifikation von Ängsten vorgenommen:

- Existenzängste
- Soziale Ängste
- Leistungs- und Versagensängste

Hinter all diesen betrieblich relevanten Ängsten verbirgt sich die grundlegende Angst vor Verlust der persönlichen Anerkennung und Wertschätzung.

3.4.1 EXISTENZÄNGSTE

Zu den Existenzängsten werden die **Angst vor Arbeitsplatzverlust, die Angst vor Erkrankung,** die Angst vor dem **Älterwerden** und die Angst vor **Verarmung** gezählt.

Angst vor Arbeitsplatzverlust nimmt vor allem in Krisenzeiten enorm zu. In der Folge werden andere Ängste wie z.B. Zukunftsangst, Angst vor Veränderungen, Angst vor Verlust der materiellen Sicherheit aktiviert. Die **gesundheitlichen Folgen** sind vielfältig: Selbstunsicherheit und Minderwertigkeitsgefühl, Erschöpfung und leichte Ermüdbarkeit, Schlafstörungen, depressive Verstimmung u.ä.m.

Oft katastrophale Folgen

Es gilt zu beachten, dass die Angst vor Arbeitsplatzverlust bei den Betroffenen zu einem Verhalten führen kann, dass Leib und Leben vollkommen Unbeteiligter gefährden kann. Das trifft vor allem für Branchen zu, in denen Fehler zu katastrophalen Ergebnissen für Menschen und Umwelt führen bzw. wirtschaftliche Verluste den Ruin eines Unternehmens bedeuten können.

Dazu zählen u.a.

- Nichteinhalten von Sicherheits- und Wartungsvorschriften, um Zeit und Kosten zu sparen,
- stressfördernde Schichtplangestaltung, um Personal einzusparen,
- überhöhte Geschwindigkeiten und Nichteinhalten vorgeschriebener Ruhezeiten im Transportwesen, um knapp kalkulierte Liefertermine einzuhalten,

- Akzeptieren von problematischen Arbeitszeiten,
- Unterlassen von Hinweisen, dass Wartungsarbeiten notwendig sind, um so Zeit zu sparen.

3.4.2 SOZIALE ÄNGSTE

Soziale Ängste stellen eine **Selbstwertbedrohung** bei zwischenmenschlichen Begegnungen dar. Konkret besteht die **Angst davor,** vom Interaktionspartner **nicht beachtet oder anerkannt zu werden** oder von diesem **zurückgewiesen oder abgelehnt zu werden.**

Zu den sozialen Ängsten gehören u.a. Angst vor Vorgesetzten, Angst vor KollegInnen, Angst vor Unterstellten und die Angst, vor Publikum aufzutreten

Gegen Mobbing vorgehen!

In Krisen kommt es verstärkt in der Belegschaft zu Konflikten, die durch unterschiedliche Strategien seitens des Unternehmens, aber auch der Führungskräfte und MitarbeiterInnen gelöst werden. Eine problematische und leider zunehmend verbreitete Strategie ist jene des Mobbings. Wird dies nicht rasch unterbunden und dagegen gearbeitet, so ist das Ansteigen sozialer Ängste mit allen negativen Folgen zu erwarten. Abgesehen von den gesundheitlichen Folgen sei darauf hingewiesen, dass sich dadurch auch die MitarbeiterInnen dort, wo freie Meinungsäußerung gefragt wäre (z.B. um Verbesserungen durchzuführen oder sicherheitsrelevante Fehler zu beheben), bedeckt halten.

3.4.3 LEISTUNGS- UND VERSAGENSÄNGSTE

Zu den Leistungs- und Versagensängsten zählen **Beurteilungs- und Prüfungsängste, die Angst vor betrieblichen Neuerungen und Veränderungen,** Angst vor Beförderung, Angst vor Versetzung, Angst vor internationaler Zusammenarbeit.

Krisen erzeugen mehr oder weniger Veränderung im Organisationsgefüge und in der Arbeitsorganisation. Gelerntes wird möglicherweise obsolet und Neues muss dazugelernt werden. Betriebliche Qualifizierungsmaßnahmen in Krisen lassen bei den Betroffenen nicht selten alte Schulängste (Prüfungsangst) aktiv werden. MitarbeiterInnengespräche/Jahresgespräche werden ebenfalls als „Prüfungen" empfunden, die mit den dementsprechend negativen Gefühlen bzw. Ängsten einhergehen. Soziale Netzwerke, die in gewachsenen Abteilungen entstanden sind, werden zerrissen und neue Netzwerke müssen erst geschaffen werden. Es treten internationale Eigentümer auf den Plan, die dementsprechend die Auseinandersetzung mit einer fremden Sprache bzw. Kultur erfordern und damit veränderte Kommunikationsmuster bedeuten.

3.5 KOMMUNIKATION IN KRISEN

Wie Mernyi bereits in seinen Ausführungen erwähnt hat, wird die Kommunikation in Krisen zu einer enormen psychischen Belastung für die Belegschaftsvertretungen, denn dabei wird sowohl von Management als auch von den MitarbeiterInnen jedes Wort auf die goldene Waagschale gelegt.

Mehr in Kapitel 2.2

Warum dies so ist, soll das **Kommunikationsmodell von Schulz von Thun verdeutlichen.** 1981 hat er die vier Seiten einer Botschaft als Quadrat dargestellt und dementsprechend dem/der SenderIn „vier Schnäbel" und dem/der EmpfängerIn „vier Ohren" verliehen. Kommunikationspsychologisch betrachtet haben bei einem Zweiergespräch sowohl der Sender als auch der Empfänger vier Schnäbel und vier Ohren offen. Je nachdem, in welchem Zusammenhang (z.B. mit einer Beförderung, einer Versetzung oder Kündigung) dieses Gespräch stattfindet, werden unterschiedlich stark die dementsprechenden „Schnäbel" und „Ohren" offen sein.

GRAFIK ZUM THEMA

Das 4-Ebenen Modell der Kommunikation nach Schulz von Thun (1977)

In Krisensituationen sind vor allem neben der Sachebene die Beziehungsseite und die Appellseite am sensibelsten.

Auf der **Sachebene** eines Gesprächs steht vor allem die Sachinformation im Vordergrund. Dabei werden vor allem **Daten, Fakten und Sachverhalte** ausgetauscht. Der Empfänger dieser Informationen hat das „Sachohr" offen und überprüft, ob die Informationen wahr (zutreffend) oder unwahr (unzutreffend) sind, ob sie von Relevanz und für das besprochene Thema ausreichend sind. Will der Sender, dass seine Informationen beim Empfänger ohne Störungen ankommen, muss er den Sachverhalt klar und verständlich (und ohne Nebenbemerkungen, die die Appellseite oder die Beziehungsseite ansprechen) vermitteln.

Die **Beziehungsseite** wird durch den **Tonfall,** durch die **Begleitmimik** und -gestik, durch die **Formulierung** und **Wortwahl** bestimmt. Durch diese Kommunikationselemente wird dem Empfänger vom Sender klar zu verstehen gegeben, was dieser von ihm hält, welche hierarchische Position und Stellung, aber auch Rolle dieser ihm zuordnet, aber auch welchen Wert der Gesprächspartner für den Sender besitzt. Somit steckt in jeder Äußerung automatisch auch ein Beziehungshinweis, für welchen der Empfänger oft und vor allem in Krisenzeiten und -situationen ein besonders sensibles (über)empfindliches Beziehungs-Ohr besitzt. Aufgrund dieses Ohres wird entschieden: „Wie fühle ich mich behandelt durch die Art, in der der andere mit mir spricht? Was hält der andere von mir und wie steht er zu mir? Steht er auf meiner Seite?".

In Krisenzeiten sensibel: das Beziehungsohr

Die **Appellseite** wird dann aktiviert, wenn der Sender eine Botschaft (Wünsche, Ratschläge, Appelle, Handlungsanweisungen) an den Empfänger sendet, um bei diesem eine **bestimmte Aktion/Reaktion** zu **bewirken.** Das Appellohr ist für die Fragen „Was soll ich jetzt machen, denken oder fühlen?" empfangsbereit. Damit es dazu kommt, ist es notwendig, dass der Empfänger auch das dementsprechende Appellohr offen hat. Wie aber aus der Beschreibung von Krisen hervorgeht, ist das Appellohr vor allem in Akutphasen nur gering offen. Dies gilt es zu bedenken, möchte man als Betriebsrat die MitarbeiterInnen informieren bzw. für Aktionen gewinnen.

Wichtig für den Betriebsrat: Vor allem in Akutphasen ist das Appellohr kaum offen!

Wenn der Sender eine Botschaft an den Empfänger sendet, so gibt er automatisch auch etwas über sich selbst kund **(Selbstkundgebung).** Dies kann explizit erfolgen (in Form einer Ich-Botschaft) oder implizit durch Tonfall oder Wortwahl. So enthält jede Äußerung des Senders auch die Information oder den Hinweis über ihn, **was in ihm vorgeht, wie er sich fühlt, wofür er steht** und wie er seine Rolle oder auch seine Aufgabe auffasst. Der Empfänger hat das Selbstkundgabe-Ohr offen und fragt sich „Was sagt mir das über den Anderen? Was ist der für einer? In welcher Stimmung ist er/sie?".

Bei der Kommunikation ist darauf zu achten, dass Inhalt, Gestik und Mimik, Körperhaltung und Blickkontakt, Stimmklang und -melodie miteinander übereinstimmen.

Kommunikation in krisenfreien Zeiten ist oft genug schon schwierig und kompliziert und führt zu Missverständnissen und Konflikten, deren Bereinigung viel Zeit und Geduld bei den Gesprächspartnern in Anspruch nimmt. In **Krisenzeiten** wird Kommunikation unsäglich schwieriger und noch belastender. So sind **mehrere dieser vier Ebenen gleichzeitig und gleich intensiv aktiviert.** Gibt man explizit Informationen in einem Gespräch weiter, verbindet man oft damit gleichzeitig einen Appell, dass das Gegenüber etwas tun soll. Obwohl der Appell dem Sender wichtiger ist als die Information, versteckt er diesen hinter der Information. Möglicherweise aus Angst vor Ablehnung des Gegenübers, diesem Appell nachzukommen. Oder: Es wird explizit im Gespräch Information weitergegeben, aber nicht zu viel davon. In Wirklichkeit möchte man dem Gesprächspartner zeigen, dass er von mir abhängig ist. Im Grunde genommen ein aggressives Verhalten, dass den anderen in eine untergeordnete Position zwingen soll. Da Aggression (z.B. in Arbeitsgesprächen) sozial nicht akzeptiert ist, wird diese über die weitergegebene unzulängliche explizite Information ausgedrückt.

3.5.1 DURCH KOMMUNIKATION WERDEN WERTE GESCHAFFEN, ABER AUCH VERNICHTET

Durch ihr Kommunikationsverhalten **zeigen die Konfliktparteien u.a., was sie voneinander halten;** welchen gesellschaftlichen Stellenwert sie sich gegenseitig zugestehen, inwieweit sie Respekt vor einander haben und wie fair sie sich einander gegenüber verhalten.

Werte nicht beschädigen

Kommunikation in Konfliktsituationen kann dazu führen, dass Werte wie Fairness, Respekt, Selbstwert, soziale Sicherheit, Stabilität mehr oder weniger stark beschädigt werden. Diese wiederum aufzurichten kann oft durch das verloren gegangene Vertrauen zwischen den Konfliktparteien langwierig sein, was wiederum die Entwicklung von Lösungsstrategien behindern und verzögern kann. Dies ist umso problematischer, wenn schnelles Handeln erforderlich ist.

Kommunikation, die dem Interaktionspartner signalisiert, dass ich seine (soziale) Rolle z.B. als ArbeitnehmerIn nicht mehr schätze und in Frage stelle (zu teuer, zu unproduktiv, zu alt, nicht genug qualifiziert, nicht flexibel, nicht wirklich viel wert) erzeugt bei diesem Stress. Kann sich dieser dagegen nicht wehren bzw. diesen Stress selbst verringern, kommt es zu gesundheitlichen (chronischen) Schäden. Aus einer gekränkten Seele wird Krankheit.

Menschen mit geringer Selbstachtung und niedrigem Selbstwertgefühl ziehen sich sozial zurück und verlieren ihr soziales Netzwerk. Dieser Verlust bedeutet aber auch Verlust von gesundheitsfördernden Ressourcen, wie z.B. soziale Unterstützung durch die Gruppe.

Hinweis: Gerade in Krisensituationen erhält die Kommunikation zwischen ArbeitnehmerInnenvertretung und den Beschäftigten vor Ort im Betrieb eine zusätzliche Funktion: Die ArbeitnehmerInnen erwarten sich in Krisensituationen von BetriebsrätInnen nicht nur, dass sie ihre Arbeitsplätze verteidigen, sondern dass sie auch ein Ohr (Verständnis) und Zeit für ihre persönlichen Krisen, Sorgen und Anliegen haben. Diese Rolle kommt jener von SozialarbeiterInnen und PsychologInnen teilweise sehr nahe.

Betriebsrat: In der Krise auch Sozialarbeiter/ Psychologe

Vor allem in einer Krisensituation, in der den ArbeitnehmerInnen vermittelt wird, dass sie zu teuer sind, zu alt, oder schlicht und einfach momentan nicht gebraucht werden, bedarf es einer **Person oder Gruppe, die das ramponierte Selbstwertgefühl der Betroffenen aufrichtet.** Sich Zeit nehmen und zuhören signalisiert: „Du bist es mir wert". Peter Richter (emeritierter Professor für Arbeits- und Organisationspsychologie TU Dresden) weist im Interview der Frankfurter Rundschau vom 1.5.2009 darauf hin, dass im bezahlten Erwerbsleben zu stehen einer der stabilisierendsten Faktoren der Selbstachtung ist. Und auf noch eines weist er hin: **Aufbegehren ist gesünder** als sich zurückzuziehen. Aufbegehren können aber nur jene Menschen, die auch genügend Selbstwert und Selbstachtung haben. Diese zu stützen bzw. den Betroffenen zurückzugeben ist eine wesentliche Aufgabe von Gewerkschaften.

Herabgesetzte Selbstachtung und geringes Selbstwertgefühl zerstören aber auch Motivation und Engagement der Betroffenen, Innovationskraft und Kreativität. Werte und Eigenschaften, die das Human- und Sozialkapital eines Unternehmens darstellen. Bei vielen großen Unternehmen macht dieses Kapital oft schon mehr als die Hälfte des Unternehmenswertes aus. Dementsprechend führt schlechtes betriebliches Krisenmanagement zur Vernichtung von überlebenswichtigem Kapital

Auch für Unternehmen ein Problem: Motivationsverlust

3.6 SOZIALE NETZWERKE UND TEAMARBEIT

In der Krise neigen die Menschen dazu, erst an sich zu denken und sich zurückzuziehen. Ihre sozialen Netzwerke sowohl außerhalb als auch innerhalb der Betriebe beginnen sich auszudünnen. Dieser Entwicklung entgegenzuwirken ist eine wichtige sozialpräventive Maßnahme.

3.6.1 WIEDERHERSTELLEN SOZIALER BETRIEBLICHER NETZWERKE ALS GESUNDHEITSFÖRDERNDE UND SELBSTWERTFÖRDERNDE RESSOURCE

Die gesellschaftlichen und wirtschaftlichen Entwicklungen in den letzten 10 bis 15 Jahren haben in vielen Unternehmen dazu geführt, dass betriebliche Sozialleistungen und vor allem soziale Veranstaltungen und Aktionen (z.B. Betriebsausflüge, Betriebsfeiern, Ermäßigungen u.ä.m.) teilweise oder zur Gänze verschwunden sind. Dort, wo sie noch bestehen, werden sie oft von den Beschäftigten eher milde belächelt und nur wenig in Anspruch genommen. Die momentane Krisensituation verschärft diese Entwicklung zusätzlich, denn in Krisenzeiten denken Menschen erst an sich und ziehen sich zurück. Ohne dass sie es registrieren, beginnen sich ihre sozialen Netzwerke innerhalb und außerhalb der Arbeitswelt zu reduzieren. Damit geht aber eine wichtige psychosoziale Gesundheitsressource verloren. Diese wiederum aufzubauen ist langwierig und schwierig. Sich mit eigenen Kräften aus der Isolation zu befreien gelingt nicht jedem.

Dementsprechend wichtig ist es, diese betrieblichen sozialen Netzwerke und Aktionen wiederum aufzubauen bzw. wiederzubeleben.

Gekündigte KollegInnen nicht vergessen

Soziale Netzwerke und **betriebliche Sozialaktivitäten** sollten aber nicht nur den Beschäftigten eines Unternehmens zugute kommen, sondern auch **gekündigten MitarbeiterInnen,** deren Stellen in Krisenzeiten abgebaut wurden. Gerade für sie ist es überlebenswichtig, im sozialen Netzwerk der noch Beschäftigten **eingebunden** zu sein, um ihren Selbstwert und ihre gesellschaftliche Anerkennung als „Ausgestoßene" nicht zur Gänze zu verlieren.

Man sollte auch darüber nachdenken, wie weit sich Beschäftigte mit einem Unternehmen identifizieren (Commitment), von dem sie zuerst gekündigt werden und einige Zeit später wieder (zu möglicherweise schlechteren vertraglichen Bedingungen) eingestellt werden, da wiederum ihre Arbeitskraft und fachlichen Fähigkeiten nachgefragt sind. Engagement und Motivation werden sich bei vielen in Grenzen halten, und das zu einer Zeit möglichen wirtschaftlichen Aufschwungs, in der diese Qualitäten höchst gefragt sind.

3.6.2 TEAMARBEIT ALS SOZIALE UND GESUNDHEITLICHE RESSOURCE UND ERFOLGSGARANT FÜR DIE BETRIEBSRATSARBEIT IN KRISEN

Bereits in den 1970er Jahren wurde in zahlreichen arbeitswissenschaftlichen Studien das Faktum festgestellt, dass soziale Unterstützung Stress reduziert und Gesundheit unterstützt und fördert. Eine **wesentliche Form der sozialen Unterstützung** findet sich in der **Gruppen- bzw. Teamarbeit.** Viele Unternehmen haben dementsprechend reagiert und ihre Produktionsabläufe auf dieses Konzept umgestellt. Dabei werden nicht nur MitarbeiterInnen zu Teams geformt, sondern auch Führungskräfte auf allen Ebenen.

In Krisen gibt es viele Fronten und Akteure mit den unterschiedlichsten Interessen und den unterschiedlichsten Werten, Sichtweisen, Verhaltensmustern, Zielen und Bedürfnissen. Für jeden dieser Akteure bedeutet „Krise“ etwas anderes. Was für den einen eine stressreiche Situation ist, muss es für den anderen nicht sein. Es bilden sich u.U. Allianzen zwischen Akteuren, an die man außerhalb der Krise überhaupt nicht gedacht hat.

Um in diesem komplexen „Krisenchaos“ von Gefühlen, Macht- und Überlebenskämpfen bestehen zu können, bedarf es auch dementsprechend der Aktivierung und des Zusammenspiels **vieler sozialer Schlüsselfähigkeiten** (z.B. Kommunikations- und Konfliktfähigkeit, Flexibilität, Kritikfähigkeit, Teamfähigkeit, vernetzt denken zu können, Empathie) und fachlicher Kompetenzen gleichzeitig. Diese Anforderung überfordert eine Einzelperson.

Daher bedarf es in Krisen nicht nur engagierter und einsatzwilliger einzelner Betriebsräte, sondern es werden **Betriebsratskörperschaften, die hoch qualifizierte Teams darstellen,** benötigt, deren unterschiedliche fachliche und soziale Qualitäten der Teammitglieder als Ergebnis mehr als die Summe der Einzelnen liefern.

3.6.3 VON DER ARBEITSGRUPPE ZUM SPITZENTEAM

Die Teamleistungskurve von Katzenbach und Smith soll verdeutlichen, dass Gruppe nicht gleich Team ist und Team nicht gleich Hochleistungsteam ist. Die folgenden Ausführungen sollen Hilfe bei der Entwicklung von Teams in Betriebsratskörperschaften bieten. Dabei kann sich jeder Leser/jede Leserin aussuchen, welche Teameigenschaften und welche Entwicklungsstufe für ihre Betriebsratsarbeit hilfreich wäre.

GRAFIK ZUM THEMA

Team-Leistungskurve nach Katzenbach&Smith, 1993

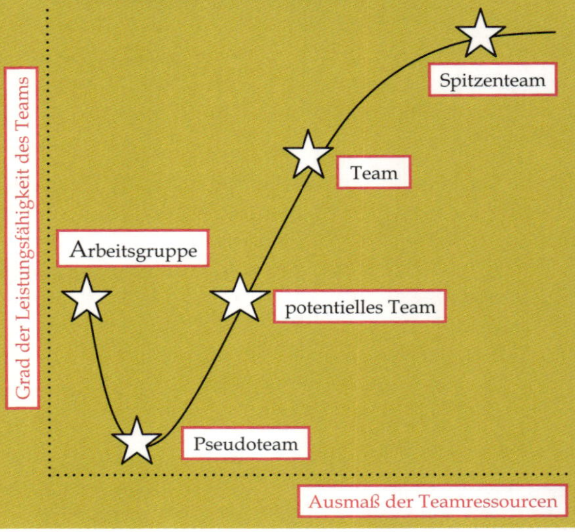

3.6.3.1 Arbeitsgruppe

In der Arbeitsgruppe gibt man sich mit den **individuellen Bestleistungen der einzelnen Teammitglieder** zufrieden. Es werden keine gemeinsamen Arbeitsprodukte angestrebt, die auch gemeinsame Anstrengung erfordern würden. In der Gruppe erfolgt ein Informations- und Erfahrungsaustausch und es werden Entscheidungen getroffen. Der Gruppe mangelt es an gegenseitiger Verantwortung. Die **kollektive Leistung** fehlt.

3.6.3.2 Pseudo-Teams

Im Pseudoteam ist die Gesamtleistung geringer als die Summe der Einzelleistungen. Zusammenarbeit und gemeinsame Leistung spielen in dieser Teamform keine Rolle. Das **Eigeninteresse steht im Vordergrund.** Unkoordinierte Zusammenarbeit ist die Folge.

3.6.3.3 Potentielle Teams

Potentielle Teams verfügen bereits im Ansatz über Mitglieder mit sich **ergänzenden Fähigkeiten.** Die Teammitglieder streben eine gemeinsame Leistung an. Es fehlen aber noch gemeinsame Ziele und Arbeitsansätze, wodurch sich in der Folge keine gegenseitigen Verantwortlichkeiten entwickeln können.

Die einzelnen Teamrollen bilden sich erst langsam heraus. Darüber hinaus bekennen sich die Teammitglieder zu den Risken gemeinsamer Beschlüsse und Arbeitsergebnisse

3.6.3.4 Echte Teams

Die Mitglieder von echten Teams streben nach einer **gemeinsamen Leistung** und verfügen wie das potentielle Team bereits **über sich ergänzende Fähigkeiten.** Diese werden aber nun in eine gemeinsame Arbeitsmethodik integriert, mit der diese Fähigkeiten wirksam und zielgerichtet umgesetzt werden können. Die Teammitglieder fühlen sich für die **gemeinsamen Ziele und füreinander verantwortlich.**

3.6.3.5 Spitzenteams

Aufbauend auf den Merkmalen eines „Echten Teams" zeichnen sich die Mitglieder eines Hochleistungsteams zusätzlich dadurch aus, dass sie sich hinsichtlich ihrer **persönlichen Weiterentwicklung** engagieren, an der **kontinuierlichen Weiterentwicklung der Teamziele und Arbeitsabläufe** arbeiten, und die anderen Teammitglieder fachlich und sozial unterstützen und fördern.

Konkret zeichnen sich Spitzenteams durch folgende Merkmale aus:

- gemeinsame definierte Ziele, denen sich alle Teammitglieder verpflichtet fühlen; das Erreichen des Ziels muss nicht nur für das einzelne Teammitglied Nutzen haben, sondern für das gesamte Team;
- gemeinsame Arbeitsmethoden und deren Einhaltung;
- klare Rollen- und Aufgabenverteilung;
- Unterstützung der Teampartner;
- hohes gegenseitiges Vertrauen;
- gute Kommunikation und Koordination;
- eine effiziente Konfliktlösungskultur;
- gegenseitiger Respekt;
- gemeinsam hinter Entscheidungen stehen und nach außen vertreten;
- kollektives Verantwortungsbewusstsein;

- den gemeinsamen Wunsch, besser zu werden;
- regelmäßiges gemeinsames Training und Coaching;
- regelmäßiger Kontakt;
- gemeinsame Rituale (z.B. Erfolge feiern).

Natürlich ist es schwierig, in politisch heterogenen Betriebsratskörperschaften ein Spitzenteam mit all den aufgelisteten Merkmalen zu formieren, trotzdem sollte es gerade in Krisen jedem Einzelnen klar sein, dass Erfolge nur durch gutes Teamwork erreichbar sind.

3.6.4 TEAMBUILDING UND TEAM RESSOURCE MANAGEMENT (TRM)

Beide Maßnahmen unterstützen den Aufbau und den Zusammenhalt im Team und fördern das Teamklima.

3.6.4.1 Teambuilding

Teambildungsphasen beachten

Der Aufbau von guten und erfolgreichen Teams erfordert Zeit und Training. Bis eine Gruppe von engagierten BetriebsrätInnen zu einem Spitzenteam wird, sind einige **Teambildungsphasen** zu durchlaufen. Ein Training in Sachen Teambuilding wäre hilfreich, da diese einzelnen Phasen kritische Verläufe nehmen können, die zu einem vorzeitigen Abbruch des Teambildungsprozesses führen können. Verlorene Zeit, angespannte Nerven und auch manche gute persönliche Kontakte sind danach zerstört.

In der **ersten Phase, der Formierungsphase** (Forming), definieren die Gruppenmitglieder Aufgaben, Regeln und geeignete Arbeitsmethoden.

In der **zweiten Phase, der Konfliktphase** (Storming), werden Meinungen polarisiert, der Teamleader und Teamrollen werden kritisiert und in Frage gestellt. Es gibt Widerstand gegen Aufgabenanforderungen und Ablehnung von Kontrolle.

In der **dritten Phase, der Orientierungsphase** (Norming), entwickelt sich langsam ein Wir-Gefühl, Gruppennormen und eine klare differenzierte Rollenverteilung. Es entwickelt sich ein offener Meinungsaustausch und gegenseitige Unterstützung bahnt sich an. Kooperation findet nun im ganzen Team statt.

In der **vierten Phase, Arbeitsphase** (Performing) orientiert sich das Team nun an der Aufgabenerfüllung, Problemlösungen tauchen auf und werden konstruktiv bearbeitet, Energie wird auf die Aufgabe konzentriert. Aufgrund der hohen Gruppenkohäsion sind Spitzenleistungen möglich.

3.6.4.2 Team Ressource Management (TRM)

TRM wurde bereits in den frühen 1970er Jahren in der Luftfahrt im Cockpit (dort CRM- Crew Ressource Management - CRM genannt) eingeführt, da erkannt wurde, dass eine der Hauptfehlerursachen bzw. -unfallursachen die oft problematische Kommunikation und Teamarbeit zwischen den PilotInnen war. **Ziel** von CRM/TRM ist es also in erster Linie, **jene wesentlichen Fehlerquellen im Team zu identifizieren, die zu Fehlern führen, oder positiv ausgedrückt: jene Ressourcen im Team zu identifizieren, die,** wenn sie verbessert werden, **automatisch Fehler reduzieren.** Ein weiteres Ziel von TRM-Training ist die Verbesserung des Teamklimas und der Teamarbeit generell.

Wichtige Themenbereiche

Dazu gehören vor allem die Themenbereiche Teamwork und Teamrollen, Kommunikation, Entscheidungsfindung, situationelle Wahrnehmung und Umgang mit Stress. Diese Module können je nach Bedarf auf Themen wie Konfliktmanagement, Fehlerkultur, Krisenbewältigung etc. erweitert werden.

Solche Trainings werden in mehreren Einheiten durchgeführt, wobei gewünschte Ziele vorerst abgeklärt werden, damit eine Erfolgskontrolle möglich ist.

TRM wird in der Zwischenzeit auch in Spitälern und in Berufsfeldern eingesetzt, wo Fehler zu enormen wirtschaftlichen und menschlichen Katastrophen führen können, wie z.B. im Spitalsbereich, auf Ölplattformen, im Energiebereich und im Rettungs- und Katastrophendienst.

BetriebsrätInnen, die alleine im Unternehmen stehen, sind stark auf **externe Netzwerke** angewiesen. Eine wesentliche Funktion dieser externen Netzwerke besteht darin, den oft durch den „betriebsrätlichen“ Alltag und Kampf ramponierten Selbstwert der KollegInnen aufzurichten. Daher sind alle Unterstützungsmaßnahmen seitens des ÖGB von enormer auch psychosozialer Bedeutung für die einzeln arbeitenden KollegInnen. Fort- und Weiterbildungsmaßnahmen spielen dabei eine wichtige Rolle, in deren Rahmen sie nicht nur fachlich gestärkt werden, sondern auch die **Möglichkeit zur Vernetzung** bekommen. Damit können sie sich nicht nur aus ihrer teilweisen Isolation befreien, sondern auch unterschiedliche Sicht- und Handlungsweisen kennen lernen, die ihnen in ihrer Situation wesentlich weiterhelfen können.

Siehe dazu Kapitel 7

Eine Gefahr bei betrieblicher Einzelarbeit besteht darin, dass man in manchen Fällen „Allianzen" mit Akteuren eingeht, die den eigenen Selbstwert garantieren oder sogar steigern. In späterer Folge stellt sich dann diese Allianz als kritisch und bedenklich heraus und führt zu Angriffen und Kritik, die dann erst recht das eigene Selbstwertgefühl belasten. Die Arbeit in guten Teams (Spitzenteams) verringert diese Gefahr drastisch, da wesentliche Teammerkmale wie Anerkennung und Respekt den Selbstwert des einzelnen Teammitglieds fördern.

3.6.5 EINE MÖGLICHE GEMEINSAME ENTSCHEIDUNGSMETHODE IM TEAM: FORDEC

Ein wichtiger Erfolgsfaktor für die Arbeit von Teams ist, wie Entscheidungsprozesse strukturiert werden. Dazu hat sich in der Luftfahrt ein Modell durchgesetzt, das in der Zwischenzeit auch in anderen Branchen verstärkt zum Einsatz kommt. Dabei handelt es sich um das FORDEC-Modell. Da man gerade in Krisensituationen schnell handeln muss, neigen die Betroffenen und Entscheidungsträger oft zu übereilten Schnellschüssen, deren Ergebnisse in der Folge sich oft als ineffizient oder sogar kontraproduktiv erweisen.

Achtung vor Schnellschüssen

Die FORDEC-Methode soll helfen, unüberlegte Schnellschüsse zu vermeiden, aber trotzdem rasch zu einer wirkungsvollen Entscheidung und Aktion zu kommen. **FORDEC fördert eine professionelle Teamarbeit.**

FORDEC bedeutet:

Facts – Fakten sammeln

Options – Handlungsoptionen abwägen

Risks/benefits – Abwägung von Risken und Vorteilen

Decision – sich für eine bestimmte Maßnahme/ Handlung entscheiden

Execution – die Maßnahme ausführen

Check – Überprüfung, ob das Ergebnis die gewünschte Qualität bzw. den gewünschten Effekt hat.

Vielen wird diese strukturierte Vorgehensweise bekannt und logisch erscheinen und viele handeln möglicherweise bewusst oder unbewusst danach, jedoch was hier einfach aussieht, bedarf einiger Übung und Trainingseinheiten, damit diese Vorgehensweise rasch und nachhaltig umgesetzt werden kann.

So muss im Team klar sein, **welche Fakten gesammelt** werden müssen, **wer** diese sammelt und **wie** diese **aufbereitet** werden müssen, damit der nächste Schritt möglich ist.

Handlungsoptionen abwägen – dies erfordert nicht nur umfassende fachliche Kenntnisse und Erfahrungen, sondern auch die Fähigkeit zum vernetzten Denken. Auf der Beziehungsebene wird den Teammitgliedern Kommunikations- und Kompromissfähigkeit abverlangt.

Bei der **Abwägung von Risken und Vorteilen** gilt es vor allem in Krisen die Risken deutlich zu analysieren, da eine riskante Fehlentscheidung die Krise schnell zum Eskalieren bringt. In Krisenzeiten wird zu oft auf Personen gehört, deren Vorschläge hoffen lassen, dass der hohe psychische und soziale Druck und die stärker auftretenden Ängste so schnell wie möglich vorüber sind. Diese Aussicht lässt kritische und tiefere Analysen und Abwägungsvorgänge nicht zu. Der-/diejenige, der/die entscheidet, ist zuerst mal der „Held“, der „Erlöser“.

Entscheidungen in Krisen zu treffen, ist um Vielfaches schwerer als in krisenarmen Zeiten. Wie in Kapitel 2 geschrieben: „Es geht um alles“. Trotzdem bedarf es meistens dann einer Person, die letztendlich (basierend auf einem vom Team vereinbarten Procedere) die Entscheidung trifft. Und es muss klar sein, dass hinter dieser Entscheidung das gesamte Team steht und dieser Umstand nach außen auch kommuniziert wird. Das erfordert hohe Identifikation mit dem Team. Um gemeinsame Entscheidungen zu treffen, ist es wichtig, gegenseitig zu vertrauen und das gemeinsame Ziel vor Augen zu haben.

Eine zielführende Ausführung von Entscheidungen bedarf vieler einzelner Teamkomponenten. Die Rollen müssen klar verteilt sein (wer macht was), es muss auf jeden Verlass sein, dass er seine Aufgabe so gut er kann durchführt, die Ausführungsschritte sollten genau vorgeplant sein („nach Drehbuch"). Mit einem Wort: die Qualität der Ausführung hängt in einem hohem Maß von der Disziplin der einzelnen Teammitglieder ab.

Leider wird die **Überprüfungsphase (Check)** nach durchgeführten Maßnahmen nicht wirklich konsequent umgesetzt. Dabei ist diese von **hoher Bedeutung für die Weiterentwicklung und Verbesserung der Teamarbeit** und für die Qualität weiterführender Maßnahmen zur Krisenbekämpfung. Erst in dieser Phase ergibt sich ein Lernzuwachs, indem man Fehler und erfolgreiches Handeln identifiziert und analysiert.

Lernzuwachs durch Analyse von Fehlern und Erfolgen

Erfolgreiche Teamarbeit hat zwei wesentlich positive Aspekte:

1. Erfolgreiche Teamarbeit der Betriebsratskörperschaften vermittelt den Beschäftigten Kompetenz, Verantwortung, Durchschlagskraft und somit Sicherheit. Dadurch wird die Akzeptanz des Betriebsrates bei den Beschäftigten gestärkt, was diesen wiederum in seiner Position im Unternehmen stärkt und bestätigt.
2. Erfolgreiche Teams haben auch eine positive Anziehungskraft für viele Menschen, die Interesse an der Betriebsratsarbeit hätten. Man möchte gerne Mitglied in einem erfolgreichen Team sein, um am Erfolg mitgearbeitet zu haben und damit auch wertvoll zu sein. Es ist aber nicht nur der Erfolg, der einem Wert verleiht, sondern auch der wertschätzende und respektvolle persönliche Umgang miteinander, der gute Teams auszeichnet.

CHECKLISTE KAPITEL 3

☐ **1** In betrieblichen Krisenzeiten sind die MitarbeiterInnen sozialen und wirtschaftlichen Bedrohungen, Unsicherheiten und Belastungen ausgesetzt, die viele von ihnen in persönliche psychosoziale Krisen bringen. Psychische und körperliche Erkrankungen, Stress, Ängste, Aggressionen und sozialer Rückzug sind die Folge.

☐ **2** Es wäre für viele Betroffene hilfreich, wenn sie sowohl innerhalb als auch außerhalb des Betriebes präventive Unterstützungsangebote in Anspruch nehmen könnten. Innerhalb des Betriebes könnten dies Workshops und Vorträge zum Thema Krisenbewältigung sein, außerhalb des Betriebes ein Netzwerk von ExpertInnen, die die betroffenen MitarbeiterInnen in ihrer speziellen Situation beraten und coachen. Die innerbetrieblichen Workshops sollten u.a. auch das Ziel haben, das Thema Krise nicht unter den Teppich zu kehren, sondern sich damit aktiv auseinanderzusetzen.

☐ **3** Darüber hinaus gewinnt gerade in betrieblichen Krisenzeiten die betriebliche Gesundheitsförderung mehr denn je an Bedeutung. Grundsätzlich soll diese präventiv arbeits- und organisationsbezogene Maßnahmen entwickeln, die die Ressourcen (z.B. Partizipation, Information, Handlungs- und Entscheidungsspielraum) der MitarbeiterInnen fördern und an die betrieblichen Anforderungen anpassen bzw. die Stressoren in der Arbeitsorganisation verringern. In Krisenzeiten wird seitens der Firmen- bzw. Konzernleitungen heftigst restrukturiert und umorganisiert. Dabei gilt es nun darauf zu achten, dass das Verhältnis von Ressourcen, Anforderungen und Stressoren nicht „Schlagseite" erleidet und die MitarbeiterInnen in ihrer Gesundheit und Arbeitsfähigkeit zu ihrem Nachteil beeinträchtigt. Gerade jetzt wäre der Einsatz von ExpertInnen, die sich mit betrieblicher Gesundheitsförderung befassen, von eminenter Bedeutung.

CHECKLISTE KAPITEL 3

☐ **4** In Zeiten der Krise ist der direkte und unmittelbare Kontakt mit den MitarbeiterInnen von immenser Bedeutung, sowohl für deren Psychohygiene und deren Selbstwertgefühl als auch für jenes der BetriebsrätInnen. Bei dieser Kommunikationsform werden nicht nur Informationen ausgetauscht, die Sachinhalte betreffen, sondern auch die Gefühle, Einstellungen und Haltungen der Gesprächspartner, die Werte und gegenseitiges Vertrauen schaffen. Nur in der direkten Kommunikation kann man erkennen, wie authentisch der Gesprächspartner ist. Authentizität und Glaubwürdigkeit des Managements und der Belegschaftsvertretung haben wesentlichen Einfluss auf die Stärke der Krisenstimmung unter den MitarbeiterInnen.

☐ **5** Beide Gruppen sind mehr denn je aufeinander angewiesen. Die Belegschaft braucht eine hoch qualifizierte und engagierte Belegschaftsvertretung ihrer Interessen gegenüber dem Management, die BetriebsrätInnen brauchen die Rückenstärkung der Belegschaft, um diese Interessen mit Nachdruck vertreten zu können. Diese Rückenstärkung trägt wesentlich zum Erfolg von Maßnahmen bei.

☐ **6** Dementsprechend ist es wichtig, verstärkt innerbetrieblich Möglichkeiten zur direkten Kommunikation zwischen Belegschaftsvertretung und MitarbeiterInnen zu schaffen wie z.B. durch regelmäßige Sprechstunden, monatliche Jour Fixes, vermehrte Abteilungs- und Betriebsstättenbesuche.

☐ **7** In betrieblichen Krisenzeiten herrscht Hochkonjunktur, was die Gerüchtebörse betrifft. Gerüchte verunsichern, destabilisieren und demotivieren die MitarbeiterInnen in höchstem Maße. Gerüchte sind aber auch ein guter Nährboden für zusätzliche Konflikte, die das Betriebsklima unnötig verschärfen. In der Folge müssen diese Konflikte mit oft hohem zeitlichen und personellen Aufwand bereinigt und die Gerüchte und Falschmeldungen dementiert und korrigiert werden, was wiederum in vielen Fällen bei der Belegschaft die Verwirrung erhöht und die negative Stimmung anheizt.

CHECKLISTE KAPITEL 3

☐ **8** Dementsprechend muss eine betriebliche Informations- und Kommunikationskultur geschaffen werden, die sowohl auf wahren, nachprüf- und nachweisbaren Fakten und Inhalten beruht als auch die persönliche Integrität jener Personen garantiert, die Gegenstand von betrieblichen Informationen und Berichten sind.

☐ **9** Will man überprüfen, welche Wirkung die eigene Informations- und Kommunikationspolitik hat, sollte man (gerade in Krisenzeiten) zumindest einmal im Jahr bei der Belegschaft nachforschen, wie und was an Informationen und Botschaften angekommen ist und wie diese eingeschätzt und bewertet wurden.

☐ **10** BetriebsrätInnen sind in Krisenzeiten enormen Belastungen ausgesetzt. Um die umfangreichen und komplexen Probleme in betrieblichen Krisenzeiten lösen zu können, bedarf es verstärkter Teamarbeit. Dementsprechend wichtig ist es, dass sich in den Betriebsratskörperschaften nicht nur der Teamgedanke durchsetzt, sondern auch konkret Teams entwickelt und dauerhaft installiert werden. Dazu muss man Geld und Zeit in die Hand nehmen. Die Investition garantiert erfolgreiche Betriebsratsarbeit vor Ort und eine hohe Akzeptanz und Attraktivität der Belegschaftsvertretung bei den MitarbeiterInnen. Darüber hinaus reduziert gute Teamarbeit Stress, fördert die Gesundheit und die persönliche wie auch die fachliche Weiterentwicklung.

☐ **11** In Krisenzeiten gibt es oft genug Momente, in denen man als Betriebsrat/Betriebsrätin genauso wie die MitarbeiterInnen ratlos, ausgepowert, verzweifelt, gekränkt und demotiviert ist und alles am liebsten hinschmeißen möchte. Hilfe und Unterstützung einzufordern fällt oft schwer, gilt man doch dann als schwach und unfähig. Gerade aber in diesen Momenten muss diese Hilfe und Unterstützung ohne Wenn und Aber einforderbar sein; denn es ist eine normale Reaktion auf abnormale Situationen. Um Krisenzeiten durch-

CHECKLISTE KAPITEL 3

stehen zu können benötigen die BetriebsrätInnen fachliche Unterstützung, Beratung und Coaching von ExpertInnen. Diese rechtzeitig in Anspruch zu nehmen zeigt von einem bewussten, verantwortungsvollen und professionellen Umgang mit den eigenen persönlichen und fachlichen Ressourcen. Nur so können sie weiterhin ihrer wichtigen Rolle und Aufgabe in betrieblichen Krisenzeiten effektiv nachkommen.

WEITERFÜHRENDE LITERATURHINWEISE

Panse, W./Stegmann, W.: Kostenfaktor Angst. Landsberg/Lech: Verlag moderne Industrie (1998)

Richter, P./Hacker, W.: Belastung und Beanspruchung. Heidelberg: Asanger (1998)

Sonneck, G. u.a.: Krisenintervention und Suizidverhütung. Wien: Facultas (1985)

Hannes Schneller

MITGESTALTEN IN KRISENZEITEN 4

Spezifische Rechte
von ArbeitnehmervertreterInnen

4.1 DAS MITBESTIMMUNGSRECHT: ÜBERSICHTLICH, ABER KAUM AUSJUDIZIERT

Das kollektive Arbeitsrecht – im Wesentlichen also das **Arbeitsverfassungsgesetz (ArbVG)** – ist in weiten Teilen auf Problemlagen oder eben „Krisen" ausgerichtet. Das verwundert nicht weiter, ist doch das sozio-kulturelle Instrument „Recht" ganz allgemein für Situationen geschaffen, in denen im zwischenmenschlichen, gesellschaftlichen oder wirtschaftlichen Bereich Interessenkollisionen und Konflikte auftreten.

Möglicherweise lässt sich ein **eskalierender Krisenverlauf** in einem Unternehmen folgendermaßen grob typisieren: Gerüchte ➛ Nachforschungen durch den Betriebsrat (BR) ➛ Informationen ➛ Diskussionen ➛ Versetzungen oder Änderungskündigungen ➛ Betriebseinschränkungen (Produktionsreduktionen oder Kurzarbeit) ➛ Kündigungen ➛ Betriebs(teil)-schließung ➛ Unternehmensverlagerung oder Insolvenz.

Für all diese Stadien hat der Gesetzgeber zumindest abstrakt vorgesorgt. Von bloßen Einsichts-, Informations- und Beratungsrechten über Betriebsvereinbarungs-Vorbehalte bis hin zur Aufsichtsratsmitbestimmung oder der Befassung einer „staatlichen Wirtschaftskommission" ist, Schritt für Schritt an Intensität zunehmend, Mitbestimmung prinzipiell gegeben. Das österreichische Mitbestimmungsrecht hat den Vorteil, als **sozialpartnerschaftlich geprägtes Rechtssystem** gut strukturiert und recht übersichtlich geregelt zu sein. In 28 zusammenhängenden und aufeinander aufbauenden Paragrafen – von § 89 bis § 112 ArbVG (zum Teil präzisiert in den §§ 53-65 Betriebsrats-Geschäftsordnung) sind im Wesentlichen alle gesetzlichen Ansprüche aufzufinden.

Unterteilt sind die Befugnisse der Belegschaft und ihrer Organe Betriebsrat (bzw. Betriebsausschuss, Zentralbetriebsrat und Konzernvertretung) in	
Allgemeine Kontroll-, Informations- und Beratungsbefugnisse	(§§ 89 bis 93)
Soziale Mitwirkungsbefugnisse und Betriebsvereinbarungs-Tatbestände	(§§ 94 bis 97)
Personelle Mitwirkungsbefugnisse, von der Personalaufnahme bis zur Entlassung	(§§ 98 bis 107)
Wirtschaftliche Mitbestimmung: Spezielle Informationen, Sozialplan, Aufsichtsrat und Wirtschaftskommission	(§§ 108 bis 112).

Konflikte lösen möglichst durch Verhandeln

Als Nachteil könnte man das teilweise Fehlen einer „herrschenden höchstgerichtlichen Rechtsprechung" empfinden. Unser Mitbestimmungsrecht geht vom Prinzip aus, Konflikte zwischen BR (eigentlich: Belegschaft als Trägerin der Mitbestimmungsrechte) und Betriebsleitung nicht vor Gericht oder im Wege des Arbeitskampfes auszutragen, sondern möglichst lange zu verhandeln. Aus der beiderseitigen Ungewissheit eines Prozessausgangs und dem „Zwang" zum Weiterverhandeln – oft unter dem **Damoklesschwert einer Schlichtungsstellenentscheidung** – kann jedoch für die Mandanten des BR mitunter vieles erreicht werden. Für die beiden Verhandlungspartner BR und Unternehmensleitung („Betriebsinhaber") ist der „Interessenausgleich zum Wohl der Arbeitnehmer und des Betriebs" als Ziel vom Gesetzgeber vorgegeben (§ 39 ArbVG).

4.2 DIE MITBESTIMMUNGSRECHTE BZW. „JURISTISCHEN INSTRUMENTE" IM ÜBERBLICK

Schon im Kapitel 1 Betriebswirtschaftliches Know-how für Betriebsräte wurden die verschiedenen Krisenstadien und ihre typischen Symptome dargestellt. Nun soll ein Überblick zeigen, dass für das Erkennen und Reagieren auf diese Symptome verschiedene „Rechtsinstrumente" (Rechtsgrundlagen, also verbindliche Rechtsnormen und Verhandlungs- bzw. Vertragsmechanismen wie Schlichtungsstelle und Betriebsvereinbarung) zumindest grundsätzlich zur Verfügung stehen.

Ob, wann und wie der BR, Zentralbetriebsrat oder die Konzernvertretung (zu den abgestuften Zuständigkeiten beachte die §§ 113 und 114 ArbVG) diese Instrumente einsetzt, ist mitunter die schwierigere Frage als jene nach dem grundsätzlichen Bestehen eines Anspruchs.

Daher ist eine ausführliche Beratung im BR-Gremium und eine detaillierte Strategieplanung von hoher Bedeutung. Dabei sollten **VertreterInnen der zuständigen Fachgewerkschaft und der Arbeiterkammer beigezogen** werden, die – wie alle in Unternehmensinterna per Gesetz potentiell involvierten Personen – über Geschäfts- und Betriebsgeheimnisse Verschwiegenheit zu wahren haben (§ 39 Abs. 4 in Verbindung mit § 115 Abs. 4 ArbVG).

Beachte dazu unten Kapitel 4.3

Nachzulesen ist die aktuelle Version jedes österreichischen Bundesgesetzes auf der vom Bundeskanzleramt betriebenen Website **www.ris.bka.gv.at** oder aber in der **Gesetzes-Sammlung** von Wachter (Hg.), Arbeitsrecht. Normensammlung für die betriebliche Praxis. Erläuterungen und v.a. zahlreiche aufgrund des Präjudiz-Charakters der höchstgerichtlichen Rechtsprechung entscheidende Urteile und Beschlüsse sind in **Gesetzeskommentaren** nachzulesen; z.B. Cerny/Gahleitner/Preiss/Schneller, Arbeitsverfassungsrecht Band 3.

Aktuelle Gesetze und Gesetzeskommentare in Kapitel 7

Rechtsgrundlagen (die Paragrafen beziehen sich – sofern nicht anderes angefügt ist – auf das ArbVG):

- ❑ Überwachung und Kontrolle; unter anderem von Arbeitszeit, Entgelt samt Abzügen sowie Gesundheitsschutz und Sicherheit (§ 89)

- Information und Beratung: ehestmöglich, vollständig und durch Unterlagen belegt (§§ 91, 92, 98, 99, 108, 109, 110 [Aufsichtsrat])
- Bilanz-Information und -analysemöglichkeit (§ 108 Abs. 3)
- Innerbetriebliche Qualifizierung oder Umschulung (§ 94)
- Mitwirkung bei Einschränkung oder Einstellung betrieblicher (nicht individueller!) Sozialleistungen („Wohlfahrtseinrichtungen" - § 95)
- Mitsprache bei Änderung bzw. Reduktion des Entgelts einzelner oder aller ArbeitnehmerInnen sowie bei „Änderungskündigungen" (§§ 96, 105-107 sowie Allgemeines Bürgerliches Gesetzbuch - ABGB -Vertragsrecht) - allerdings ist auf der individual-arbeitsrechtlichen Arbeitsvertragsebene teilweise keine rechtsverbindliche Mitwirkung gesichert

Siehe Kapitel 4.4.4
sowie Kapitel 5.6

- Betriebspensions-Leistungen einschränken, aussetzen oder einstellen (§§ 6, 8 und 9 Betriebspensionsgesetz)
- Arbeitszeit-Flexibilisierung (§ 97 Abs. 1 Z. 2 sowie §§ 4-4b und 7 Arbeitszeitgesetz)
- Kurzarbeit (§ 97 Abs. 1 Z. 13; §§ 29 und 30 Arbeitsmarktförderungsgesetz)
- Abbau von Urlaub und Zeitausgleichguthaben (§§ 19e und 19f Arbeitszeitgesetz; § 4 Urlaubsgesetz; § 109)
- Altersteilzeit- und Vorruhestandsmodelle, Solidaritätsprämienmodell, unbezahlter Urlaub/Karenzurlaub oder Bildungskarenz (individuelle Arbeitsvertrags-Vereinbarungen; §§ 11–14 Arbeitsvertragsrechts-Anpassungsgesetz; § 26 Arbeitslosenversicherungsgesetz).
- Mitwirkung bei der Aktion „Bildungskarenz plus" im Rahmen diverser Bundesländer-Förderungen
- Einspruch gegen Versetzungen (§ 101)
- Verhinderung von „Austauschkündigungen", d.h. Neuaufnahme von billigeren oder von Leih-ArbeitnehmerInnen (§§ 99 und 105)
- Mitwirkung bei „Massenkündigungen": Frühwarnsystem (§ 109 und § 45a Arbeitsmarktförderungsgesetz)

- Verhinderung von „sozialwidrigen“ Kündigungen oder „vorgeschobenen“ fristlosen Entlassungen (§§ 105-107)
- Einvernehmliche Lösungen: Überlegungsfrist (§ 104a)
- Betriebs(teil)übergang: Mitwirkung bei Verkauf, Verpachtung oder sonstiger „Übertragung“ an ein anderes Unternehmen/Konzern; eventuell schon bei Anlagen- und Maschinenverkäufen (§§ 108, 109, 110 [Aufsichtsratsmitbestimmung]; §§ 3–6 Arbeitsvertragsrechts-Anpassungsgesetz)
- Mitsprache bei Verlagerungen/Schließungen innerhalb von EU-Unternehmen oder EU-Konzernen: Europäischer BR (§§ 171-207)
- Sozialplan zur Abwendung oder Milderung der Folgen einer „Betriebsänderung“, wie etwa Betriebsverlagerung oder -schließung, Rationalisierung, gravierende Organisationsänderungen, etc. (§ 109, evtl. §§ 111, 112)
- Aufsichtsratsmitwirkung, insbesondere Zustimmungspflichtigkeiten: Alternativkonzepte des BR diskutieren - auf Eigentümervertreter, z.B. mit Haftungsargumenten, einwirken (§ 110; Aktiengesetz; GmbH-Gesetz; Genossenschaftsgesetz, Unternehmensgesetzbuch - UGB, etc.)
- Mitwirkung in der Schlichtungsstelle, der Branchenschlichtungskommission oder der staatlichen Wirtschaftskommission (§§ 111, 112, 144–146)

Von diesen 22 Mitbestimmungs-Bereichen werden die Möglichkeiten der Arbeitszeit-Flexibilisierung, die Altersteilzeit / Altersteilzeit- und Vorruhestandsmodelle, Solidaritätsprämienmodell, unbezahlter Urlaub/Karenzurlaub oder Bildungskarenz, die „Kurzarbeit“ und damit zusammenhängende Qualifizierungs- und Fördermaßnahmen, Umschulungs- und Weiterbildungsmaßnahmen, (insbesondere Arbeitsstiftungen und staatliche Fördermaßnahmen), Sozialplan im Kapitel 5 Maßnahmen in der Krise näher erläutert.

Näheres dazu in Kapitel 5

Die übrigen „kriserelevanten“ juristischen Instrumente und Mitbestimmungsmöglichkeiten für Belegschaft und BR sollen im Kapitel 4.4 genauer ausgeführt werden.

Siehe Kapitel 4.4

Wichtige Hinweise für den Betriebsrat:

Aus der Fülle der potentiellen Mitwirkungsrechte und der Möglichkeit eines fairen Ausgleichs der ArbeitnehmerInnen-Interessen mit den betriebswirtschaftlichen Notwendigkeiten wird erkennbar: Ohne BR oder Zentralbetriebsrat würde die Belegschaft auf entscheidende Mitsprache- und Mitgestaltungsmöglichkeiten verzichten!

Daher sollten in allen Betrieben des Unternehmens bzw. Konzerns Vertretungsorgane bestehen (ab 5 ArbeitnehmerInnen pro Betrieb). Im Idealfall tritt nicht nur das Unternehmen, sondern auch die Belegschaft aus der Krise gestärkt heraus: Nützen Sie diesen Anlass, um BR-Wahlen anzuregen, mit zu initiieren und zu unterstützen. (Tipp: www.betriebsraete.at) Und zwar nach Möglichkeit auch in Tochter- oder Schwesterunternehmen, bei Zulieferern, Partnerunternehmen („Joint Ventures", etc.) und sonstigen, mit Ihrem Unternehmen wirtschaftlich verbundenen Firmen. Gemeinsam mit der zuständigen Fachgewerkschaft sowie Arbeiterkammer sollte das neu gewählte Organ in der Folge rasch über eine Strategie, die dem jeweiligen Krisenstadium entspricht, beraten. Auf die Bedeutung von Netzwerken soll nochmals hingewiesen werden.

Näheres siehe bei Mayr/Cerny, ArbVG 5 und Greif Der Europäische BR

Bei EU-weit operierenden Unternehmen oder Konzernen (mindestens 1000 ArbeitnehmerInnen und davon mindestens je 150 in 2 EU- bzw. EWR-Staaten) ist der **Europäische Betriebsrat** nicht nur in Krisenphasen besonders gefordert. Nach Tunlichkeit sollte eine Vereinbarung mit sämtlichen Modalitäten zur Unterrichtung und Anhörung der ArbeitnehmerInnen getroffen werden (§ 190 ArbVG).

4.3 VERSCHWIEGENHEITS-PFLICHTEN

Gerade im Zuge der in Krisenphasen intensiveren und häufigeren Informations- und Beratungsgespräche werden zahlreiche Daten, Berechnungen, Tatsachen und Vorgänge (z.B. Quartalsberichte, Businesspläne, Marktanalysen, Personalkosten/-faktoren, Entwicklungen und Prognosen, technische Einrichtungen und Verfahren/Methoden, Kalkulationen; aber auch persönliche Umstände einzelner ArbeitnehmerInnen etc.) in allen Details zu erörtern sein. Aber gerade **in der Krise könnte das „Ruchbarwerden"** derselben **einen „Verstärkereffekt" haben:** Die Marktposition oder sonstige Wettbewerbs-Assets des Unternehmens könnten sich drastisch verschlechtern. Ruf- und Kreditschädigung lauten die zivilrechtlichen Begriffe für das grundsätzlich verpönte Verhalten und derartiges ist unter Umständen ein Entlassungsgrund. Daneben bestehen Strafdrohungen nach § 160 ArbVG und nach dem UWG (Bundesgesetz gegen den unlauteren Wettbewerb) sowie Schadenersatzrisiken. BR-Mitglieder können sich allenfalls auf die „Mandatsschutzklausel" des § 120 berufen („Verhalten… in Ausübung des Mandats gesetzt … und unter Abwägung aller Umstände entschuldbar…"), Sicherheit bietet diese angesichts der OGH-Rechtsprechung jedoch nur bedingt. Außerdem sind die Möglichkeit einer nachhaltigen Störung der (hoffentlich vorhandenen) Unternehmenskultur des Gebens und Nehmens im Rahmen eines vertrauensvollen Umgangs der „Betriebspartner" sowie mögliche Irritationen in den gerade jetzt so wichtigen Netzwerken zu bedenken.

Nach § 115 Abs. 4 ArbVG haben Betriebsratsmitglieder über alle in Ausübung ihres Amtes ihnen bekannt gewordenen Geschäfts- oder Betriebsgeheimnisse Verschwiegenheit zu bewahren. Ob der Geschäftsführer, Personalleiter oder sonstige Manager bestimmte Planungen, Zahlen oder Daten als „vertraulich" bezeichnet, ist dabei ohne Relevanz. Ein „Geheimnis" liegt nämlich nur dann vor, wenn objektiv (etwa nach der Verkehrsauffassung der jeweiligen Branche) ein berechtigtes Interesse des Betriebsinhabers an der Geheimhaltung besteht (OGH 14.2.2001). In der Regel handelt es sich dabei um Daten, welche die Wettbewerbsfähigkeit des Unternehmens betreffen und in aller Regel nur einem eng begrenzten, geschlossenen Personenkreis bekannt sind.

Was ist „vertraulich"?

Wenn nun der BR als Gremium oder ein einzelnes Mitglied vor der Wahl steht, ob es z.B. über die geplanten Outsourcingaktivitäten die Belegschaft in einer Betriebsversammlung oder einem Rundschreiben informieren soll oder aber dieses Geschäftsgeheimnis vertraulich behandeln möchte, ist eine – mitunter äußerst schwierige – **Interessenabwägung** vorzunehmen. Im Zweifel, so der vorherrschende arbeitsrechtliche Meinungsstand, ist zwar den Interessenvertretungsaufgaben Vorrang einzuräumen, jedoch sollte jedes Betriebsratsmitglied diese Abwägung anhand der folgenden Kriterien vornehmen:

- Es sind nur jene Fakten, Zahlen und Daten weiterzugeben, die **zur Erreichung eines betriebsverfassungsrechtlichen Zieles im Sinne des ArbVG erforderlich** sind. Bei einem geplanten IT-Outsourcing etwa wird das vor allem sein, welche Arbeitsplätze betroffen sind, ob für die KollegInnen Umschulungsmaßnahmen ergriffen werden und ob der Outsourcingpartner unter Umständen auch Aktiva oder immaterielle Betriebsmittel übernimmt (denn diesfalls würde mit einiger Wahrscheinlichkeit ein Betriebsübergang nach AVRAG vorliegen). Nicht weitergegeben werden sollten hingegen die Firmen, mit denen der Arbeitgeber in Verhandlung steht, das zahlenmäßige Auftragsvolumen oder die erwarteten Einsparungszahlen. **Ganz allgemein sollten immer nur Richtwerte und Tendenzen, niemals aber konkrete Zahlen** an die Belegschaft oder die „Öffentlichkeit" getragen werden, solange die Kenntnis dieser Zahlen eine Wettbewerbsbeeinträchtigung nach sich ziehen könnte.
- Der **Adressatenkreis** ist der jeweiligen Aufgabe entsprechend **möglichst klein** zu halten. Eventuell genügt es in unserem Beispiel, die betroffenen IT-KollegInnen zu informieren; vielleicht muss man aber auch die Gesamtbelegschaft in Kenntnis setzen, weil der „Verlust" der In-House-Dienstleistung Auswirkungen auf alle KollegInnen haben kann. Eine schwierige Entscheidung!

Zusammenfassende Definition von Betriebsgeheimnis (kaufmännisch-wirtschaftlich) und Betriebsgeheimnis (technisch-verfahrensbezogen):

Es bestehen drei Voraussetzungen, um von einem „Geschäfts- oder Betriebsgeheimnis" im Sinn des § 115 Abs. 4 ArbVG bzw. im Sinne des Aufsichtsratsrechts sprechen zu können:

- Es muss ein „objektiv" (also nicht bloß vom Management definiertes) berechtigtes Interesse an der Geheimhaltung von Daten bestehen, die in Zusammenhang mit dem Unternehmen und dem Betrieb stehen.
- Die Daten (Zahlen, Fakten, Prognosen, Pläne) sind nur einem kleinen, geschlossenen Personenkreis bekannt; anders formuliert: sie sind noch nicht veröffentlicht bzw. einer breiteren Personengruppe (ganz allgemein oder wenigstens innerhalb der Branche) bekannt.
- Es muss die Möglichkeit einer Unternehmensschädigung zumindest „theoretisch" gegeben sein, wobei schon der oben erwähnte „Rufschaden" genügen würde.

In manch entscheidender Situation werden die Arbeitnehmervertreter zwar abzuwägen haben, ob ihr gesetzlicher Interessenwahrungsauftrag (siehe § 38) dem Schutz von Unternehmensdaten vorangeht. Das sollte man jedoch nicht übereilt und **nicht ohne Beiziehung externer ExpertInnen** beurteilen! Ganz besonders gilt dies für börsenotierte Unternehmen wegen diverser Insiderhandel-Verbote, die dem Schutz kursrelevanter Daten dienen.

Wichtige Hinweise für den Betriebsrat:	Empfehlung: Ziehen Sie, je nachdem in welcher Rolle und Funktion Sie als BR-Mitglied agieren (Arbeitnehmervertreter im Aufsichtsrat, Zentralbetriebsrats-Sitzung, Betriebsversammlung, Interview mit Medienvertreter etc.) oder an welche Personengruppen Sie kommunizieren, **verschiedene „Filter“** ein. Bereiten Sie sich, unter Umständen mit einem (schriftlichen) Rede- und Diskussionskonzept, auf Ihre Rolle vor und scheuen Sie nicht davor zurück, drängende Fragen nach Details höflich, aber bestimmt zurückzuweisen.

Ebene 1	
Höchste Informationsebene Aufsichtsratsmitwirkung:	Hier erlangen die ArbeitnehmervertreterInnen Kenntnis von sehr genauen Geschäftsdaten und betriebstechnischen Produktions-, Kalkulations-Daten usw.

In aller Regel kein Filter zwischen der Aufsichtsrats- und der ZBR-Ebene, weil Personen dieser nächsten Ebene ohnehin unmittelbare Informations- und Beratungsansprüche gemäß §§ 108 und 109 ArbVG bezüglich der „voraussichtlichen Unternehmensentwicklung“, Umsatz- und Produktionspläne, Personalplanungen etc. haben. Von Bedeutung ist dabei jedoch die Berücksichtigung von (und „Erinnerung“ an die) gesetzlichen oder vertraglichen Verschwiegenheitsverpflichtungen der Informationsempfänger. Gerüchte hinsichtlich geplanter personeller Umbesetzungen (Vorstände, Prokuristen; evtl. Geschäftsführer) sollten nicht aus dem Aufsichtsgremium getragen werden und **Börsekurs-relevante Daten dürfen nicht weiter gegeben werden.** Im Zweifel sollte die Bewahrung der Vertrauensposition im Aufsichtsrat Vorrang haben.

Ebene 2	
Zweite Informationsebene	a) Zentralbetriebsrat- oder BR-Gremium: Diskussionen und Strategieentwicklung; sowie b) gesetzlich vorgesehene Berater von AK und Gewerkschaft (gemäß § 39 Abs. 4 ArbVG zur Verschwiegenheit verpflichtet) sowie sonstige Berater und Sachverständige, die schriftlich zur Verschwiegenheit verpflichtet wurden.

Filter grob: Wenn es zur Unterstützung der Betroffenen notwendig ist, sind nur Daten und Fakten, die evident die Konkurrenz begünstigen oder KundInnen (bzw. GeschäftspartnerInnen, GläubigerInnen, LieferantInnen) verunsichern könnten, „weg zu filtern". Abzuwägen ist dagegen, was für den betroffenen Arbeitnehmer (Arbeitnehmergruppe) im konkreten Fall von Bedeutung ist. Allerdings sollten alle ArbeitnehmerInnen, mit denen Gespräche geführt werden, auf ihre ohnehin arbeitsvertraglich (sowie aufgrund der Treuepflicht) bestehende Verschwiegenheitspflicht hingewiesen werden. Denn der Verrat von Geschäfts- oder Betriebsgeheimnissen durch einen Arbeitnehmer ist für diesen, ebenso wie für Betriebsratsmitglieder, in aller Regel ein Entlassungsgrund. Der Arbeitgeber wäre über eine derartige „Einsparung" beim Sozialplan sicherlich nicht unglücklich ...

Verschwiegenheitspflicht für ArbeitnehmerInnen

Ebene 3	
Dritte Informationsebene:	einzelne, unmittelbar von Kürzung, Versetzung oder Kündigung betroffene ArbeitnehmerInnen

Filter differenziert: Nur zu den für diese Personen(gruppen) relevanten Punkten Genaueres sagen, dabei aber auf deren Verschwiegenheit nachdrücklich hinweisen. Insbesondere hier ist zu prüfen, ob die geplante Informationsweitergabe nicht mehr Verunsicherung hervorruft, als sie Nutzen für die Gesamtbelegschaft bringt. **Persönliche Daten** (privat und arbeitsbezogen) über einzelne ArbeitnehmerInnen (finanzielle Verhältnisse, Gesundheit, Performance am Arbeitsplatz, Mobbing- oder Bossingvorfälle…) sind jedenfalls **besonders diskret** zu behandeln.

Hilfreiche Information oder (unbeabsichtigte) Verunsicherung?

Ebene 4

Vierte Informationsebene:	Diskussionen, Strategieplanung mit der Belegschaft oder einzelnen ArbeitnehmerInnengruppen (Abteilungen); Informationen an die Belegschaft und Betriebsversammlungen

Filter fein: Vieles fällt heraus; selbst Näherungswerte punkto Kundenverhalten, Auftrags- oder Umsatzrückgänge dürfen – sofern nicht schon in der Branche oder über die Medien allgemein bekannt – nur sehr grob angegeben werden. Keinesfalls darf das Ansehen und die Kreditwürdigkeit des Unternehmens (d.h. der Firma, nicht des Managements) geschädigt werden (VwGH 1987 und andere).

Ebene 5

Fünfte Informationsebene:	„Öffentlichkeit" wie z.B. JournalistInnen, PolitikerInnen, BR anderer Unternehmen (à Betriebsrätenetzwerk), sonstige Stakeholder (Kunden, Lieferanten, Geschäftspartner des Unternehmens)

Tipps:

- Prüfen Sie – tunlichst gemeinsam mit ExpertInnen –, ob die Weitergabe von unveröffentlichten Daten, Zahlen, Entwicklungen oder Prognosen das Unternehmen möglicherweise schädigen könnte (gegenüber Kunden, Banken und sonstigen Gläubigern, Geschäftspartnern; unmittelbar durch Beeinträchtigung der Marktposition oder Abspringen wichtiger ArbeitnehmerInnen etc.).
- Auf allen Ebenen gilt und je größer der Informationsempfängerkreis ist, umso sorgfältiger sollte dabei vorgegangen werden:
- Im Allgemeinen reichen Richtwerte und Entwicklungstendenzen.
- Exakte Zahlen und alles Schriftliche kann verfänglich sein.
- Je größer die Zahl der zu informierenden Personen und je geringer diese Personen einer speziellen Verschwiegenheitspflicht unterworfen sind, umso „feiner" sollte der Daten-Filter sein.

Tipps:

- Mitunter empfiehlt sich auch eine – gleichberechtigte – Vereinbarung mit der Geschäftsführung bzw. dem Aufsichtsratspräsidium, wie die „Informationspolitik" gestaltet werden kann.
- Keinesfalls sollte man sich als einzelnes BR-Mitglied in einem Aufsichtsratsausschuss oder einer Projektgruppe durch eine „Geheimhaltungsvereinbarung" von der (entsendenden) Körperschaft „abschneiden" lassen.
- Entwerfen Sie – nach Möglichkeit gemeinsam mit dem Management – eine genaue Informations- und Kommunikationsarchitektur, in der festgelegt wird,
  - wann
  - wer
  - worüber
  - wie

  informiert wird.

Die konkrete Situation ist entscheidend, wie folgendes „anderes" Praxisbeispiel zeigt:

Praxisbeispiel: Der BR-Vorsitzende und der Geschäftsführer eines renommierten Großhandelsunternehmens berichteten mir, dass die strikte Einhaltung von Verschwiegenheitsvereinbarungen („Commitements"), gepaart mit einer vertrauensvollen und transparenten Informationspolitik der Geschäftsleitung gegenüber dem BR, das Unternehmen vor einigen Jahren vor der höchstwahrscheinlichen Insolvenz (Ausgleich oder gar Konkurs) gerettet hätten. Aufgrund gravierender Marktveränderungen (Überschwemmung des Marktes mit Billigangeboten aus Osteuropa und Asien) sowie von Managementfehlern stand das Unternehmen mit dem Rücken zur Wand; alle Arbeitsplätze waren bedroht. Für die Sanierungsphase von etwa 1 Jahr kamen der BR – nach intensiven Beratungen mit seinem Gewerkschaftssekretär – und der Geschäftsführer überein, keine diesbezüglichen Informationen an KundInnen, LieferantInnen, aber auch nicht an die Belegschaft weiterzugeben. Das Unternehmen wurde erfolgreich saniert; nur ca. 5 Prozent der Arbeitsplätze (und nicht 100 Prozent) wurden – mit großzügigen Sozialplanabfederungen – abgebaut. Rückblickend meint der BR-Vorsitzende: „Hätte die Belegschaft am Beginn der Krise vom Zustand der Firma erfahren, gäbe es uns nicht mehr."

Ausnahmen von diesen Grundsätzen können mitunter notwendig sein: Nach dem Motto „zu viel gefürchtet ist auch schon gestorben" kann die Drohung mit Informationen z.B. an die Belegschaft unter Umständen das einzig probate Mittel sein, um den Arbeitgeber von Informationsverweigerung, betriebswirtschaftlich fragwürdigen Auslagerungsplänen oder übereilten personalpolitischen Vorgangsweisen abzuhalten. Wenn also das Management nicht kooperativ ist, kann sich die Notwendigkeit einer genaueren Information der Belegschaft über den (finanziellen) Zustand des Unternehmens ergeben; aber auch in diesen Fällen wird es kaum notwendig sein, exakte Unternehmenskennzahlen zu kommunizieren. Der arbeitsrechtliche Meinungsstand geht überwiegend in die Richtung, dass Betriebsräte nach eigenem, gewissenhaft abgewogenem Ermessen zu entscheiden haben, ob sie der Interessenvertretungsaufgabe (v.a. Information der Belegschaft gemäß § 42 Abs. 1 Zif. 1 ArbVG) oder dem Schutz von Unternehmensgeheimnissen den Vorrang geben. Eine schwierige Abwägungsfrage!

Wie kooperativ ist das Management?

Ohne Beratung durch die Fachgewerkschaft sollte daher keinesfalls informiert werden, denn derartige Betriebsversammlungen werden mitunter schon als erster Schritt eines **Arbeitskampfs** aufzufassen sein und das österreichische Recht ist gegenüber dem Arbeitskampf „neutral". Das heißt, dass diverse Entlassungsgründe, Schadenersatzpflichten, Aufsichtsratsverpflichtungen usw. auch dann bestehen, wenn mangels Kooperation des Managements eine Veröffentlichung gewerkschaftspolitisch geboten erschien.

4.4 DIE MITWIRKUNGSBEFUGNISSE DES BETRIEBSRATS IM EINZELNEN

4.4.1 ÜBERWACHUNGS- UND EINSICHTSRECHTE

1.1. Ganz allgemein hat der BR das Recht, die **Einhaltung sämtlicher Rechtsvorschriften, welche die Arbeitsverhältnisse betreffen,** im Betrieb zu überwachen und mittels Einsichtnahme zu kontrollieren. Diese Regelungen können sich – dem Stufenbau entsprechend – aus Gesetzen, Kollektivverträgen, Betriebsvereinbarungen oder Einzelarbeitsverträgen (Dienstzetteln) ergeben.

Primär geht es um die korrekte Berechnung und Bezahlung **aller Entgeltbestandteile** (Grundlohn bzw. -gehalt, Sonderzahlungen, Zulagen, Zuschläge, Trennungsgelder usw.). Nicht nur regelmäßiges Entgelt fällt darunter, sondern auch freiwillige, jederzeit widerrufbare Zulagen, Überstundenpauschalen, Naturalbezüge sowie Aufwandsentschädigungen (Kilometergeld, Tag- und Trennungsgelder, etc.). Auch in die zur Nachkontrolle erforderlichen Bezugsberechnungs-Unterlagen besteht das Einsichtsrecht; dies selbst dann, wenn die Lohnverrechnung außerhalb des Betriebs (z.B. in einer Steuerberatungskanzlei) gemacht wird: Immerhin könnte u.U. sogar eine Betriebsvereinbarung über die formellen Auszahlungsbedingungen, also z.B. die Gestaltung der Lohnzettel, gegen den Willen des Arbeitgebers erzwungen werden (§ 97 Abs. 1 Zif. 3 ArbVG)

Einsicht in Lohnunterlagen und …

Zwar ist ein Anspruch auf Nutzung der Personalverrechnungs-Software nicht gegeben, Ausdrucke aller zur Überprüfung erforderlichen Unterlagen müssen aber zur Verfügung gestellt werden. Die Einsichtnahme in den (häufig elektronisch geführten) **Personalakt** eines von Versetzung, Kündigung oder gar Entlassung bedrohten Kollegen bedarf dessen vorheriger **Zustimmung.**

… Personalakt (mit Zustimmung der Betroffenen)

Kontrolle auf Einhaltung der Schutzvorschriften

Weiters kann die Einhaltung von ArbeitnehmerInnenschutzvorschriften, Arbeitszeit- und Arbeitsruhegesetz, Urlaubsaufzeichnungen, Fahrtenbüchern und Jugendlichen-Beschäftigungsschutzvorschriften kontrolliert werden. Auch Sozialversicherungsvorschriften, Betriebspensionsregelungen, Behinderteneinstellungs- und -gleichstellungsgesetz und andere einschlägige Bestimmungen können – auf ihre Einhaltung durch den Betriebsinhaber (Arbeitgeber) hin – überwacht werden.

Betriebsanlagen und Arbeitsplätze können – vom BR alleine oder unter Beiziehung des Arbeitsinspektorats und eventuell der AK – besichtigt und überprüft werden. Ganz allgemein ist das Arbeitsinspektorat verpflichtet, bei Betriebsbegehungen auf eine Mitwirkung der Belegschaftsorgane hinzuwirken (siehe Arbeitsinspektionsgesetz). Bei den für die Arbeits- und Sozialversicherungsverhältnisse zuständigen Stellen (Behörden) kann der BR jederzeit intervenieren oder Verbesserungsvorschläge erstatten.

Zusammenfassung und Praxistipps:

§ 89 ArbVG ermöglicht die Überprüfung von

- korrekter Entgeltzahlung; Einsicht in die Lohn- und Gehaltsberechnungsunterlagen
- Überprüfung der Einhaltung einschlägiger Gesetze wie ASVG, Arbeitszeitgesetz, ArbeitnehmerInnenschutzvorschriften usw.
- Überwachung und Kontrolle einschlägiger Schutzvorschriften; Betriebsbegehungen gemeinsam mit den Arbeitsinspektions-Organen, Baubehörden-Vertretern, etc.
- Vorschläge zur Verbesserung der Arbeitsbedingungen, zur Unfallverhütung etc. können mittels „Intervention" beim Arbeitsinspektorat, bei einer staatl. Landes- oder Bundesbeihilfenbehörde, einem Sozialversicherungsträger (Gebietskrankenkasse, AUVA), bei AK oder Gewerkschaft unterbreitet werden (§ 90 ArbVG).

Tipps:

- Der BR sollte laufend Kontakt zu den „Personalverrechnungsstellen" (meist Teil der Buchhaltung bzw. des Rechnungswesens) im Unternehmen halten; eine Art Lohnabrechnungs-Netzwerk kann sich hier bewähren.
- Eine unternehmensweit einheitliche, transparente und nachvollziehbare Lohnabrechnung schafft nicht nur für die ArbeitnehmerInnen Vertrauen, sondern erleichtert auch die Arbeit (Möglichkeit des Erzwingens einer Betriebsvereinbarung über die Gehaltszettel-Gestaltung).
- Unterlagen, insbesondere elektronische Files werden i.d.R. dann zur Verfügung gestellt, wenn auch seitens des BR vertrauensvoll damit umgegangen wird.

4.4.2 INFORMATIONSRECHTE UND BERATUNGSANSPRÜCHE

INFORMATIONEN (von lat.: „formen, bilden" bzw. „eine Gestalt geben" – sich ein Bild machen) über den gegenwärtigen (v.a. finanziellen, betriebswirtschaftlichen) Zustand und die Zukunftsaussichten des Unternehmens und des konkreten Betriebs sind **Ausgangs- und Angelpunkt jeglicher Mitbestimmung** in der Krise!

Das ArbVG (mitunter ergänzt durch einschlägige Kollektivvertragsbestimmungen – daher ist auch hier stets der Branchen-Kollektivvertrag zu beachten) regelt in **§ 91** eine **allgemeine Informationspflicht** des Betriebsinhabers über sämtliche soziale, wirtschaftliche, gesundheitliche und kulturelle Angelegenheiten der ArbeitnehmerInnen des Betriebs.

Siehe Kapitel 4.4.2.2

Weiters bestehen spezielle Informationspflichten betreffend (geplante)

- ArbeitnehmerInnenschutz-Angelegenheiten;
- personelle Angelegenheiten (Personalplanung, Aufnahme, Leiharbeitskräfte, Versetzungen, einvernehmliche Lösungen, Kündigungen, Entlassungen);
- wirtschaftliche Daten und Fakten des Unternehmens und Konzerns (eventuell EU-weit);
- Bilanz, Gewinn- und Verlustrechnung sowie Lagebericht;
- gravierende Betriebsänderungen (Sozialplan oder Schlichtungs-/Wirtschaftskommission);
- Betriebs(teil)übergänge auf einen anderen Unternehmer;
- Aufsichtsratsangelegenheiten.

§ 92 ArbVG regelt die grundsätzliche Pflicht des Betriebsinhabers (bzw. beauftragten Managements), sich mindestens vierteljährlich – auf Verlangen des BR jedoch monatlich – mit den ArbeitnehmervertreterInnen über „laufende Angelegenheiten" zu beraten. **Beratung bedeutet „korrespondierender (und gleichberechtigter) Dialog"**, also Mitteilen und Anhören bzw., was ja schon das Wort BeRATung nahelegt, Übermitteln und Diskutieren von Vorschlägen und Ratschlägen. Präzisiert wird der Beratungsanspruch des BR einerseits im Zusammenhang zu den soeben genannten Informationspflichten; andererseits bestimmt die Grundnorm des § 92 direkt: Die Beratung hat über allgemeine Grundsätze der Betriebsführung in sozialer, personeller, wirtschaftlicher und technischer Hinsicht sowie über die Gestaltung der Arbeitsbeziehungen zu erfolgen. **Jede Seite kann** – sofern „erhebliche Auswirkungen" auf die

ArbeitnehmerInnen zu erwarten sind – **zu den Beratungen ihre Interessenvertretung** (Gewerkschaft, AK, Wirtschaftskammer) **beiziehen.**

4.4.2.1 Rechtzeitige Information: „ehestmöglich" und umfassend!

Ohne genaue Information über die – je nach Krisenstadium – konkrete finanzielle und allgemeinwirtschaftliche Situation des Unternehmens (und des mitbestimmten Betriebs im Besonderen) ist eine Mitsprache über Gegensteuerungs-Maßnahmen oder eine Beratung über **Alternativkonzepte** unmöglich. Daher sind Rechtzeitigkeit und Relevanz der für die jeweilige Krisenphase nötigen Informationen das Um und Auf! Die Informationen werden vom Betriebsinhaber (Geschäftsführung oder beauftragte ManagerInnen) meist mündlich am raschesten erfolgen können; die Belegung der Informationen durch schriftliche Unterlagen, Zahlen- und Datenaufschlüsselungen sowie Erläuterungen in vielfältigen Formen wird nur schriftlich sinnvoll sein. Dabei ist festzuhalten, dass die **Informationsansprüche Bringschulden** des Managements sind, jedoch alle zur Untermauerung und Überprüfung der Informationen **relevanten („erforderlichen") Unterlagen in der Regel nur auf Verlangen des BR (Holschuld)** zur Verfügung gestellt werden müssen (§ 92 Abs. 1, letzter Satz sowie § 108 Abs. 1, vorletzter Satz).

Durch eine Novelle wurde 1986 in § 109 Abs. 1 ArbVG präzisiert, dass der BR **„ehestmöglich,** jedenfalls aber so rechtzeitig vor der Betriebsänderung in Kenntnis zu setzen (ist), dass eine **Beratung über deren Gestaltung noch durchgeführt werden kann."**

Information vor Betriebsänderung!

Rechtzeitig oder „ehestmöglich" bedeutet somit, dass bereits am **Beginn des Planungsstadiums** zu informieren ist, selbst wenn ein entsprechender Businessplan oder eine Machbarkeitsstudie des Managements (noch) nicht fertig gestellt wurde. „Ausreichend" ist die Information dann, wenn sie den BR in die Lage versetzt, die zu beurteilende Maßnahme selbständig zu beurteilen, um z.B. Gegenvorschläge entwickeln zu können.

Ist die Entscheidung bereits gefallen, so wären die entsprechenden Beratungsrechte weitgehend sinnlos, was vom Gesetzgeber nicht beabsichtigt sein kann. Zweck der Informationsrechte ist es, der Belegschaft zu ermöglichen, rechtzeitig Alternativvorschläge zu unterbreiten, wozu eine vorherige Beratung mit Interessenvertretungen und anderen Sachverständigen häufig unumgänglich ist; die Arbeitnehmerschaft soll sich auf Interessengefährdungen und ihre wirksame Abwehr einstellen können. Es ist primärer Zweck der Informations- und Beratungsvorschriften, dass der **Betriebsinhaber nicht aus Überraschungseffekten, Zeitnot oder Desorientierung der Arbeitnehmerschaft und ihrer Organe Vorteile zieht,** indem er diese vor vollendete Tatsachen stellt *(Univ.-Prof. Firlei)*.

Beratung vor Umsetzung der Maßnahmen

Darauf folgende Beratungen zwecks Ausgleich der betrieblichen und sozialen Interessen sollten ebenso noch vor Beginn der Umsetzung einer geplanten Geschäftsführungsmaßnahme angesetzt werden. In diesen Beratungsgesprächen können fundierte, **betriebswirtschaftlich vertretbare Alternativvorschläge** seitens des BR vorgebracht werden (§ 108 Abs. 1 sieht explizit vor, dass der BR „Anregungen und Vorschläge erstatten" können soll). Derartiges hat v.a. im Rahmen der Aufsichtsratsmitbestimmung schon öfter zum Erfolg geführt. „Beratungsgespräche" zu führen bedeutet also, dass der BR die Belegschaftsinteressen, die z.B. in einer Betriebsversammlung erhoben wurden, einbringen kann und nicht die bereits fixierten, „unumstößlichen" Vorstellungen des Managements kommentarlos zur Kenntnis nehmen muss.

Siehe Praxisbeispiel rechts sowie Kapitel 5.8

Ein Ignorieren der Informations- und Beratungspflicht (samt Unterlagen-Übermittlung) seitens des Managements ist jedoch – abgesehen von der eventuellen „Verteuerung" eines Sozialplans – meist nur schwer bekämpfbar, weil ohne wirksame Strafandrohung (§ 160 ArbVG sieht lediglich bei Nicht-Information bezüglich Einstellungen, Bilanz und Kündigungsfrühwarnsystem Geldstrafen von maximal € 2.180 vor).

Allerdings könnten vorenthaltene Informationen und verweigerte Beratungsgespräche notfalls durch eine **Leistungsklage**, in weiterer Folge mittels „Beugestrafe" (§ 354 Exekutionsordnung) erzwungen werden. Unter Umständen wäre auch die Einbringung eines Antrags auf Einstweilige Verfügung, gemeinsam mit der Leistungsklage, überlegenswert. Zur rechtzeitigen Sicherstellung der „Informations- und Beratungsforderungen" des BR (im Namen der anspruchsberechtigten Belegschaft) könnte das in Arbeitsrechtssachen zuständige Gericht an den Betriebsinhaber das Gebot richten, die Informationen gemäß ArbVG zu erteilen und Beratungsgespräche zu führen (§ 381 Exekutionsordnung).

Dass derartige gerichtliche Exekutionsmittel in aller Regel zu spät kommen und jede weitere, eventuell doch noch vorhandene Dialogbereitschaft zerstören, ist ein gesetzliches Manko. Wirksamer ist wohl, dass verspätete oder unzureichende Information das Unternehmen teuer zu stehen kommen können **(Sozialplan-Verteuerung gemäß § 109 Abs. 3 ArbVG).**

Ein Praxisbeispiel: Die aktive Informationserteilung von der Geschäftsführung an die Belegschaftsvertreter muss bereits am Beginn des Planungsstadiums erfolgen (laut Univ.-Prof. Jabornegg und Univ.-Prof. Rebhahn ist das jene Phase, in der „ernstlich mit der Planung begonnen wird"). Nehmen wir an, ein Geschäftsführer möchte einen bestimmten Betriebsbereich kostengünstiger bewirtschaften und zieht in Erwägung, ihn auszugliedern oder die betreffenden Aufgaben zuzukaufen (Outsourcing). Seine „Planung" lässt sich betriebswirtschaftlich-abstrakt als „gedankliche Vorwegnahme zielgerichteten zukünftigen Handelns durch Abwägen verschiedener Handlungsalternativen und Entscheidung für den günstigsten Weg" definieren. Nehmen wir an, die Planung beginnt im Oktober mittels Kontaktaufnahme mit Outsourcing-Anbietern.

In einem typischen Wirtschaftsgespräch nach § 108 Abs. 1 ArbVG könnte nun ein Geschäftsführer oder Personalverantwortlicher die Unwahrheit nicht nur durch plumpes Verleugnen und Abstreiten sagen, sondern auch durch Verschweigen bereits feststehender Entscheidungen wie etwa abgeschlossener (Vor-)Verträge, Verharmlosungen oder ähnlichem. Zumindest „mangelhaft" sind derartige Unterlassungen aber allemal. „Verspätet" ist die Information dann, wenn sie nicht mit allen zu Beginn des Planungsstadiums bereits vorhandenen Daten und bekannten Fakten an den BR weitergegeben wird, sondern beispielsweise erst im darauffolgenden Frühjahr, wenn mit dem Outsourcing-Unternehmen bereits alles vertraglich unter Dach und Fach ist.

Nun ist zwar keine Verwaltungsstrafe für derartige Unterlassungen des Betriebsinhabers vorgesehen, aber eine „Geldstrafe" kann trotzdem die Folge sein: Der Sozialplan, der ja u.U. gegen den Willen des Unternehmers erzwungen werden kann, wird teurer (§ 109 Abs. 3 ArbVG). Aus der Verspätung oder Unvollständigkeit bzw. Verfälschung der In-

Ein Praxisbeispiel:

formation resultierende Nachteile für die Belegschaft sind zusätzlich abzugelten. Der „Aufschlag" ist im Streitfall von der Schlichtungsstelle nach freiem Ermessen festzulegen, hat sich aber daran zu orientieren, was die betroffenen ArbeitnehmerInnen bei rechtzeitiger Info an Nachteilen gehabt hätten und was durch die Verspätung nun eintritt.

Um bei unserem Beispiel zu bleiben: Bei vollständiger Aufklärung über bereits feststehende Outsourcing-Pläne im Oktober des Vorjahres hätten die meisten ArbeitnehmerInnen durch Umschulungsaktivitäten und/oder Bewerbungsaktivitäten ihren Job erhalten oder einen gleichwertigen erlangen können. Jetzt im Frühjahr verzögert sich die Neuerlangung eines Arbeitsplatzes (gemäß dem Gutachten eines berufskundigen Sachverständigen im Prozess) um durchschnittlich zwei Monate. Daher muss der Arbeitgeber pro ArbeitnehmerIn im Durchschnitt statt z.B. 4 Monatsentgelten für freiwillige Abfertigung und Umschulungsleistungen – Beiträge an Arbeitsstiftungen etwa – 6 Monatsentgelte zahlen.

Anderes gilt im **Aufsichtsrat**, wo das Unterlassen, Verharmlosen, Verschleiern oder Fälschen von Pflicht-Informationen mit recht hohen Strafen bedroht ist. Sollte ein „untergeordneter" Manager also vorgeben, keine Informationen zu haben, kann u.U. seinem vorgesetzten Geschäftsführer oder Vorstand klar gemacht werden, dass man diese Fragen spätestens in der nächsten Aufsichtsratssitzung mit noch mehr Nachdruck stellen wird.

Allgemeine Tipps zu Informationsverlangen und Beratungsgesprächen:

- Stellen Sie offene Fragen, also „W"-Fragen: Wann, Was, Warum, Wen betrifft es..., Welche Auswirkungen... Fordern Sie auf diese Art von Ihren Gesprächspartnern klare Antworten. Wenn eine Antwort nicht gleich gegeben werden kann, vereinbaren Sie einen Termin, setzen Sie Fristen.
- Stellen Sie keine Fragen à la „Gibt es ein Konzept?" (sog. No-Na-Fragen, die das Management leicht „abschmettern" kann), sondern bereiten Sie sich im BR-Team gründlich und mit einem schriftlichen Fragekonzept samt Alternativfragen und Alternativkonzepten auf das Informations- und Beratungsgespräch vor.

Allgemeine Tipps zu Informationsverlangen und Beratungsgesprächen:

- Bleiben Sie flexibel! Wenn „Plan A" nicht verwirklichbar ist, sollten weitere Vorhaben und Konzepte der Belegschaftsvertretung bereits ausgearbeitet sein.
- Bei einem grundsätzlich bestehenden gutem Gesprächsklima kann eventuell die Tagesordnung für die Informations- und Beratungsgespräche gemeinsam mit dem Management erstellt werden.
- Je präziser die Fragen des BR sind, desto größer wird die Möglichkeit sein, die Informationspflicht des Betriebsinhabers durchzusetzen. (Cerny u.a., ArbVG 3, Erläuterung 1 zu § 91)
- Weisen Sie auf „Schadenersatz"-Risiken der Geschäftsleitung in Form eines teureren Sozialplans hin
- Wenn der Dialog mit der Geschäftsführung nicht gegeben ist oder nicht mehr weiterhilft, können Sie – strategisch überlegt und mit der nötigen Sensibilität – auf Eigentümervertreter (Kapitalvertreter im Aufsichtsrat, Gesellschafter oder Genossenschafter) einzuwirken versuchen.
- Eine „öffentlichkeitswirksame Aktion", die auf Informations- und Beratungspflichtverletzungen des Arbeitgebers hinweist, könnte die „Ultima Ratio", also der letzte Schritt sein.

4.4.2.2 Spezielle Informations- und Beratungsrechte

4.4.2.2.1 Wirtschaftsgespräche nach § 108 Abs. 1 ArbVG

Der BR ist **jederzeit** berechtigt, wenn er es für notwendig hält, die untenstehenden Informationen zu verlangen (wobei es prinzipiell bei der Informations-Bringschuld des Managements bleibt) und darüber Beratungsgespräche zu führen. Er kann nicht auf die vierteljährlichen bzw. monatlichen Termine nach § 92 verwiesen werden, was in Anbetracht der möglichen Brisanz und erforderlichen Tagesaktualität der Wirtschafts- und Finanzinformationen auch absolut sachgerecht ist.

Zu informieren und zu beraten ist – einschließlich Übermittlung von verlangten Unterlagen – über

- die wirtschaftliche Lage einschließlich der finanziellen Lage des Betriebs sowie über deren voraussichtliche Entwicklung;
- die Art und den Umfang der Erzeugung bzw. „Dienstleistungs-Produktion";
- den Stand der Aufträge;
- Umsätze nach Menge und Wert aufgeschlüsselt;
- Investitionsplanungen;
- Planungen zur Steigerung der Wirtschaftlichkeit bzw. Produktivität (Rationalisierungen?);
- Wirtschafts- und Personalpläne (Businesspläne) im Hinblick auf die obigen Daten und Vorhaben.

4.4.2.2.2 Bilanz-Übermittlung (§ 108 Abs. 3)

Die Handelsbilanz einschließlich der GuV (Gewinn- und Verlustrechnung) und des „Anhangs" muss binnen eines Monats nach ihrer Erstellung, **längstens sechs Monate nach dem Bilanzstichtag** (Ende des Geschäftsjahres) dem BR übermittelt werden. Erforderliche Aufklärungen und Erläuterungen sind ebenfalls zu übergeben. Falls nicht vorhanden (weil es etwa noch keinen BR gab), können auch die Jahresabschlüsse vergangener Jahre verlangt werden, um eine möglichst realistische Einschätzung der Vermögens-, Finanz- und Ertragslage des Unternehmens sowie seiner Entwicklung treffen zu können (OGH 1991). In nicht-industriell geführten Betrieben besteht die Bilanzübermittlungspflicht erst ab 70 ArbeitnehmerInnen, bzw. – bei Banken, Versicherungen, Handelsunternehmen – ab 30 ArbeitnehmerInnen.

Es handelt sich dabei um ein bloßes Informationsrecht der Belegschaft bzw. des BR; Beratungen können nicht aus dem Titel des Absatz 3, sondern nur im Rahmen der Wirtschaftsgespräche nach Absatz 1 gefordert werden. Grundlage einer fundierten Beratung kann in aller Regel nur eine professionelle **Bilanz-Analyse** sein.

Näher dazu Gahleitner/Hess/Leitsmüller/Naderer, Bilanzanalyse

4.4.2.2.3 Konzerninformationen und Konzernbilanz (konsolidierte Bilanz bzw. „Konzernabschluss") – § 108 Abs. 2 und Abs. 4

Über geplante oder in Durchführung begriffene Maßnahmen seitens der Konzernmutter ist jeder Tochter-BR zu informieren. Ebenso der Mutter-BR über Pläne gegenüber den Konzerntöchtern. Allerdings muss es sich dabei um (geplante) Schließungen, Verlegungen, erhebliche Rationalisierungen, gravierende Abteilungs- oder Filialorganisationsänderungen oder ähnlich schwer wiegende Maßnahmen handeln.

Die Konzernbilanz ist der Konzernvertretung zu übermitteln; falls eine solche nicht errichtet wurde, dem Konzernmutter-BR. Sie hat den **primären Zweck, konzerninterne Leistungsströme mit „Marktpreisen und -werten" vergleichen zu können,** um die wirtschaftliche Situation des gesamten Konzerns (unter Einbeziehung aller Tochtergesellschaften) „objektiv" darstellen bzw. bilanzverfälschende Über- oder Unterbewertungen innerhalb des Konzerns aufdecken zu können.

4.4.2.2.4 Personalplanung einschließlich Leiharbeitskräfte (§§ 97 Abs. 1 Zif. 1a, 98 und 99)

Die §§ 98 und 99 sehen eine schrittweise Informations- und Beratungspflicht des Betriebsinhabers punkto Personalplanung und -aufnahme vor. Über den **künftigen Bedarf** an ArbeitnehmerInnen (auch „Negativbedarf" - also mögliche Verringerung des Personalstands) ist „rechtzeitig" (siehe oben) zu informieren; ebenso kann der BR Besetzungsvorschläge machen. Bezüglich einzelner Einstellungen (v.a. wenn dadurch andere Arbeitsplätze gefährdet wären) kann der BR, vor der Aufnahme, eine „besondere Information" verlangen. Dies hat v.a. den Zweck, **Fehlbesetzungen** oder Unruhe in der Belegschaft zu **vermeiden.**

Bereits erfolgte Einstellungen sind dann unverzüglich mitzuteilen samt Informationen über die Verwendung (Tätigkeit), Einstufung, Entgelthöhe und allfällige Probezeit oder Befristung.

Durch die Beschäftigung überlassener Arbeitskräfte dürfen keine Arbeitsbedingungen und schon gar nicht Arbeitsplätze der StammarbeitnehmerInnen gefährdet sein (§ 2 Abs. 3 Arbeitskräfteüberlassungsgesetz).

Es kann eine **„erzwingbare" Betriebsvereinbarung über Grundsätze der Arbeitskräfteüberlassung** abgeschlossen werden. Nach einer Entscheidung des OGH vom 18.4.2007 kann darin geregelt werden

Zu deren Zustandekommen siehe im Kapitel 4.4.3

- Höchstquote von Leih-ArbeitnehmerInnen im Betrieb oder in einzelnen Abteilungen;

- Einschränkungen der Leih-ArbeitnehmerInnen auf gewisse Abteilungen/Arbeitsplätze;
- Richtlinien und Bezugsrahmen punkto Entgelt (innerbetriebliche Präzisierung von § 10 Abs. 1 Arbeitskräfteüberlassungsgesetz);
- Qualität der Arbeitsbedingungen;
- Kontrahierungsgebot (nach Frist);
- Kündigungsverzicht betreffend Stamm-ArbeitnehmerInnen;
- Konventionalstrafen, falls Betriebsinhaber (= Beschäftiger) gegen die Vereinbarung mit dem BR verstößt;
- (aliquote) Beteiligung der „LeiharbeitnehmerInnen" an betrieblichen Sozialleistungen.

4.4.2.2.5 Geplante Versetzungen, einvernehmliche Lösungen oder Kündigungen (unbegründete Entlassungen) – §§ 101, 104a, 105 und 106

Von derartigen geplanten Maßnahmen ist der BR bereits **im Vorhinein zu informieren** und es ist darüber zu **beraten.** Bei geplanten Kündigungen gilt eine fünftägige Vorankündigungs- und Beratungsfrist; bei „Massenkündigungen" eine 30-tägige Sperrfrist, um den regionalen Arbeitsmarkt „vorzubereiten" (es sei denn das AMS erlaubt aufgrund „wichtiger wirtschaftlicher Gründe", insbesondere nach Sozialplanabschluss, ein Unterschreiten dieser Frist). Über fristlose Entlassungen ist natürlich nicht vorab zu informieren (sonst würde der Arbeitgeber das „Unverzüglichkeitsgebot" verletzen), sondern unverzüglich danach oder gleichzeitig mit dem Entlassungsausspruch an den Arbeitnehmer.

Siehe Kapitel 5.7

Gegen zumindest für 13 Wochen **geplante Versetzungen** kann der BR ein „Veto" einlegen, wenn sie punkto Entgelt, Arbeitsbedingungen (Arbeitsort, Tätigkeit) oder Karrierechancen verschlechternd sind. Allerdings kann der Betriebsinhaber das Gericht anrufen und bei hinreichenden betrieblichen Gründen die geplante Versetzung dennoch genehmigen lassen.

Verlangt ein Arbeitnehmer, dem eine **einvernehmliche Lösung** „angeboten" wurde, nachweislich (!), sich mit dem BR beraten zu wollen, so kann an diesem, am nächsten und am übernächsten Arbeitstag keine Lösungsvereinbarung wirksam abgeschlossen werden (unterschreibt der Arbeitnehmer dennoch, ist die Vereinbarung unwirksam, weil wohl unter Druck zustande gekommen). Allerdings müsste eine „erzwungene" Lösungsvereinbarung binnen einer Woche schriftlich beeinsprucht und binnen drei Monaten durch Klage bekämpft werden.

4.4.2.2.6 Information, Beratung und sonstige Mitbestimmung bei geplantem „Betriebs(teil)-übergang"

Auch hier hat, gemäß § 108 Abs. 2a ArbVG, die Information **„rechtzeitig und im Vorhinein"** zu erfolgen. Es besteht zudem die europarechtliche Vorgabe (Betriebsübergangs-Richtlinie sowie EU-Richtlinie Unterrichtung und Anhörung der Arbeitnehmer), dass der Veräußerer (Alt-Arbeitgeber) die Information an die Arbeitnehmer-Vertreter „rechtzeitig vor dem Vollzug des Übergangs" zu übermitteln hat, der Erwerber (Neu-Arbeitgeber) hingegen die betroffenen BR seines Unternehmens „rechtzeitig ... auf jeden Fall aber, bevor diese Arbeitnehmer von dem Übergang hinsichtlich ihrer Beschäftigungs- und Arbeitsbedingungen unmittelbar betroffen sind".

Sowohl Veräußerer als auch Erwerber müssen informieren

Zu informieren ist über

- den Grund für den Betriebs- oder Unternehmens-(teil)übergang;
- die sich daraus ergebenden rechtlichen, sozialen und wirtschaftlichen Folgen für die Arbeitnehmer;
- die hinsichtlich der Arbeitnehmer in Aussicht genommenen (abfedernden oder mildernden) Maßnahmen.

Da die Arbeitsverhältnisse gemäß § 3 Abs. 1 AVRAG vom Erwerber mit allen Rechten und Pflichten übernommen werden müssen, sollte der BR **an alle betroffenen Arbeitnehmer appellieren, keine Vertragsänderung oder gar Neuverträge zu unterschreiben** oder stillschweigend entgegenzunehmen (konkludent, d.h. schlüssig anzunehmen).

Der Erwerber schuldet den Arbeitnehmern lediglich eine einzige Ergänzung ihrer bestehenden, im Übrigen unveränderten Arbeitsverträge oder Dienstzettel: Firma und Adresse des neuen Arbeitgebers.

Was ist nun ein Betriebsübergang oder Betriebsteilübergang? Das kann fast jede Form der Übertragung auf einen neuen Unternehmer (kein bloßer Eigentümerwechsel bei gleich bleibender Firma!) sein. Entscheidend ist die **Übertragung „wesentlicher Betriebsmittel" und das weitgehende Beibehalten der „wirtschaftlichen Tätigkeit".** Ob es sich dabei um Verkauf, Neuverpachtung, sonstige Rechtsnachfolge (rechtliche Verselbständigung, Ausgliederung oder Spaltung, Zusammenschluss oder Fusion, Aufnahme, „Einbringung", Erbschaft oder Vermächtnis) oder eine andere Übertragungsform handelt, ist egal.

Outsourcing ist meist dann ein Betriebs(teil)übergang, wenn der Erwerber wesentliche materielle/immaterielle Betriebsmittel übernimmt oder einen nach Zahl bzw. Sachkunde (Schlüsselkräfte!) wesentlichen Teil der Belegschaft.

Es muss die **Information an den BR oder Zentralbetriebsrat** jedenfalls **vor** der allfälligen Einholung einer Zustimmung bzw. Genehmigung durch den **Aufsichtsrat** erfolgen. Andernfalls ist das Management durch den Aufsichtsratsbeschluss bereits in seiner Unternehmensplanung gebunden, vom genehmigten Ziel (z.B. Ausgliederung) darf nicht mehr abgewichen werden und die vom Gesetzgeber angestrebte Möglichkeit der Einwirkung der Belegschaftsvertreter auf die Überlegungen des Managements verliefe ins Leere. Auch ersetzt die Information der Arbeitnehmervertreter im Aufsichtsrat nicht die in § 108 Abs. 2a gesetzlich vorgeschriebene Information des BR. Es muss also auf beiden Ebenen umfassend informiert werden.

4.4.2.2.7 Information und Beratung bei „Betriebsänderungen" – §§ 109, 111, 112

Siehe dazu vor allem das Kapitel 5.8

Information und Beratung sind hier oftmals die Vorstufen zu einer „erzwingbaren BV über Maßnahmen zur Verhinderung, Beseitigung oder Milderung" der Folgen einer Betriebsänderung.

Insbesondere werden folgende geplante unternehmerische Maßnahmen in § 109 Abs. 1 **als „Betriebsänderung" definiert:**

- Schließung oder Einschränkung von Betrieben oder Abteilungen (Betriebsteilen);
- Massenkündigung (Frühwarnsystem auslösend) nach § 45a Arbeitsmarktförderungsgesetz;
- Verlegung oder Zusammenschluss des Betriebs (von Betrieben) oder von Betriebsteilen;

- Änderung von Zweck des Betriebs, Anlagen, Organisation, Filialorganisation, Arbeitsmethoden;
- Rationalisierungs- und Automatisierungsmaßnahmen von erheblicher Bedeutung;
- Eigentümer- oder Rechtsformänderung; eventuell auch gravierende Beteiligungsveränderungen bei einer juristischen Person (diesfalls keine Sozialplan-Erzwingbarkeit, sondern bloßer Info- und Beratungstatbestand).

Wie bereits erwähnt, wurde durch eine Novelle 1986 in § 109 Abs. 1 ArbVG präzisiert, dass der BR „ehestmöglich, jedenfalls aber so rechtzeitig vor der Betriebsänderung in Kenntnis zu setzen (ist), dass eine Beratung über deren Gestaltung noch durchgeführt werden kann."

Information und Beratung müssen sinnvollerweise zu Beginn des Planungsstadiums durchgeführt werden.

Siehe Kapitel 4.4.2.1

Weil die Beratungsgespräche gerade bei derart gravierenden Veränderungen von hoher Bedeutung sind, gibt es eine relativ präzise Vorgabe dafür in § 109 Abs. 2: „Der Betriebsrat kann Vorschläge aus Verhinderung, Beseitigung oder Milderung von für die Arbeitnehmer nachteiligen Folgen von Maßnahmen gemäß Abs. 1 erstatten; hiebei hat der Betriebsrat auch auf die wirtschaftlichen Notwendigkeiten des Betriebes Bedacht zu nehmen."

Sollten sich wesentliche Nachteile für zumindest einen erheblichen Teil der Belegschaft ergeben, kann in Betrieben ab 20 Arbeitnehmern in weiterer Folge – auch gegen den Willen des Betriebsinhabers – eine erzwingbare Betriebsvereinbarung (Sozialplan) durchgesetzt werden.

4.4.3 SCHULUNGS- ODER SOZIALEINRICHTUNGEN DES UNTERNEHMENS – §§ 94 UND 95

Im Krisenfall von hoher Relevanz sind „überbetriebliche", also vor allem öffentlich geförderte Schulungs- und Weiterbildungseinrichtungen. So hat etwa das Modell „Bildungskarenz plus" das Ziel, Arbeitslosigkeit zu verhindern. Sie basiert auf dem Modell der Bildungskarenz, bei dem ArbeitnehmerInnen eine 3 (für Bildungskarenzen, die zwischen dem 1.8.2009 und dem 31.12.2010 abgeschlossen wurden: 2) bis

Siehe dazu auch Kapitel 5, vor allem 5.3, 5.8, 5.9; siehe weiters z.B. http://www.ams.at/sfu/14181.html

12 Monate dauernde berufliche Auszeit zur Weiterbildung nehmen können. Dabei finanziert das AMS über das Weiterbildungsgeld die Lebenshaltung der karenzierten Person in Höhe des fiktiven Arbeitslosengeldes. Von Bedeutung kann im Krisenfall auch eine im Rahmen eines Sozialplans vereinbarte „Umschulung" oder Weiterqualifizierung sein.

Es kann aber auch, vor allem bei größeren Unternehmen, die **unternehmensinterne Qualifizierung und Weiterbildung** (und die Aufrechterhaltung von **Sozialeinrichtungen** wie Betriebsküche, Betriebskindergarten, Urlaubsheime, Zuschüssen für soziale Zwecke etc.) im Krisenfall zur Diskussion stehen. Hier helfen dem BR (bei Einrichtungen oder Maßnahmen, die mehrere Betriebe des Unternehmens erfassen, dem Zentralbetriebsrat) unter Umständen die Informations-, Interventions- (= Vorschlagsrechte), Beratungs- und Betriebsvereinbarungsmöglichkeiten der §§ 94 und 95 ArbVG.

Die Errichtung, die Art der Teilnahme und eventuell die Auflösung (an) einer Schulungs-Maßnahme oder –Einrichtung (Weiterbildungs-Institution, Lehrgang, Lehrwerkstätte etc.) kann durch eine freiwillige (nicht erzwingbare) Betriebsvereinbarung geregelt werden. Es kann also der Unternehmer nicht gezwungen werden, eine Schulungs- oder Sozialeinrichtung zu finanzieren.

Anderes gilt hinsichtlich der Verwaltung dieser Maßnahme oder Institution! Die **Verwaltung** (Lehrpläne, Ablauf, Modulsystem etc. von Ausbildungskursen, Lehrwerkstätten, Schulungshäusern und ähnlichem) kann durch eine **notfalls vor der Schlichtungsstelle erzwingbare Betriebsvereinbarung geregelt** werden. Das bedeutet, dass der BR, wenn er die innerbetriebliche Schulung für ungeeignet oder unzureichend hält, einen „ausgewogenen" Gegenvorschlag in Form eines Betriebsvereinbarungs-Entwurfs u.U. durch die Schlichtungsstelle genehmigt bekommt. Die unter Vorsitz eines Richters stehende und im Übrigen paritätisch besetzte Schlichtungsstelle hat zwischen den Interessen der Belegschaft und den Erfordernissen des Betriebs abzuwägen und einen Interessenausgleich in Form eines Bescheids herzustellen; dieser Bescheid ist die „erzwingbare Betriebsvereinbarung".

Wie kommt eine erzwingbare Betriebsvereinbarung zustande?

Wenn die (teilweise) **Auflösung,** also Einschränkung oder Einstellung der „Einrichtung" nicht in erster Linie wirtschaftlich bedingt ist – und bei Sozialeinrichtungen die Belegschaft selbst (etwa aus dem

BR-Fonds) zur Finanzierung erheblich beigetragen hat –, kann der BR (Zentralbetriebsrat) dies binnen 4 Wochen ab Bekanntgabe der Auflösungsabsicht beim zuständigen Betriebssitzgericht (in Arbeitsrechtssachen) durch Anfechtungsklage bekämpfen. Sollten hingegen in der oben erwähnten freiwilligen Betriebsvereinbarung über die Errichtung der „Einrichtung" bereits Beendigungs- oder Einschränkungsbedingungen festgelegt worden sein, bedarf es keiner Anfechtung, weil eben diese bereits vereinbarten (z.B. finanziellen) Bedingungen zu beachten sind (Unterlassungsklage).

4.4.4 MITSPRACHE BEI BEABSICHTIGTER ENTGELTÄNDERUNG BZW. -REDUKTION SOWIE BEI „ÄNDERUNGSKÜNDIGUNGEN" (§§ 96, 105–107)

In derartigen Fällen kann oft nur durch „Hineinreklamieren" und Appelle an ein gleichmäßiges, koordiniertes Vorgehen aller ArbeitnehmerInnen eine gewisse Mitbestimmung ausgeübt werden, da auf der Arbeitsvertragsebene („Vertragsgestaltung") kaum Mitbestimmungsrechte gegeben sind.

Hier werden nur die rechtlichen Aspekte behandelt

Vom Management angestrebte Änderungen (Verschlechterungen) bei den Arbeitsverträgen einzelner oder aller ArbeitnehmerInnen sind – wie jeder Vertrag – nur durch eine Willensübereinkunft der Arbeitsvertragsparteien Arbeitgeber – Arbeitnehmer möglich. Nach allgemeinem Zivilrecht und Individualarbeitsrecht gilt der **Grundsatz „pacta sunt servanda" (Verträge sind einzuhalten);** sie sind aber ebenso im Vertragsweg (also durch Zweiparteien-Vereinbarung) bis zur Grenze der kollektivvertraglichen oder gesetzlichen Mindestbedingungen veränderbar.

Zu den gewerkschaftspolitisch-strategischen Fragestellungen und Tipps siehe Kapitel 5.6.

Einseitig verändern darf der Arbeitgeber Vertragsinhalte im Allgemeinen **nur, wenn er sich ein einseitiges Gestaltungs- oder Widerrufsrecht im Arbeitsvertrag** (bzw. durch wirksame Dokumentation auf dem Dienstzettel) **vorbehalten hat.** Derartige Klauseln können im Vertrag (Dienstzettel) versteckt sein – allerdings hätte schon bei Vertragsabschluss der Arbeitnehmer darüber aufgeklärt werden müssen, weil es sich um eine „ungewöhnliche Formulierung oder Bedingung" handelt.

Dem BR kommt bei „Einzelverhandlungen" zwischen Arbeitnehmer und Arbeitgeber – wie ganz allgemein auf der Einzelvertragsebene – von Gesetzes wegen kein Mitwirkungsrecht zu. Es ist aber nicht verboten, die Belegschaft auf eine einheitliche Vorgangsweise „einzuschwören"! Einzel-Verzichte sind nämlich häufig der Beginn einer Entsolidarisierungs-Welle („wer bietet weniger?"); daher folgende Empfehlung: In einer Betriebsversammlung oder allgemeinen Information (Intranet, Aushang oder flächendeckende Gespräche mit KollegInnen) soll versucht werden, die Belegschaft soweit als möglich auf Solidarität einzuschwören: „Niemand soll einzeln verzichten, sondern wenn Reduktionen unumgänglich sind, wird das zwischen BR und Geschäftsleitung bzw. Personalleitung global ausverhandelt!"

In Krisensituationen (egal ob real oder „vorgeschoben") werden ArbeitnehmerInnen, die nicht verzichten wollen, häufig unter Druck gesetzt und mit Kündigung bedroht; dann aber besteht wieder ein rechtlich abgesicherter Mitwirkungsanspruch. Denn sobald der betroffene Arbeitnehmer nicht verzichtet, sondern es auf die angedrohte Kündigung **(„Änderungskündigung")** ankommen lässt, besteht die Mitbestimmungsmöglichkeit des BR in Form der
Siehe 4.4.8.3
Anfechtung von sozialwidrigen Kündigungen (was aber bei relativ jungen KollegInnen oder bei eindeutigem Überwiegen einer Sanierungsnotwendigkeit meist ins Leere geht). Auch wenn ein Arbeitnehmer wegen des „verpönten Motivs" der „offenbar nicht unberechtigten Geltendmachung von Ansprüchen" (§ 105 Abs. 3 Zif. 1 lit. i) gekündigt wurde, kann der BR diese Kündigung anfechten; diese Motivanfechtungs-Möglichkeit greift aber nicht bei
Siehe 4.4.8.5
„Änderungskündigungen". Insgesamt besteht aber bei „individuellen" Kostenreduktions-Maßnahmen des Arbeitgebers u.U. sehr wohl ein gewichtiges Mitwirkungsrecht der Belegschaft und ihres Vertretungsorgans BR.

Insbesondere bei einem (vermutlich) bevorstehenden oder gerade erst vollzogenen **Betriebs(teil)übergang**
Siehe 4.4.2.2.6
sollte kein Arbeitnehmer einer Vertragsänderung oder gar einem neuen Arbeitsvertrag zustimmen. Wenn es notwendig ist, zwecks Sicherung von Arbeitsplätzen auf gewisse Bezugsbestandteile zu verzichten, dann sollte auch das solidarisch und transparent, unter Federführung des BR gemacht werden. Da im zeitlichen Nahverhältnis zum Betriebsübergangszeitpunkt
Siehe 4.4.8.6
Kündigungen nur eingeschränkt zulässig sind, sind auch etwaig angedrohte Änderungskündigungen leichter abwendbar.

Tipps:

- Unbedingt externe Berater und Analysten der wirtschaftlich-finanziellen Unternehmenssituation (Gewerkschaft, AK...) beiziehen!
- Nur wenn das Management ebenfalls – in äquivalenter, also prozentuell größerer Höhe – Verzichtsleistungen erbringt und wenn die niedrigeren Einkommensgruppen sowie soziale Härtefälle (die einvernehmlich zwischen BR und Betriebsinhaber festzulegen sind) ausgenommen bleiben, sollten Gespräche über vorübergehende Entgeltreduktionen geführt werden.
- Exakte Befristung sollte Standard sein: Wenn es dem Unternehmen wieder besser geht, sollte die Reduktion „automatisch" zu Ende sein.
- „Rückfallsklauseln" sowie
- Entgeltwahrungsklauseln bei jeder Beendigung bzw. zumindest bei arbeitgeberseitiger Beendigung („Sämtliche Beendigungsansprüche sind vom Entgelt vor der vereinbarten Reduktion, aufgewertet um allfällige Kollektivvertragserhöhungen und ... zu berechnen".)

4.4.5 BETRIEBSPENSIONS- ODER VERSICHERUNGSLEISTUNGEN EINSCHRÄNKEN, AUSSETZEN ODER EINSTELLEN (VOR ALLEM §§ 6, 8 UND 9 BPG)

Für alle drei Modelle gilt: Wurde eine **Widerrufsklausel** vereinbart und wird der Widerrufsfall schlagend, so hat der Arbeitgeber den BR drei Monate vor der geplanten Einstellung der Beitragszahlung zu informieren und es ist über die Maßnahme zu beraten.

Näheres siehe z.B. bei Wöss unter http://www.voegb.at/bildungsangebote/skripten/ar/AR-17.pdf

4.4.5.1 Bei **direkten Leistungszusagen** (also unwiderrufliche Pensionszusage des Unternehmens, keine „Auslagerung" an eine Pensionskasse) kann die Leistung nur reduziert, eine Zeit lang ausgesetzt oder gar eingestellt, also beendet (widerrufen) werden, wenn in der Pensionsregelung **Vorbehaltsklauseln** enthalten sind. Gibt es derartige Klauseln nicht oder liegen die in der Klausel genannten Voraussetzungen nicht vor, so ist es nicht selten der Fall, dass von Arbeitgeberseite mit Nachdruck eine „einvernehmliche" Abänderung der Pensionsvereinbarung verlangt wird.

Siehe Wöss, VÖGB-Skriptum AR 16

4.4.5.2 Für **Pensionskassen-Zusagen,** egal ob beitrags- oder leistungsorientiert, gilt ebenso: Der weitreichendste einseitige Eingriff des Arbeitgebers in eine Pensionskassenregelung besteht im Widerruf seiner künftigen Beitragszahlungen. Ein dauernder Widerruf ist nur dann möglich, wenn eine entsprechende Klausel in der Beitritts- oder Übertragungsbetriebsvereinbarung enthalten ist (Widerrufsklausel).

Das Betriebspensionsgesetz (BPG) lässt bei Pensionskassen-Zusagen nur Widerrufsklauseln gelten, die darauf abstellen, dass sich die wirtschaftliche Lage des Unternehmens nachhaltig so wesentlich verschlechtert, dass die Aufrechterhaltung der zugesagten Beitragsleistung eine **„Gefährdung des Weiterbestandes** des Unternehmens" zur Folge hätte. Eine Bestandsgefährdung des Unternehmens im Sinne der gesetzlichen Vorgaben wird nur dann gegeben sein, wenn nachgewiesen werden kann, dass das Unternehmen akut insolvenzgefährdet ist und die Einstellung der Beitragszahlungen zur Sanierung des Unternehmens beitragen kann – und dementsprechend Teil eines Sanierungsplans nach dem der Insolvenz-Vorbeugung dienenden Unternehmensreorganisationsgesetz (URG) ist.

Was passiert mit den bisher erworbenen Anwartschaften?

Der Arbeitnehmer kann im Falle des Widerrufs der Zahlung von Arbeitgeberbeiträgen die bis zu diesem Zeitpunkt erworbenen Anwartschaften beitragsfrei in der Pensionskasse stehen lassen. Er kann aber auch die weiteren Beitragszahlungen des Arbeitgebers durch eigene Beiträge ersetzen.

4.4.5.3 Für **Betriebliche Kollektivversicherungen und Lebensversicherungsmodelle** zugunsten der Arbeitnehmer gilt ebenso, dass nur bei Vorliegen von Einschränkungs- (Aussetzungs-) oder Widerrufsklauseln und unter Beachtung der §§ 6d und 14 Betriebspensionsgesetz die Leistungen des Arbeitgebers (vorübergehend) reduziert werden können.

4.4.6 ZUSTIMMUNGS-VERWEIGERUNG BEI VERSETZUNGEN (§ 101)

Dieses Mitbestimmungsrecht wird in Krisenphasen nicht primär zum Einsatz kommen, gilt doch dem Erhalt des Arbeitsplatzes „irgendwo im Unternehmen oder Konzern" das Hauptaugenmerk. Bei offensichtlich verschlechternden Versetzungsplänen, die weder mit einer „Krise" noch mit der Sanierung des Unternehmens begründbar sind, hat der BR jedoch folgende Möglichkeit:

Jede **für zumindest 13 Wochen geplante Versetzung** ist zu beraten und muss durch gerichtliche Abwägung entschieden werden, wenn der BR seine Zustimmung verweigert **(durch Urteil kann das „Veto" des BR also beseitigt werden).** Verweigern kann der BR seine Zustimmung, wenn die Versetzung

Siehe 4.4.2.2.5

- für mindestens 13 Wochen geplant ist oder sich nachträglich als derart lange herausstellt und
- der Arbeitsort und/oder der Arbeitsinhalt des Arbeitnehmers geändert werden soll und
- Verschlechterungen der Arbeits- oder Entgeltbedingungen zu erwarten sind; das liegt insbesondere vor bei
  - Verlust von Entgeltbestandteilen (Zulagen, Prämien, Provisionen, Überstundenpauschalen etc.; nicht jedoch „Aufwandersatz");
  - höherer Gesundheitsgefährdung der anderen Tätigkeit bzw. am geplanten Ort;
  - schlechterer Erreichbarkeit des Arbeitsortes;
  - geringerer Qualifiziertheit des Arbeitsplatzes bzw. der Tätigkeit („Degradierung");
  - Verschlechterung der möglichen Karriereentwicklung;
  - gravierender Arbeitszeitänderung (Schichtwechsel oder ähnlich schwer Wiegendes).

Ruft der Betriebsinhaber wegen der Zustimmungsverweigerung des BR das **Arbeits- und Sozialgericht** an, so hat dieses eine **Interessenabwägung** durchzuführen zwischen

- dem Schutz des Arbeitnehmers vor einer dauernden Verschlechterung seiner Arbeitsbedingungen und
- den (objektiven) betrieblichen Interessen an der anderweitigen Verwendung des Arbeitnehmers.

Tipp:

- Sollte absehbar sein, dass die Versetzung „objektiv betrachtet" betrieblich notwendig ist (oder aufgrund des Verhaltens der betroffenen Arbeitnehmerin/des betroffenen Arbeitnehmers), ist eher zu empfehlen, über Ausgleichsmaßnahmen oder -leistungen, Kompensationen oder sonstige Abfederungen zu verhandeln, als - ohne Aussicht auf Erfolg - die Zustimmung zu verweigern.

4.4.7 EINVERNEHMLICHE LÖSUNGEN: „ÜBERLEGUNGSFRIST" (§ 104A)

Siehe 4.4.2.2.5

Diese Gesetzesbestimmung soll Schutz vor Druckausübung des Arbeitgebers bieten. Es besteht zwar keine Informationspflicht des Betriebsinhabers an den BR, jedoch besteht eine Art **„2-tägige Stillhaltefrist"** (Überlegungsfrist) und es liegt die Rechtsunwirksamkeit von „Auflösungsvereinbarungen" vor, wenn trotz

- **nachweislichem Verlangen** des Arbeitnehmers nach Beratung mit dem BR
- eine einvernehmliche Lösung binnen zwei Arbeitstagen nach dem ausdrücklichen Verlangen des Arbeitnehmers abgeschlossen wurde und
- die **Unwirksamkeit** der dennoch geleisteten Unterschrift oder mündlichen Zustimmung des Arbeitnehmers **innerhalb einer Woche geltend gemacht** wird, sowie, mangels Zurücknahme durch dem Arbeitgeber,
- binnen **drei Monaten** eine **gerichtliche** Geltendmachung durch den Arbeitnehmer erfolgt.

4.4.8 VERHINDERUNG BESTIMMTER KÜNDIGUNGSARTEN

Dies betrifft „sozialwidrige" Kündigungen, „Änderungskündigungen" (§§ 105-107), „Austauschkündigungen" (§§ 98, 99, 101 und 105) oder Beendigungen im Zusammenhang mit einem Betriebs(teil)übergang

Der Abbau von Arbeitsplätzen sollte das letzte Mittel sein, um ein in wirtschaftlicher Schieflage

befindliches Unternehmen zu sanieren! Wörtlich ist auch von Seiten der Wirtschaftskammer (!) zu hören (und das ist meines Erachtens als Zeichen einer funktionierenden Kultur der Sozialpartnerschaft zu verstehen): „Durch Personalabbau erreicht der Arbeitgeber die Senkung seiner Fixkosten, allerdings nur um den Preis von u.U. **erheblichen Beendigungskosten** (z.B. Abfertigung alt, Sozialplan, Kündigungsanfechtungsverfahren) und des Verlusts von Knowhow, das oft auf Kosten des Arbeitgebers aufgebaut wurde. Personalabbau ist daher nur dann sinnvoll, wenn die Kostensenkung aus wirtschaftlichen Gründen unvermeidbar ist und/oder wenn für die betroffenen Arbeitnehmer dauerhaft keine Verwendung mehr gefunden werden kann. Wegen dieser gravierenden Nachteile wird (neben Kurzarbeit oder Bildungskarenz; Anm.) oft der Weg der Beendigung von Arbeitsverhältnissen für zwei bis drei Monate mit Wiedereinstellungszusagen gewählt."

Dem ist wenig hinzuzufügen: Nicht nur **Knowhow,** sondern auch **Motivation** bei der „übriggebliebenen" und stärker belasteten Belegschaft und „Betriebsgeheimnisse" sowie die eingespielte, koordinierte **Produktivität** eines Teams **gehen durch Kündigungen verloren.** Auch die Verbreitung negativer Gerüchte (unter KundInnen, LieferantInnen etc.), die Störung des Betriebsfriedens und ganz allgemein eine Imageverschlechterung durch Kündigungen wird nach einer aktuellen deutschen Umfrage von Managern befürchtet.

Marlene Schmidt, Schutzschirm für Arbeitnehmer, Böckler-impuls 4/2009, www.boecklerimpuls.de

4.4.8.1 Zum Kündigungsschutz allgemein

Im Regelfall ist jedes Arbeitsverhältnis ohne Angabe von Gründen kündbar, und das selbst während des Urlaubs oder Krankenstands. **Bestimmte Arbeitnehmer** haben, oft nur vorübergehend, einen **„besonderen Kündigungsschutz".** Alle anderen unterliegen nach sechsmonatiger Beschäftigung in einem Betrieb mit mindestens fünf Arbeitnehmern dem sogenannten „allgemeinen Kündigungsschutz" (also Motiv- oder Sozialwidrigkeits-Anfechtungsmöglichkeiten) nach den §§ 105 bis 107 ArbVG. Für „jüngere" Arbeitnehmer ohne Unterhaltsverpflichtungen ist dieser Schutz allerdings de facto kaum gegeben.

Siehe 4.4.8.7

Daneben sind u.U. **Antidiskriminierungsbestimmungen** des Gleichbehandlungsgesetzes und Behinderteneinstellungsgesetzes zu prüfen: Beendigungen, die aufgrund des Alters, des Geschlechts, der Religion, der ethnischen Zugehörigkeit (Rassismus), einer Behinderung (auch unter 50 Prozent) oder wegen der sexuellen Orientierung erfolgen, sind grundsätzlich anfechtbar.

Siehe 4.4.8.6

Auch Kündigungen vor oder nach einem **Betriebs(teil)übergang** werden häufig ungültig sein, wenn sie nicht wirtschaftlich-organisatorisch begründbar sind. Wegen bestimmter **„verpönter Motive"** – etwa wegen Gewerkschaftsmitgliedschaft, ehemaliger BR-Mitgliedschaft, Sicherheitsvertrauenspersonen-Tätigkeit oder „Retourkutsche" Kündigung wegen der Geltendmachung von Ansprüchen – kann zwar auch angefochten werden (Motivanfechtung gemäß § 105 Abs. 3 Zif. 1 ArbVG), im Krisenfall ist aber vorrangig die Sozialwidrigkeitsanfechtung nach Zif. 2 des zitierten Absatzes in Erwägung zu ziehen.

4.4.8.2 Gefährdete Arbeitsplätze: Kündigungen (einvernehmliche Lösungen) oder/und Sozialplan?

Die Einschätzung, ob noch Chancen für Kündigungsanfechtungen wegen Sozialwidrigkeit bestehen oder ob bei den von der Krise besonders betroffenen Arbeitsplätzen nur noch über Abfederungen durch einen Sozialplan verhandelt werden soll, ist wohl eine der schwierigsten. In erster Linie wird jeder BR mit Unterstützung von Gewerkschaft und Arbeiterkammer versuchen, Arbeitsplätze zu retten. Erst bei klarer Aussichtslosigkeit wird ein Sozialplan, der v.a. Geld- und Umschulungsleistungen (Arbeitsstiftungen!) vorsieht, der letzte Ausweg sein. Im Rahmen seiner „sozialen Gestaltungspflicht" müsste der Arbeitgeber und im Rahmen des „Sozialvergleichs" könnte der BR jene Arbeitnehmer, für die die Kündigung eine geringere soziale Härte darstellt, in den Sozialplan einbeziehen, jenen mit schlechteren Arbeitsmarktchancen oder höheren Unterhaltsverpflichtungen jedoch den Arbeitsplatz zu erhalten versuchen.

Näher 4.4.8.3.d

Zu beachten ist dabei, dass in einem Sozialplan (das ist eine vor der paritätisch besetzten Schlichtungsstelle erzwingbare Betriebsvereinbarung gemäß § 109 Abs. 3 ArbVG) **vom BR nicht rechtswirksam auf Kündigungsanfechtungen verzichtet werden kann.** Zumindest nicht global, etwa für ganze Abteilungen oder Bereiche. Dann besteht aber die Gefahr, dass der Arbeitgeber nicht bereit ist, einen angemessen dotierten Sozialplan abzuschließen, weil er ja keine Rechtssicherheit hat, gewisse Arbeitsverhältnisse beenden zu können. Der BR hätte kaum „Verhandlungsmasse".

Nach der Rechtsprechung des **OGH bietet** sich aber eine für die Praxis tragbare **Lösungsmöglichkeit an.** Wenn das Vorverfahren, also die Verständigung des BR von den beabsichtigten Kündigungen und die Beratungen darüber (§ 105 Abs. 1 und Abs. 2 ArbVG), quasi gemeinsam mit den Sozialplanverhandlungen abgeführt wird und die von bevorstehenden Kündigungen vermutlich betroffenen Arbeitnehmer schon in den Sozialplan (wohl namentlich; es müsste aber auch Benennbarkeit durch Anführen der betroffenen Abteilungen oder Bereiche genügen) „aufgenommen" werden, können die darauf folgenden Kündigungen vom sogenannten „Sperrrecht" des BR rechtswirksam erfasst werden. Zwei Voraussetzungen sind zu beachten:

Siehe 4.4.8.3

- Es muss der „Anfechtungsverzicht" positiv formuliert bzw. vereinbart werden, nämlich als Verpflichtung des BR, der Kündigung gemäß § 105 Abs. 6 ArbVG zuzustimmen („Der BR stimmt … zu" und nicht: „Der BR verzichtet auf die Kündigungsanfechtung hinsichtlich…").
- Die zeitliche Nähe zwischen dem Vorverfahren und tatsächlichem Kündigungsausspruch ist zu wahren, andernfalls das Vorverfahren wiederholt werden müsste. Hierbei ist zu konstatieren, dass bei einvernehmlich hinausgeschobenen Kündigungsaussprüchen wohl für einige Wochen der zeitliche Konnex aufrecht bleibt.

Siehe die Rechtsprechungsübersicht bei Gahleitner in Cerny u.a, ArbVG 3, § 105 Erläuterung 13

4.4.8.3 Das Anfechtungsverfahren bei „Sozialwidrigkeit" der Kündigung (§§ 105 und 107 ArbVG) oder einer „vorgeschobenen" Entlassung (§§ 106 und 107 ArbVG)

Wie läuft nun aber das **fünftägige „Vorverfahren"**, der Widerspruch, die Nichtäußerung oder die Zustimmung zu beabsichtigten Kündigungen ab? Und wie läuft in weiterer Folge das Anfechtungsverfahren selbst, in welchem bei einer „sozial ungerechtfertigten" Kündigung eine

- wesentliche Interessen-Beeinträchtigung des Arbeitnehmers

gegen

- betriebliche oder personenbedingte Gründe, welche die Kündigung rechtfertigen,

gerichtlich (eventuell auch in einem außergerichtlichen Vergleich) abzuwägen sind? Und welche Chancen bestehen für die betroffene Arbeitnehmerin/den betroffenen Arbeitnehmer?

Das Kündigungsanfechtungsverfahren des § 105 ArbVG lässt sich überblicksartig folgendermaßen darstellen:

Stellungnahmefrist beachten

a) Vorverfahren: Von jeder beabsichtigten Kündigung ist der BR(-Vorsitzende) **bei sonstiger Rechtsunwirksamkeit** der Beendigung zu verständigen, es sollte darüber beraten werden (beachte § 105 Abs. 2) und die Arbeitnehmervertretung kann innerhalb von fünf Arbeitstagen (der Verständigungstag zählt noch nicht, aber der Samstag in einem Handelsbetrieb z.B. schon, weil es sich um einen „betriebsüblichen Arbeitstag" handelt!) **auf folgende Arten dazu Stellung nehmen:**

- ausdrücklicher, am besten schriftlicher, Widerspruch gegen die Kündigung („die Zustimmung wird verweigert" genügt nicht!);
- keine oder undeutliche (siehe oben) Stellungnahme („schlichter Widerspruch");
- Zustimmung zur Kündigung („Sperrrecht" – weil der Weg zu Gericht versperrt wird; nur bei „Sozialwidrigkeit", nicht aber bei verpöntem Motiv zulässig).

b) Jede ohne Zustimmung des BR ausgesprochene Kündigung ist **nur „schwebend wirksam", wenn** sie binnen einer Woche nach Verständigung des BR (durch den Betriebsinhaber) vom erfolgten Ausspruch der Kündigung bei Gericht **angefochten** wird. Es bestehen drei Möglichkeiten der Klagseinbringung (§ 105 Abs. 4):

- Zur Erhebung dieser „Anfechtungsklage" ist primär der BR berechtigt, vorausgesetzt er hat der Kündigungsabsicht ausdrücklich widersprochen und der betroffene Arbeitnehmer hat ihn um die Anfechtung ersucht (aufgefordert).
- Nimmt der BR trotz ursprünglich angemeldeten Widerspruchs und trotz Zusage, dass er anfechten werde, die Anfechtung nicht vor,

kann der **Arbeitnehmer selbst** binnen einer weiteren Woche (also **in der 2. Woche** nach dem Kündigungszugang) Anfechtungsklage erheben.

In diesen beiden Fällen ist die kurze, einwöchige Anfechtungsfrist zu beachten!

- Hat der BR, obwohl er im Vorverfahren noch widersprochen hatte, gleich zum Arbeitnehmer gesagt, dass er nicht anfechten werde (z.B.), stehen dem betroffenen **Arbeitnehmer** die **erste und die zweite Woche** ab Zugang der Kündigung an ihn (Einlangen des Schreibens oder Zukommen der Mitteilung) als Klagseinbringungsfrist zur Verfügung.

Die „Anfechtungsklage" ist eine sogenannte **„Rechtsgestaltungsklage"**, da sie nicht auf eine Leistung abzielt, sondern darauf, das Arbeitsverhältnis als ungekündigt wiederherzustellen – also die rechtliche Situation im Klagssinne zu gestalten. Sie muss binnen obiger Fristen (wieder zählt der Zugangstag nicht, aber ab dem folgenden Tag läuft die Frist, sodass ein Mitteilungszugang am Dienstag die Frist von Mittwoch bis Dienstag der Folgewoche laufen lässt) zur Post gegeben oder beim zuständigen Gericht zu Protokoll gegeben werden. Zuständig ist das **„Betriebssitz-Gericht"**, also jenes Landesgericht in Arbeits- und Sozialrechtssachen, in dessen Sprengel der Betrieb liegt. Bei Filialbetrieben könnte die Filiale beispielsweise in Vorarlberg liegen; wenn der österreichweite Betrieb in Wiener Neudorf seinen Sitz hat, ist das Landesgericht Wiener Neustadt zuständig!

c) Die **Interessenabwägung durch das Gericht** (Vorsitz durch einen, bzw. in 2. und 3. Instanz durch drei Berufsrichter; je ein fachkundiger Laienrichter von Arbeitgeber- und Arbeitnehmerseite) hat, wie eingangs dargestellt, die „wesentliche soziale Beeinträchtigung" des Arbeitnehmers gegen „betriebliche Erfordernisse" bzw. „personenbedingte Kündigungslegitimität" zu umfassen. Nach freiem richterlichen Ermessen, unter Heranziehung aller vorgebrachten oder amtswegig verlangten Beweise, ist das Urteil zu finden. Die Verfahrensvorschriften des ASGG (Arbeits- und Sozialgerichtsgesetz) und subsidiär der ZPO (Zivilprozessordnung) kommen zur Anwendung. Die jeweiligen Interessen sind einander im Anfechtungsverfahren objektiv und nicht nach subjektiver Beurteilung von Kläger und Beklagtem gegenüberzustellen. Hat der Arbeitnehmer erhebliche soziale Nachteile zu erwarten, der Arbeitgeber bei Aufrechterhaltung des Arbeitsplatzes jedoch nur relativ geringfügige organisatorische Nachteile, dann überwiegen die Arbeitnehmer-Interessen und der Anfechtungsklage ist stattzugeben.

Sozialwidrigkeitsgründe („wesentliche Interessen des Arbeitnehmers beeinträchtigt") liegen vor allem in folgenden Fällen vor:	höheres Lebensalter in Verbindung mit höherem Dienstalter („vieljährige ununterbrochene Beschäftigungszeit im Betrieb" als besonders chancenreicher Anfechtungsgrund);
	höheres Lebensalter ohne längere Beschäftigung, aber aufgrund der evident schlechteren Arbeitsmarktchancen – in beiden Fällen wird man etwa ab dem 45., mit Sicherheit aber ab dem 50. Lebensjahr von „älteren Arbeitnehmern" sprechen können; Achtung: ältere Arbeitnehmer, für die kein Arbeitslosengeld mehr zu zahlen ist, müssen mindestens 2 Jahre, und nicht nur 6 Monate, im Betrieb beschäftigt sein;
	Gesundheitszustand (kann aber bei besonders häufigen oder langen Krankenständen auch ein Nachteil im Sinne einer „betrieblichen Kündigungsnotwendigkeit" sein...);
	Einkommensverlust von mehr als ca. 10 Prozent (bei Niedrigeinkommen) oder mehr als ca. 15 Prozent oder mehr (bei überdurchschnittlichen Einkommen) ist zu erwarten;
	Arbeitsmarktchancen allgemein (altersunabhängig), etwa bei „seltenen" Berufen (hier haben meist „berufskundige Sachverständige", die über die zu erwartende Dauer der Wiedererlangung eines Arbeitsplatzes gutachten, hohen Einfluss auf den Prozessausgang);
	Höhe des zu erwartenden Arbeitslosengeldes (existenzsichernd?);
	Minderung der künftigen Pension;
	Vermögensstand des Arbeitnehmers (je weniger „Reserven" jemand hat, umso eher ist er/sie durch die Kündigung „wesentlich sozial beeinträchtigt");
	Unterhaltspflichten (egal, ob für Unterhaltsberechtigte im gemeinsamen Haushalt oder nicht);
	Ausgaben und Kredite, die „sozial vertretbar" sind, also etwa für Wohnraum, Weiterbildung, Gesundheitsausgaben etc.; nicht aber für überdurchschnittliche „Luxusaufwendungen".

Als **„Betriebliche Erfordernisse,** die einer Weiterbeschäftigung des Arbeitnehmers entgegenstehen" **oder** „Umstände, die **in der Person des Arbeitnehmers gelegen** sind" wertet die Rechtsprechung v.a.	Allgemeine wirtschaftliche Schwierigkeiten im Betrieb (dringender Sanierungs- oder Reorganisationsbedarf, v.a. wenn die Eigenkapitalquote unter 8 Prozent sinkt und die fiktive Verschuldungsdauer auf über 15 Jahre steigt oder betriebswirtschaftlich nachgewiesen werden kann, dass das Unternehmen in diese Richtung tendiert – vgl. § 22 Unternehmensreorganisationsgesetz);
	Wegfall des Tätigkeitsbereichs des betroffenen Arbeitnehmers aus wirtschaftlichen oder organisatorischen Gründen (Rationalisierungen muss der Arbeitgeber nicht begründen oder rechtfertigen! Es genügt, wenn er nachweist, dass eine durch seine autonome – gerichtlich nicht zu prüfende – Entscheidung herbeigeführte Rationalisierungsmaßnahme den Arbeitsplatz vernichtet bzw. obsolet macht);
	die Weiterbeschäftigung des konkreten Arbeitnehmers erscheint objektiv als erheblich nachteilig, weil der häufig seine Pflichten verletzt, den Betriebsfrieden stört, trotz Ermahnungen wesentlich unterdurchschnittliche Leistungen erbringt oder häufige Kundenbeschwerden bestehen;
	häufige Krankenstände sind an sich kein „personenbedingter" Kündigungsgrund, wenn jedoch Unmut in der Belegschaft entsteht (Gefährdung des Betriebsfriedens bzw. der Arbeitsmotivation in der Belegschaft), sind z.B. mehr als 100 Krankenstandstage im abgelaufenen Geschäftsjahr – sofern eine Wiederherstellung des Gesundheitszustandes nicht mehr zu erwarten ist – sehr wohl ein „personenbedingter" Grund;
	unkollegiales oder streitsüchtiges Verhalten;
	Verhaltensweisen, die „gerade noch kein Entlassungsgrund" sind (nicht allzu schwer wiegende Vertrauensunwürdigkeit, leichte Rufschädigung des Arbeitgebers, fallweise Arbeitsverweigerungen und Weisungswidrigkeiten etc.) oder solche, die sogar ein Entlassungsgrund wären.

Der BR sollte nach Tunlichkeit **schon während des fünftägigen Vorverfahrens eine „Prozesschancen"-Liste** mit allen Für und Wider einer Anfechtung anlegen und in weiterer Folge unter Beiziehung von ExpertInnen die Frage der Anfechtung erörtern.

Siehe dazu 4.4.8.2

d) Zu beachten ist weiters die **soziale Gestaltungspflicht des Arbeitgebers** (Betriebsinhabers) und die Möglichkeit eines Sozialvergleichs bei ausdrücklichem Widerspruch des BR:

Näheres bei Gahleitner in Cerny u.a., ArbVG 3, § 105, Erläuterung 54

Ältere und bereits länger beschäftigte Arbeitnehmer haben Anspruch auf Schonung (Fürsorgepflicht des Arbeitgebers) und ganz allgemein trifft den Arbeitgeber bei der Auswahl der zu kündigenden Personen eine „Soziale Auswahl- und Gestaltungspflicht".

Siehe 4.4.8.3.a

Nur wenn der BR im Vorverfahren ausdrücklich der beabsichtigten Kündigung widersprochen hat, kann im Rahmen des Anfechtungsverfahrens ein „Sozialvergleich" vorgenommen werden. **„Sozialvergleich" bedeutet,** dass vom Gericht überprüft werden muss, ob nicht anstelle des Gekündigten ein **anderer Arbeitnehmer** hätte gekündigt werden können, den eine Kündigung sozial **nicht so hart getroffen** hätte. Praktisch ist dieses Verfahren nur dann üblich, wenn entweder andere ArbeitnehmerInnen selbst daran interessiert sind, das Arbeitsverhältnis zu beenden, oder von einzelnen ArbeitnehmerInnen angenommen werden kann, dass sie tatsächlich nicht gekündigt werden. Andernfalls müsste ja der BR selbst einen Arbeitnehmer quasi zur Kündigung vorschlagen.

e) Aufgrund der **Unsicherheit des Verfahrensausgangs** – vergleiche die zahlreichen oben aufgelisteten Faktoren, die gegeneinander abzuwägen sind; und das in bis zu drei Instanzen – kann der BR versuchen, faire und ausgleichende Verhandlungslösungen, nicht zuletzt in Form eines Sozialplans für alle Betroffenen, zu finden.

Zuzustimmen ist René Schindler: „Das Anfechtungsverfahren findet nach Ausspruch der Kündigung, also – je nach Dauer der Kündigungsfrist – zum Großteil nach Beendigung des Arbeitsverhältnisses statt. Es muss mit einer Verfahrensdauer von mindestens einem halben Jahr bis Jahr gerechnet werden – dies für die erste Instanz! Auch aus diesem Grund **enden Anfechtungsklagen ganz überwiegend mit Vergleichen,** die lediglich zusätzliche Zahlungen des Arbeitgebers an den Gekündigten vorsehen. Der Arbeitnehmer kehrt dann nicht mehr an seinen Arbeitsplatz zurück, und der eigentliche Zweck des Verfahrens ist nicht erreicht. Die Bedeutung des Kündigungsschutzes wird so ausgehöhlt: er reduziert sich auf einen „individuellen Sozialplan", da häufig „Abschlagszahlungen" zur vorzeitigen Beendigung des Verfahrens (Zurückziehung der Klage) geleistet werden. Ein tatsächlich wirksamer Kündigungsschutz entsteht nur, wenn die Arbeitgeber die Erfahrung machen, dass sie sozialwidrig oder aus verpönten Motiven gekündigte Arbeitnehmer tatsächlich erneut beschäftigen müssen, der BR also ebenso wie die/der betroffene ArbeitnehmerIn ein Gerichtsurteil tatsächlich anstreben.

Wird das Anfechtungsverfahren gewonnen, bewirkt das Urteil die **rückwirkende Aufhebung** der Kündigung. Das Arbeitsverhältnis ist dann für die gesamte Dauer des Verfahrens aufrecht gewesen; der Arbeitgeber muss den **rückständigen Lohn nachzahlen,** wobei eingerechnet wird, was der Arbeitnehmer zwischenzeitig verdient hat oder zu verdienen absichtlich unterlassen hat."

f) Konsequenterweise gilt bei **Entlassungen, die ohne hinreichenden Entlassungsgrund** und daher vermutlich nur zur Umgehung der Kündigungsanfechtung ausgesprochen wurden, dasselbe wie bei Kündigungen: Es ist 1. zu erörtern, ob ein Entlassungsgrund vorliegt und bei Nichtvorliegen stehen 2. die gleichen Anfechtungsmöglichkeiten (für den BR und subsidiär für den betroffenen Arbeitnehmer) wie oben zur Verfügung (§ 107 ArbVG).

4.4.8.4 Austauschkündigungen

Bleibt der Arbeitsplatz (der Tätigkeitsumfang) grundsätzlich erhalten, ist gleichwohl die Möglichkeit der Sozialwidrigkeits-Anfechtung nach § 105 Abs. 3 Zif. 2 von besonderer Bedeutung: **Die Judikatur lässt Austauschkündigungen bei nachfolgender Einstellung anderer (billigerer) ArbeitnehmerInnen grundsätzlich nicht zu!**

Es liegen keine betrieblichen Erfordernisse oder personenbedingten Kündigungsgründe vor, wenn sich herausstellt, dass kurz nach der Kündigung jemand anderer für die selbe Tätigkeit aufgenommen wird oder werden muss (der Arbeitgeber das also offenbar von Anfang an wusste).

Näheres siehe bei Gahleitner in Cerny u.a., ArbVG 3, § 105, Erläuterung 50

Davon besteht nur eine Ausnahme: Sollte ein mit **Wiedereinstellungszusage** gekündigter Arbeitnehmer an seinen Arbeitsplatz zurückkehren wollen, kann die Kündigung eines konkreten Arbeitnehmers (auch wenn dieser an einem anderen Arbeitsplatz beschäftigt ist) notwendig sein.

Keinesfalls dürfen **StammarbeitnehmerInnen** in ihren Arbeitsbedingungen verschlechtert oder gar gekündigt (bzw. zur „einvernehmlichen" gedrängt) werden, **solange das Unternehmen Leih-ArbeitnehmerInnen beschäftigt.** Derartige Beendigungen wären vermutlich nichtig (§ 2 Abs. 3 Arbeitskräfteüberlassungsgesetz). Eine erzwingbare Betriebsvereinbarung über die Grundsätze der ZeitarbeiterInnen-Beschäftigung kann dem vorbeugen.

Siehe 4.4.2.2.4

4.4.8.5 Änderungskündigungen

Diese können **auflösend oder aufschiebend bedingt** formuliert werden. Beispiele:

„Wir kündigen Sie hiermit, es sei denn Sie erklären bis zum ... auf 15 Prozent ihres Bezugs zu verzichten" (= auflösende Bedingung, d.h. durch Annahme des „Angebots" wendet der Arbeitnehmer die Kündigung ab) oder:

„Falls Sie nicht (bis ...) auf 15 Prozent ihres Bezugs verzichten, werden wir Sie kündigen" (= aufschiebend). Selbstverständlich können derartige „Angebote" nur an überkollektivvertraglich entlohnte Arbeitnehmer gerichtet werden. Wie wehren sich Arbeitnehmer und/oder BR nun gegen derartig „unsittliche Ansinnen"?

Lohnverzicht, mehr dazu in Kapitel 5.6

Gerne wird von Arbeitgeberseite eine 10- oder 15-Prozent-Reduktion angestrebt, weil die Judikatur derartige Entgeltminderungen im Allgemeinen (Ausnahme: besonders niedrig entlohnte ArbeitnehmerInnen; ältere ArbeitnehmerInnen mit stark eingeschränkten Arbeitsmarktchancen) als gerade noch nicht „wesentlich interessen-beeinträchtigend" erachtet. Die **Abwehrmöglichkeiten** für den BR durch Androhung einer Sozialwidrigkeitsanfechtung sind also **eingeschränkt,** was nicht heisst, dass dies nicht dennoch versucht werden sollte!

Siehe 4.4.6

Auf gravierendere Reduktionen abzielende „Angebote" des Arbeitgebers punkto Entgelt oder Arbeitsbedingungen bzw. Tätigkeit (hier kommt die Versetzungsmitwirkung zusätzlich zum Einsatz) können im Allgemeinen ebenso zurückgewiesen werden wie wiederkehrende, „scheibchenweise" Entgeltreduktionen oder „Job-Enrichments": Das Ansinnen des Arbeitgebers wird zurückgewiesen und **man lässt es auf eine Kündigungsanfechtung ankommen.**

4.4.8.6 Kündigungen (vorgeschobene Entlassungen) vor oder nach einem Betriebs(teil)übergang

Diese sind **rechtsunwirksam** (d.h. sie müssen nicht angefochten werden, sondern sind durch Feststellungsklage als null und nichtig feststellbar), **wenn der bevorstehende oder vollzogene Betriebs(teil)-übergang der „tragende Grund" für die Kündigung oder für eine Entlassung ohne hinreichenden Entlassungsgrund ist.** Liegen hingegen wirtschaftliche, technisch-organisatorische oder in der Person des Arbeitnehmers gelegene (verhaltensbedingte) Gründe objektiv vor (beweispflichtig ist der Arbeitgeber), dann kann gekündigt werden. Nach der Rechtsprechung hat man sich den Übergang wegzudenken und zu fragen, ob auch ohne Betriebsinhaberwechsel die Kündigung gerechtfertigt wäre. Dass die Rechtsunwirksamkeit der Kündigung **bloß ein Jahr** (vor oder nach) dem Betriebsübergangszeitpunkt bestehe, **ist ein Gerücht!** Die Judikatur definiert keine Zeiträume, weil es eben nur auf die Kündigungsmotivation ankommt. Je länger allerdings der Zeitpunkt des Betriebs(teil)übergangs zurückliegt, umso schwächer wird die Vermutung der „Übergangs-Bedingtheit" und umso eher wird der Arbeitgeber wirtschaftlich-organisatorische Gründe angeben können.

Parallel zur Feststellungsklage gemäß § 879 Abs. 1 ABGB in Verbindung mit § 3 Abs. 1 Arbeitsvertragsrechts-Anpassungsgesetz (der Erwerber tritt automatisch „ex lege" in alle Arbeitsverhältnisse ein) sollte man **„in eventu" auf Sozialwidrigkeit** der Kündigung klagen, um sich doppelt abzusichern.

4.4.8.7 Besonderer Kündigungsschutz

Neben den oben angeführten Kündigungsschutz-Bestimmungen besteht für bestimmte Personengruppen ein besonderer Kündigungsschutz in dem Sinn, dass diese **nur bei Vorliegen bestimmter Gründe und/oder nach Zustimmung des Gerichts oder einer Behörde** gekündigt werden können. Dies gilt v.a. nach höchst unterschiedlichen Rechtsgrundlagen für

- behinderte ArbeitnehmerInnen mit mindestens 50 Prozent Grad der Behinderung;
- werdende Mütter und Väter, die Karenz oder Elternteilzeit in Anspruch nehmen wollen;
- Präsenz- und Zivildiener;
- Betriebsratsmitglieder sowie Ersatzmitglieder, die mindestens 14 Tage lang vertreten haben;
- Wahlvorstandsmitglieder und Wahlwerber;
- Vertragsbedienstete;
- Lehrlinge nach der „Probezeit".

4.4.9 MITWIRKUNG BEI VERÄUSSERUNG AN EIN ANDERES UNTERNEHMEN (KONZERN) ODER BEI GEPLANTER BETRIEBS(TEIL)SCHLIESSUNG BZW. -VERLAGERUNG (§§ 108 BIS 112)

Näheres dazu unter 4.4.2.2.1, 4.4.2.2.3, 4.4.2.2.4, 4.4.2.2.6 und 4.4.2.2.7

Die entscheidenden Mitbestimmungsrechte bestehen in den Informations- und Beratungsrechten sowie vor allem in der **Aufsichtsrats-Mitwirkung.** Das grundsätzliche Problem bei geplanten Betriebsübergängen, Stilllegungen oder Verlagerungen (von Abteilungen, Betrieben etc.) besteht für die Belegschaftsvertretung darin, dass Eigentümerentscheidungen grundsätzlich mitbestimmungsfrei sind. Dies wird in unserem Rechtssystem mit den Grundrechten auf Unverletzlichkeit des Eigentums und auf Erwerbsfreiheit begründet. Gewerkschaftspolitisch bedeutet das, dass letztlich nur versucht werden kann, durch politische Interventionen (und „positive Anreize", wie etwa Angebote von Förderungen oder ähnlichem) oder Kampagnen, Boykotts bzw. Kampfmaßnahmen die Eigentümer – ganz gleich ob multinationale Konzerne, Gesellschafter oder Einzelunternehmer – von betriebswirtschaftlich fragwürdigen Strukturentscheidungen abzuhalten.

Weiters besteht bei Unternehmen mit mehr als 400 ArbeitnehmerInnen die Möglichkeit, in einem **zweistufigen Schlichtungsverfahren (siehe §§ 111 und 112 ArbVG)** zu versuchen, den Unternehmer zum Überdenken seiner Pläne oder Entscheidung zu bewegen. Ein „offizielles" Gutachten könnte die Vorhaben des Betriebsinhabers bewerten (§ 112 Abs. 3);

geplante **Betriebsschließungen können für maximal 4 Wochen aufgeschoben werden** (§ 111 Abs. 2). Es handelt sich dabei mangels „Vollstreckbarkeit“ zwar weitgehend um eine Art von „Soft Law“, die **Öffentlichkeitswirksamkeit** eines Verfahrens vor der Branchenschlichtungskommission und v.a. vor der Staatlichen Wirtschaftskommission sollte dennoch nicht unterschätzt werden.

Im Rahmen der Drittel-Mitwirkung im Aufsichtsrat kann v.a über die sogenannten „zustimmungspflichtigen Geschäfte“ die Rentabilität oder wirtschaftliche Sinnhaftigkeit einer geplanten Maßnahme (Liegenschaftsveräußerung, Beteiligungserwerb oder -abgabe, Investition, Aufgabe von Geschäftsfeldern etc.) hinterfragt und mit den Eigentümervertretern intensiv diskutiert werden.

Genauer dazu Gagawczuk u.a., Der Aufsichtsrat, Seiten 187–198

CHECKLISTE KAPITEL 4

☐ **1** Beachten Sie die Auflistung in Kapitel 4.2.: Sind Ihnen alle relevanten und in der Krise bedeutsamen Rechtsansprüche bekannt? Ist Ihnen die Reichweite und Durchsetzungsfähigkeit, aber auch die Begrenztheit der rechtlichen Instrumente bewusst?

☐ **2** Recht haben und Recht durchsetzen ist zweierlei – das gilt für beide Seiten. Bevor mit rechtlichen Schritten gedroht wird, sollte versucht werden, so lange als möglich zu verhandeln (ohne sich verschleppen zu lassen...). Die relativ karge Rechtssprechung zum Mitbestimmungsrecht lässt viele Verhandlungsspielräume offen.

☐ **3** Die Kommunikations- und Beratungskultur zwischen Betriebsrat und Management sowie die Aktivitäten in unternehmens-(konzern-)internen und externen Netzwerken sollten schon vor dem Krisenfall funktionieren! Bewahren Sie so lange als möglich diese Kommunikationsebenen und die Unternehmenskultur.

☐ **4** Dazu gehört gegenseitiges Vertrauen und damit auch Verschwiegenheit zwecks Schutz der Arbeitsplätze. Externe ExpertInnen sollen beigezogen werden; sofern sie nicht aus Gewerkschaft oder AK kommen, sind sie an die Vertraulichkeit von Daten und an ihre Verschwiegenheitspflicht zu erinnern.

☐ **5** Bei Informationsverweigerung (= Störung oder Verletzung der Unternehmenskultur) kann versucht werden, Informationen über „Umwege" (Aufsichtsrat, Gesellschafter, Kreditschutzverbände, Interessenvertretungen etc.) zu bekommen. Das öffentliche Renommee des Unternehmens ist dem Management meist „heilig".

CHECKLISTE KAPITEL 4

☐ **6** Alternativvorschläge und Machbarkeitsstudien werden häufig dann beim Management auf Gehör stoßen, wenn sie betriebswirtschaftlich nachvollziehbar sind. Eine Idee ist allerdings gefährlich – wenn sie die einzige ist! Diskutieren Sie im BR-Team und mit ExpertInnen, ob eine genügend große und tragbare Anzahl an alternativen Lösungsmöglichkeiten (Plan B, Plan C usw.) gefunden werden kann.

☐ **7** Das rasche Auffinden der situationsadäquaten BR-Strategie ist entscheidend. Im Fall eines echten Dilemmas (z.B. Informationserteilung erzwingen oder weiterhin auf Kultur setzen; Kündigungen anfechten oder nur noch um einen Sozialplan kämpfen...) hat sich die SPOT-Analyse bewährt:

Satisfactions:	**Problems:**
befriedigende Aspekte der momentanen Situation	kritische, schwierige Aspekte derzeit
Opportunities:	**Threats:**
Chancen und Möglichkeiten in der nächsten Zeit	mögliche Bedrohung(en) in der nächsten Zeit

Alle Mitglieder des Betriebsrats, evtl. auch beigezogene ExpertInnen, schreiben sowohl befriedigende (stabile Faktoren) als auch kritische (unsichere) Aspekte der momentanen Situation auf. In Kleingruppen werden diese auf maximal jeweils 5 Faktoren/Aspekte reduziert und dann in der Gesamtgruppe in den obigen Raster (Matrix) eingepasst. Die Diskussion verläuft auf diese Art strukturierter und die Problemsicht wird klarer. Von zentraler Bedeutung ist die Überlegung (UMDEUTUNG), wie aus Bedrohungen Chancen gemacht werden könnten.

Abschließend werden die Ergebnisse diskutiert und Umsetzungsmaßnahmen erarbeitet.

WEITERFÜHRENDE LITERATURHINWEISE

Josef Cerny/Sieglinde Gahleitner/Joachim Preiss/Hannes Schneller: Arbeitsverfassungsrecht Band 3. 4. aktualisierte Auflage. Wien: Verlag des ÖGB (2009)

Walter Gagawczuk /Helmut Gahleitner/Heinz Leitsmüller/Joachim Preiss/Hannes Schneller: Der Aufsichtsrat. Wien: Verlag des ÖGB (2004)

Helmut Gahleitner/Wolfgang Hess/Heinz Leitsmüller/ Ruth Naderer: Bilanzanalyse. Ein Handbuch. 2. Auflage. Wien: Verlag des ÖGB (2000)

Rudolf Keller/Hermann Peter: Musterbriefe für den erfolgreichen Betriebsrat. 2. Auflage. Wien: Verlag des ÖGB (1998)

Bettina Sabara: Betriebsrat und Arbeitgeber. Die häufigsten Fragen und Antworten. LexisNexis ARD Orac (2007)

Gustav Wachter (Hrsg.): Arbeitsrecht. Normensammlung für die betriebliche Praxis. 11. aktualisierte Auflage. Wien: Verlag des ÖGB (2009)

Marlene Schmidt: Schutzschirm für Arbeitnehmer, Böckler-Impuls 4/2009 auf *www.boecklerimpuls.de*

AK-Broschüre „Umstrukturierung - Fusion, Outsourcing, Ausgliederung" und „Managen - Verändern - Rationalisieren" kostenlos erhältlich unter *http://wien.arbeiterkammer.at/online/page.php?P=2990*

www.ams.at – öffentliche Förderungen, Bildungsinfos

www.ams.at/sfu/14181.html – Weiterbildungsgeld

www.betriebsraete.at – mit Anleitung und Hilfsmitteln zur Betriebsratswahl

www.ris.bka.gv.at – aktuelle Gesetzestexte

www.voegb.at/bildungsangebote/skripten/ar – Skripten AR 17 Josef Wöss: Betriebspensionsrecht III (Juni 2008), AR 16 Josef Wöss: Betriebspensionsrecht II (Februar 2004)

René Schindler

MASSNAHMEN IN DER KRISE

5

Einleitung/Überblick

Über „Maßnahmen in der Krise" zu entscheiden, heißt zu allererst immer: **Über die Verteilung der Kosten der Krise** zu **entscheiden.** Denn die verschiedenen Maßnahmen belasten in höchst unterschiedlichem Ausmaß ArbeitgeberInnen einerseits, ArbeitnehmerInnen andererseits oder aber Dritte, insbesondere staatliche Institutionen.

Wer zahlt für die Krise?

Schon diese Auswirkung ist ein wichtiges Auswahlkriterium und nicht nur aus interessenpolitischer Sicht: Wer eine **Abwärtsspirale vermeiden** will, muss schon aus diesem Grund (allzu) starke Belastungen der ArbeitnehmerInnen vermeiden. Gerade im Bereich niedriger Löhne/Gehälter führt jede Verringerung des Einkommens unmittelbar zu Konsumausfällen und verschärft damit erneut die Krise!

Sinkende Löhne schaden allen …

Siehe Vorwort!

Ein Einbrechen der Gewinne ist weitaus weniger schädlich: Solange die Existenz der Betriebe nicht gefährdet ist, schaden sinkende Gewinne nicht. Das oft beschworene Argument, diese seien für Investitionen nötig, ist derzeit doppelt falsch: Die zurückliegenden Jahre der hohen, oft übertriebenen Gewinne haben gezeigt, dass diese keineswegs stets zu Real-Investitionen, sondern oft nur zu Finanz-Investitionen (einschließlich des Aufkaufes anderer Unternehmen) geführt haben. Zudem: Gerade in der Krise sind Investitionen kaum je Erweiterungsinvestitionen, sondern ganz überwiegend reine Erhaltungs- und/oder **Rationalisierungsinvestitionen** – beide **kosten Arbeitsplätze!**

Natürlich ist es die Hauptaufgabe von Betriebsräten und Gewerkschaften, **möglichst jeden Arbeitsplatz** zu **erhalten** und durch eine kluge und flexible Politik einerseits die Massenkaufkraft zu sichern und andererseits dennoch auf die Wettbewerbsfähigkeit der Unternehmen zu achten, Insolvenzen zu vermeiden.

Schwierige Entscheidungen

Selbst ein Zusammenbrechen von Betrieben ist volkswirtschaftlich aber – so zynisch das klingen mag – ein geringerer Schaden als massive Lohneinbußen und eine dadurch ausgelöste Abwärtsspirale: die benötigten Produkte werden von anderen Unternehmen geliefert und führen dort zu vermehrtem Bedarf an Arbeitskräften; die „verrostenden Gebäude und Maschinen" müssen durch Investitionen anderer (Bau, Maschinenbau, …) wettgemacht werden. Das ist kein Trost für die betroffenen ArbeitnehmerInnen und Regionen; aber ihre Chance auf neue Arbeitsplätze ist selbst in diesem Fall weit besser als bei weiterer Verschärfung der Krisensituation durch einen Einbruch der Nachfrage!

Eine klare Regel im ABGB

Es hat daher einen tiefen volkswirtschaftlichen Sinn, wenn § 1155 Allgemeines Bürgerliches Gesetzbuch (ABGB) seit je die **Unternehmen verpflichtet,** auch **bei mangelnder Beschäftigungsmöglichkeit die Löhne/Gehälter ungekürzt weiter zu bezahlen.** Dass diese Regel auch elementarer Gerechtigkeit entspricht, liegt auf der Hand: Wer die Gewinne bekommt, muss wohl auch das Risiko tragen!

Kündigungen sind für Unternehmen teuer

Dennoch versuchen Unternehmer, sich dieser Regel zu entziehen: Sei es durch Vornahme von Kündigungen oder immerhin der Drohung damit. Dass die österreichische Debatte so scharf geworden ist, liegt nicht zuletzt daran, dass das tatsächliche Aussprechen von Kündigungen für Unternehmen in den letzten Jahren erheblich schwerer geworden ist: Einerseits besteht selbst derzeit noch in vielen Bereichen ein Mangel an gut qualifizierten Facharbeitskräften; vor allem aber sind in der Industrie die Kündigungsfristen inzwischen auch bei ArbeiterInnen an jene der Angestellten im Wesentlichen angeglichen. Arbeitsverhältnisse aufzulösen entfaltet daher Wirkungen erst nach 3 bis 5 Monaten und kostet viel Geld (Beendigungsansprüche, Sozialplan, Arbeitsstiftung)!

Andererseits sollte nicht übersehen werden, dass **Manager** in den letzten Jahren in aller Regel **unter extremen Erfolgsdruck** gesetzt wurden, in immer schnellerer Folge ausgetauscht wurden und innerhalb von Konzernen ihre Entscheidungsbefugnis massiv ein-

geschränkt worden ist. Dass sie panisch reagieren und in der Krise überfordert sind, ist menschlich nur zu verständlich. Umso überlegter und weitblickender müssen Betriebsräte vorgehen! Weit blickend heißt dabei: **Auch die Zeit des kommenden Aufschwunges** mit zu **bedenken!** Denn so unsicher es ist, wann der Aufschwung kommt: Dass er kommt, kann sicher gesagt werden. Schon jetzt zu sichern, dass dann Einbußen der ArbeitnehmerInnen wieder aufgehoben werden, dass der dann drohende scharfe Umstieg auf prekäre Arbeitsverhältnisse (Leiharbeiter, …) vorweg verhindert wird usw., ist mit ein wichtiges Entscheidungskriterium – schon heute!

Mit Weitblick entscheiden!

Im Folgenden werden daher die wichtigsten und gängigsten Krisen-Bewältigungsmaßnahmen kurz dargestellt und ihre Vor- und Nachteile diskutiert. Betriebsrat und Belegschaften soll es dadurch erleichtert werden, **in Zusammenarbeit mit** ihren **Gewerkschaften die richtige Entscheidung** zu **treffen** und mit guten und exakten Argumenten auch durchzusetzen.

Gemeinsam entscheiden!

5.1.1 WAS IST KURZARBEIT, WOFÜR KANN SIE EINGESETZT WERDEN?

Kurzarbeit ist ein seit Jahrzehnten bewährtes Kriseninstrument zur vorübergehenden Bewältigung von Absatzschwierigkeiten bzw. dem Ausfall von Aufträgen oder von Zulieferungen bzw. Betriebsmitteln. Aufgrund der Krise musste reagiert werden, es gibt daher seit 1.2.2009 die „Kurzarbeit neu".

Kurzarbeit bedeutet die **vorübergehende, befristete Herabsetzung der Normalarbeitszeit** und damit verbundene **Reduzierung des Entgelts auf Grundlage einer Sozialpartnervereinbarung.**

Mehr Informationen und Downloads unter gpa-djp.at

Kurzarbeit soll Arbeitsplätze erhalten und während einer kurzfristigen wirtschaftlichen Störung wie z.B. Unterauslastung, Katastrophen etc., die Beschäftigung sichern. Kurzarbeit kann auch für die Qualifizierung der betroffenen ArbeitnehmerInnen genutzt werden.

Das Gesetz sieht eine **Höchstdauer** von bis zu 3 mal 6 Monaten, somit insgesamt **18 Monaten** vor, die in besonderen Ausnahmefällen noch einmal um 2 Monate verlängert werden kann.

Ein Kurzarbeitszeitraum kann natürlich auch kürzer als 6 Monate sein. Ist bis Ende 2010 eine Kurzarbeitsbeihilfe genehmigt, kann Kurzarbeit bis zu insgesamt 24 Monate verlängert werden.

Im Durchschnitt des vereinbarten Durchrechnungszeitraums kann die **Arbeitszeit auf 10 Prozent bis 90 Prozent der Normalarbeitszeit reduziert** werden.

Vorteile der Kurzarbeit für Beschäftigte und ArbeitgeberInnen

Kurzarbeit ist für alle Beteiligten ein **Vorteil:** Beschäftigte, die kurzarbeiten und für die Kurzarbeitsbeihilfe bezogen wird, belasten nicht den Arbeitsmarkt und sind für das Arbeitsmarktservice günstiger als Arbeitslose. Die betroffenen **ArbeitnehmerInnen behalten ihre Arbeitsplätze; die Einkommensverluste betragen i.d.R. max. 10 Prozent.**

Die Unternehmen können sich mit geringen Kosten flexibel an die jeweilige Auftragslage anpassen, im Aufschwung mit bewährten ArbeitnehmerInnen durchstarten und vermeiden teure und demoralisierende Massenkündigungen. Die Sozialversicherung erleidet keine Ausfälle und volkswirtschaftlich wird es vermieden, eine **Abwärtsspirale** in Gang zu setzen.

Mehr dazu im Vorwort

5.1.2 RECHTLICHE GRUNDLAGEN DER KURZARBEIT NEU

Flexible Anpassung an Branche und Betrieb

Kurzarbeit neu ist in mehreren Vorschriften geregelt, die aufeinander aufbauen und immer mehr ins Detail gehen. Dadurch kann die Regelung an die Situation der Branche bzw. des Betriebes angepasst werden:

- Grundlage ist das Beschäftigungsförderungsgesetz 2009; hier finden sich die gesetzlichen Rahmenbedingungen für Kurzarbeit, insb. § 37b und § 37c AMSG.
- Darauf baut die AMS-„Bundesrichtlinie Beihilfen bei Kurzarbeit und bei Kurzarbeit mit Qualifizierung" auf, diese richtet sich in erster Linie an das AMS und regelt die Voraussetzungen für die Gewährung von Kurzarbeitsbeihilfe.
- Als Nächstes ist in jedem Einzelfall eine Sozialpartnervereinbarung zwischen WKÖ und der zuständigen Gewerkschaft nötig. Diese regelt die Einführung von Kurzarbeit, deren Ausmaß, die Aufrechterhaltung des Beschäftigtenstandes und die Leistung einer Kurzarbeitsunterstützung.
- Zusätzlich dazu braucht es, um auch auf die betrieblichen Erfordernisse Rücksicht zu nehmen, eine (Betriebs-)Vereinbarung (BV) über Details und Begleitmaßnahmen während der Kurzarbeit.

Insbes. Ergänzungszahlungen des Arbeitgebers/der Arbeitgeberin, die konkrete Lage der Arbeitszeit usw. wird hier geregelt.

5.1.3 KURZARBEITSBEIHILFE – KURZARBEITSUNTERSTÜTZUNG

Was ist Kurzarbeitsbeihilfe?

Die **Kurzarbeitsbeihilfe ist eine Zahlung des Arbeitsmarktservices an den/die UnternehmerIn.** Sie dient dem teilweisen Ersatz der zusätzlichen Aufwendungen für die Kurzarbeitsunterstützung sowie der Beiträge zur Sozialversicherung und zur betrieblichen Mitarbeitervorsorge.

Die Beihilfe entspricht der Höhe nach den anteiligen Aufwendungen, die der Arbeitslosenversicherung im Fall der Arbeitslosigkeit pro ausgefallener Arbeitsstunde für Arbeitslosengeld des/der einzelnen Beschäftigten (unter Berücksichtigung der Kinderanzahl) zuzüglich der Beiträge zur Krankenversicherung und zur Pensionsversicherung entstehen würden. Die Berechnung der Kurzarbeitsbeihilfe erfolgt auf der Basis von Pauschalsätzen (Anhänge zur AMS-Richtlinie). ist bis Ende 2010 eine Kurzarbeitsbeihilfe genehmigt, werden ab dem 7. Monat Dauer auch die zusätzlichen Arbeitgeber-Beiträge zur Sozialversicherung ersetzt.

Was ist Kurzarbeitsunterstützung?

ArbeitgeberInnen müssen die gesamte Kurzarbeitsbeihilfe als sog. „Kurzarbeitsunterstützung" an die ArbeitnehmerInnen weitergeben. Diese erhalten also nicht nur den Lohn für die geleistete Arbeit, sondern auch das auf die Ausfallstunden fiktiv entfallende, persönliche Arbeitslosengeld zusätzlich. Darüber hinaus wird in den Betrieben regelmäßig eine Zuzahlung des Arbeitgebers vereinbart, die sicherstellt, dass die Lohnverluste - jedenfalls bei niedrigeren Einkommen - 10 Prozent nicht übersteigen.

5.1.4 VORAUSSETZUNGEN FÜR KURZARBEIT

Laut Arbeitsmarktservicegesetz und AMS-Richtlinie müssen Betriebe, um Kurzarbeit einführen zu können, folgende Voraussetzungen erfüllen:

- ❑ Die wirtschaftlichen Schwierigkeiten müssen vorübergehend und dürfen nicht saisonbedingt sein. Sie müssen ihre Ursache in unternehmensexternen Umständen wie dem Ausfall von Aufträgen, von betriebsnotwendigen Zulieferungen und Betriebsmitteln oder Ähnlichem haben, die das Unternehmen nur schwer oder überhaupt nicht beeinflussen kann.

- Das Unternehmen hat diese unternehmensexternen Umstände plausibel darzulegen und nachvollziehbar zu begründen, warum es berechtigt davon ausgeht, dass die schwierige wirtschaftliche Lage nur vorübergehend herrscht.
- Die regionale Geschäftsstelle des Arbeitsmarktservice muss rechtzeitig verständigt werden, es muss eine Beratung zwischen ArbeitgeberIn, Arbeitsmarktservice, Betriebsrat und VertreterInnen der zuständigen Gewerkschaften sowie Wirtschaftskammerfachgruppen stattgefunden haben.
- Zusätzlich muss es eine Vereinbarung über die Leistung einer Entschädigung während der Kurzarbeit (Kurzarbeitsunterstützung) und die näheren Bedingungen der Kurzarbeit sowie die Aufrechterhaltung des Beschäftigtenstandes geben („Sozialpartnervereinbarung“).

5.1.5 DAUER DES AMS-VERFAHRENS

Üblicherweise liegt **zwischen der Verständigung des AMS und der Einführung von Kurzarbeit** ein Zeitraum von **mindestens 6 Wochen.** In dieser Zeit soll die Beratung durchgeführt werden, der Abschluss der überbetrieblichen und der betrieblichen Vereinbarung erfordert ebenfalls Zeit für Verhandlungen.

Unterstützungsmöglichkeiten des AMS

Beim Beratungsgespräch ist auch zu klären, ob sämtliche innerbetrieblich realisierbaren Lösungsmöglichkeiten ausgeschöpft wurden und welche anderweitigen Unterstützungsmöglichkeiten des Arbeitsmarktservice oder anderer Stellen bestehen.

5.1.6 ROLLE DES BETRIEBSRATES

Gerade bei Einführung der Kurzarbeit hat der Betriebsrat eine wichtige Aufgabe wahrzunehmen.

Mitwirkungsrechte des Betriebsrates

Der Betriebsrat ist zur Beratung mit dem AMS beizuziehen, das Begehren auf Kurzarbeit muss vom Betriebsrat mit unterschrieben werden, mit dem Betriebsrat (und der Gewerkschaft) wird die (Betriebs-) Vereinbarung abgeschlossen, die es zusätzlich zur Sozialpartnervereinbarung gibt.

Der Betriebsrat hat auch die Aufgabe, die Begründungen des Unternehmens zu hinterfragen und insb. die Bilanzen der vergangenen Jahre analysieren zu lassen, da es ja auch um die Höhe des Nettoersatzes für die betroffenen ArbeitnehmerInnen während der Kurzarbeit geht.

Da **Lehrlinge** (auch in der Zeit der verpflichtenden Weiterverwendung nach dem Ende der Lehre) von der Kurzarbeit ausgenommen sind, ist darauf zu achten, dass die Ausbildung der Lehrlinge aufrechterhalten wird, besonders dann, wenn AusbildnerInnen kurzarbeiten.

Ebenso hat der Betriebsrat bei **Teilzeitbeschäftigten** und **Beschäftigten mit geringem Einkommen** darauf zu achten, dass diese durch die Kurzarbeit nicht armutsgefährdet werden. Diese ArbeitnehmerInnen sind ggf. von der Kurzarbeit auszunehmen.

Bei der Qualifikationskurzarbeit ist mit dem Betriebsrat ein Ausbildungskonzept zu erarbeiten. Die Ausbildungsinhalte müssen in hohem Maß auch in anderen Unternehmen verwertbar und daher arbeitsmarktpolitisch sinnvoll sein.

Der Betriebsrat ist auch in erster Linie Ansprechpartner der Beschäftigten bei den großen und kleinen Problemen des Alltags, wenn das Einkommen weniger wird, wenn Kreditraten höher werden, wenn Existenzängste steigen.

5.1.7 AUFRECHTERHALTUNG DES BESCHÄFTIGTENSTANDES

Was fällt unter Beschäftigtenstand?

Während der Kurzarbeit ist der Beschäftigtenstand im Unternehmen aufrecht zu erhalten, daher wird bereits in der Betriebsvereinbarung festgehalten, wie hoch der Stand an Beschäftigten in einem ungekündigten Arbeitsverhältnis zu Beginn der Kurzarbeit ist. Während der Kurzarbeit können nur Kündigungen, die in der Person des Dienstnehmers begründet sind, ausgesprochen werden. **Kündigungen aus betrieblichen Gründen sind unzulässig.** Entlassungen und ArbeitnehmerInnenkündigungen sind selbstverständlich weiterhin möglich, auch einvernehmliche Lösungen.

Möglichkeiten des Arbeitgebers

Zu achten ist jedoch darauf, dass der Beschäftigtenstand aufrechterhalten werden muss. Sollte daher eine Kündigung durch den Dienstgeber erfolgt sein, muss jemand anderer aufgenommen werden. Ebenso, wenn es einen vorzeitigen Austritt gibt. Bei einvernehmlicher Lösung ist der Beschäftigtenstand nur dann nicht aufzufüllen, wenn vorher eine Beratung des Arbeitnehmers mit dem Betriebsrat oder der Gewerkschaft bzw. Arbeiterkammer über die Auflösung des Arbeitsverhältnisses erfolgt ist.

Verminderung des Beschäftigtenstandes nur bei drohender Insolvenz!

Eine Verminderung des Beschäftigtenstandes, also insbes. eine betriebsbedingte Kündigung, kann nur nach vorheriger Zustimmung des zuständigen Betriebsrates sowie des Regionalbeirates der zuständigen Geschäftsstelle des AMS erfolgen. Diese Zustimmung wird regelmäßig nur erteilt, wenn das Unternehmen sonst in seiner Existenz gefährdet wäre (insbes. bei drohender Insolvenz). **Eine Zustimmung des Betriebrates zur Verminderung des Beschäftigtenstandes ist jedoch keine Zustimmung zur Kündigung im Sinn des § 105 ArbVG.**

5.1.8 PERSÖNLICHER KÜNDIGUNGSSCHUTZ NACH DER KURZARBEIT

Nach der Kurzarbeit können Beschäftigte, die kurzgearbeitet haben, aufgrund der Behaltefrist/des Kündigungsschutzes für einen bestimmten Zeitraum nicht gekündigt werden. Eine **Kündigung** einer/eines Beschäftigten, die/der kurzgearbeitet hat, durch den bzw. die ArbeitgeberIn kann **erst nach Ablauf** einer **Behaltefrist** ausgesprochen werden.

Dauer der Behaltefrist

Bis zu 2 Monate Kurzarbeit gibt es i.d.R. einen anschließenden Kündigungsschutz von 1 Monat, bis zu 4 Monate Kurzarbeit beträgt der anschließende Kündigungsschutz 2 Monate, von 5 bis 12 Monaten Kurzarbeit beträgt er 3 Monate und bei mehr als 12 Monaten beträgt er 4 Monate. Zeiten der Kurzarbeit im Betrieb, die nicht länger als 4 Wochen unterbrochen sind, werden zusammengerechnet und können daher zu einer längeren Behaltefrist führen.

5.1.9 SONDERFORMEN DER BESCHÄFTIGUNG: LEHRLINGE, LEIHARBEITNEHMERINNEN, TEILZEITBESCHÄFTIGTE, ALTERSTEILZEIT, ELTERNTEILZEIT

Lehrlinge sind von der Kurzarbeit auszunehmen, sowohl während der Lehrzeit als auch während der anschließenden Weiterverwendungszeit (3 Monate laut Berufsausbildungsgesetz (BAG); durch Kollektivvertrag (KollV) oft länger).

LeiharbeitnehmerInnen können kurzarbeiten, wenn der Beschäftigerbetrieb kurzarbeitet und mit dem Überlasser eine Kurzarbeitsvereinbarung getroffen wird. Die betroffenen LeiharbeitnehmerInnen dürfen nicht bei anderen Beschäftigern eingesetzt werden.

Teilzeitbeschäftigte können ebenfalls kurzarbeiten. Die Gewerkschaften empfehlen jedoch, dass Teilzeitbeschäftigte, die unter 40 Prozent der wöchentlichen Arbeitszeit der Vollzeitbeschäftigten leisten, ausgenommen werden, ebenso Beschäftigte, die weniger als € 1.000 verdienen. Bei Teilzeitbeschäftigten wird das Entgelt auf eine Vollzeitbeschäftigung hochgerechnet, um den Pauschalsatz für die Kurzarbeitsbeihilfe laut Tabelle berechnen zu können.

Beschäftigte in **Altersteilzeit** können kurzarbeiten. Auch bei ihnen wird das auf die tatsächlich geleistete Arbeit entfallende Entgelt – ohne den Lohnausgleich! – zunächst auf Vollbeschäftigung hochgerechnet, um den Pauschalsatz für die Kurzarbeitsbeihilfe laut Tabelle zu errechnen. Zum Entgelt für die verringerte Arbeitszeit und die Kurzarbeitsunterstützung wird dann der betragsmäßig unveränderte Lohnausgleich („25 Prozent“) zusätzlich bezahlt. Insgesamt ergeben sich daher bei Altersteilzeit geringere Entgeltverluste als bei Normalarbeitszeit. Kurzarbeit ändert im Blockmodell auch nicht den Zeitpunkt, an dem die Arbeitsphase beendet wird und die Freizeitphase beginnt. Wer schon in der Freizeitphase ist, nimmt ohnedies an der Kurzarbeit nicht teil, weil ihn keine Arbeitspflicht mehr trifft.

ArbeitnehmerInnen in **Elternteilzeit** sollten i.d.R. von der Kurzarbeit ausgenommen werden, da das Beschäftigungsausmaß und die Lage der Arbeitszeit ja individuell vereinbart (oder vom Gericht festgesetzt) wurden. Rein rechtlich wäre aber auch eine Einbeziehung in Absprache mit dem/der Betroffenen möglich.

5.1.10 SOZIALVERSICHERUNGSBEITRÄGE

Basis der Sozialversicherungsbeiträge

Die Sozialversicherungsbeiträge sind vom vollen Entgelt vor der Kurzarbeit zu leisten. Daher wirkt sich die Kurzarbeit weder auf die Pensionshöhe noch auf das Krankengeld der Krankenkasse, auf das Arbeitslosengeld usw. aus. Auch für den Anspruch auf „Hacklerpension" entstehen keinerlei Nachteile.

5.1.11 AUS- UND WEITERBILDUNG/ QUALIFIZIERUNGSKURZARBEIT

Bei der Kurzarbeit neu gibt es erstmals die Möglichkeit einer Weiterbildung/Qualifizierung. Die **Weiterbildung** muss **zu jenen Zeiten** stattfinden, in denen der/die Beschäftigte **sonst gearbeitet** hätte (z.B. aufgrund der Kurzarbeit wird am Freitag nicht gearbeitet, aber eine Weiterbildung gemacht). Für die Stunden der Weiterbildung gibt es um **15 Prozent erhöhte Pauschalsätze.** Wenn auf Grund einer betrieblichen Zusatzvereinbarung 90 Prozent des Entgelts bezahlt werden, werden diese 15 Prozent Aufschlag für jede Weiterbildungsstunde, an der sich ArbeitnehmerInnen tatsächlich beteiligt haben, darüber hinaus bezahlt.

Weitere Details und Fördermöglichkeiten siehe Kapitel 5.10.6.1

5.1.12 ERFAHRUNGEN

Verhandlungen über Kurzarbeit sind nicht angenehm für den Betriebsrat. Der Betriebsrat und die Gewerkschaft werden oft als Verhinderer und Arbeitsplatzvernichter dargestellt, wenn UnternehmerInnen ihre Vorstellungen von Krisenbewältigung (im Extremfall volle Arbeitszeit, Entgeltreduktion und Verzicht auf überkollektivvertragliche Bezahlung) nicht durchbringen. Ebenso sensibel sind manche UnternehmerInnen, wenn hinterfragt wird, wo die Gewinne der vergangenen Jahre geblieben sind.

Kündigung statt Kurzarbeit ist letztlich teuer!

Sehr häufig wird auch gedroht, statt Kurzarbeit Kündigungen auszusprechen, Betriebsräte durch Aussetzvereinbarungen mit einzelnen ArbeitnehmerInnen zu umgehen usw. Es kommt dann darauf an, die Geschlossenheit der Belegschaft herzustellen und dem Unternehmen klar zu machen, dass es keine sinnvolle Alternative gibt: Weder Bildungskarenz noch Aussetzverträge, schon gar nicht Kündigungen sind flexible Instrumente zur Bewältigung der Krisensituation. Sie führen zu unabänderbaren und im Effekt daher teuren Ergebnissen und für die Beschäftigten zu sozialen Nachteilen (insbes. im Pensionsrecht), die durch Kurzarbeit vermieden hätten werden können.

Siehe auch Kapitel 5.6

Manche Unternehmen neigen dazu, zuerst im großen Stil Beschäftigte abzubauen und die verbliebenen Beschäftigten durch Kurzarbeit und/oder „solidarischen Gehaltsverzicht“ besonders „zu motivieren“. Auch hier gilt: Spaltungen der Belegschaft sollten möglichst vermieden werden! Das häufige Argument eines „Abbaues“ von „Problemfällen“, „Minderleistern“ usw. meint meist den Arbeitsplatzverlust für Beschäftigte, die an geringgradigen Behinderungen leiden und deswegen nicht begünstigte Behinderte sind - aber auch das sind diskriminierende Kündigungen im Sinn des § 7f Behinderteneinstellungsgesetz (BEinstG).

Auch bei Kurzarbeit bestätigt sich: Wenn die Kommunikation zwischen ArbeitgeberIn und Betriebsrat vor der Krise konstruktiv und konfliktfrei verlaufen ist, kann auch die Krise mit Kurzarbeit und anderen Instrumenten gemeistert werden. Wo ein konfliktbeladenes Klima geherrscht hat, muss auch in der Krise mit der Kraft der geschlossenen Belegschaft eine vernünftige Lösung durchgesetzt werden - zur Not gegen eine verunsicherte oder nicht zu vernünftigen Kompromissen bereite Unternehmensführung.

Gernot Mitter

5.2

ALTERSTEILZEIT UND SOLIDARITÄTSPRÄMIE NEU

Die Arbeitsmarktpolitik stellt den Betrieben über die Kurzarbeit hinaus noch weitere Möglichkeiten einer „Arbeitszeitverkürzung mit teilweisem Lohnausgleich" zur Verfügung. Die Altersteilzeit und das sogenannte Solidaritätsprämien-Modell sind zwei weitere Möglichkeiten, Arbeitsplätze solidarisch zu sichern.

5.2.1 ALTERSTEILZEIT

Eingeführt wurde diese Möglichkeit mit Beginn des Jahres 2000 in der Absicht, die Beschäftigung älterer ArbeitnehmerInnen zu stabilisieren, ihnen einen gleitenden Übergang von Vollzeitarbeit in die Pension zu ermöglichen und gleichzeitig Arbeit Suchenden neue Beschäftigungsmöglichkeiten zu eröffnen.

In den letzten Jahren wurde das Altersteilzeitrecht mehrmals geändert. Im Rahmen eines noch im Sommer 2009 vom Nationalrat zu beschließenden Paketes von arbeitsmarktpolitischen Maßnahmen zur **Bekämpfung der aktuellen Arbeitsmarktkrise** wird es zu einer **neuerlichen Änderung des Rechtes für die Altersteilzeit** kommen, die im Folgenden dargestellt wird.

5.2.1.1 Wie funktioniert Altersteilzeit?

Die Altersteilzeit beruht zunächst auf einer arbeitsvertraglichen **Arbeitszeitverkürzung im Ausmaß**

von 40–60 Prozent der gesetzlichen, kollektivvertraglichen oder einzelvertraglich vereinbarten **Normalarbeitszeit.** Wenn der Arbeitgeber den betreffenden älteren Beschäftigten die Hälfte des durch die Arbeitszeitverkürzung eintretenden Lohnverlustes ausgleicht und gleichzeitig die Sozialversicherungsbeiträge in der Höhe vor der Arbeitszeitverkürzung abführt, können diese „Mehrkosten" dem Arbeitgeber auf seinen Antrag hin vom AMS in Form des sogenannten Altersteilzeitgeldes e

AMS zahlt dazu

Im § 27 Arbeitslosenversicherungsgesetz sind noch **weitere Anspruchsvoraussetzungen** für dieses Altersteilzeitgeld neben der vertraglichen **Arbeitszeitverkürzung** und der **Zusage eines teilweisen Lohnausgleiches** sowie der **Beibehaltung der ungekürzten Beitragsgrundlage für die Sozialversicherungsbeiträge** genannt:

- Bis 2010 müssen Frauen, die in Altersteilzeit gehen wollen, mindestens das 53. Lebensjahr vollendet haben, Männer das 58. Lebensjahr. Ab 2011 steigt dann das Antrittsalter schrittweise an. Ab 2015 kann die Altersteilzeit dann erst ab dem 55. bzw 60. Lebensjahr angetreten werden
- Altersteilzeitgeld gebührt für maximal 5 Jahre, d.h. Altersteilzeitvereinbarungen können maximal für diese Laufzeit abgeschlossen werden, wenn dafür Altersteilzeitgeld beantragt werden soll. Grundsätzlich gebührt das Altersteilzeitgeld nur bis zum frühestmöglichen Pensionsantritt, kann jedoch bei Vorliegen der Voraussetzungen für die Korridorpension bis zu einem Jahr über den ehestmöglichen Antrittstermin dieser Pensionsart hinaus gewährt werden.
- Die Arbeitszeit vor der Verkürzung muss mindestens 60 Prozent der gesetzlichen oder kollektivvertraglichen Normalarbeitszeit betragen haben; Zeiten von Kurzarbeit bleiben dabei unberücksichtigt, sie gelten als Vollzeit-Arbeit.
- Die betreffenden ArbeitnehmerInnen müssen in den letzten 25 Jahren mindestens 15 Jahre arbeitslosenversicherungspflichtiger Beschäftigung nachweisen können (auf diese Zeiten können sogenannte Ersatzzeiten angerechnet werden, die im § 14 Abs. 4 Arbeitslosenversicherungsgesetz aufgelistet sind, wie z.B. Zeiten eines Krankengeldbezuges; weiter kann die Rahmenfrist von 25 Jahren um Zeiten der Betreuung eines Kindes bis zum 15. Lebensjahr erstreckt werden).

- Der teilweise Lohnausgleich muss jedenfalls Einkommen bis zur Höchstbeitragsgrundlage (2009: € 4.020 monatlich) erfassen, es wird dabei das Durchschnittseinkommen des letzten Jahres vor der Altersteilzeit (bzw. bei kürzeren Beschäftigungszeiten der letzten 3 Monate) betrachtet; Zeiten einer Kurzarbeit werden auch in diesem Zusammenhang als „Vollarbeitszeiten" betrachtet.
- Vertraglich muss weiter geregelt werden, dass die Abfertigungen vom unverkürzten Entgelt aus berechnet werden.
- Die Einstellung einer Ersatzarbeitskraft ist ab dem 1.9.2009 nicht mehr notwendig.
- Das Altersteilzeitgeld beträgt bei Altersteilzeitmodellen, in denen es zu einer kontinuierlichen Verkürzung der Wochenarbeitszeit in einer einjährigen Durchrechnung kommt, 90 Prozent der Kosten des Arbeitgebers für den teilweisen Lohnausgleich und die Sozialversicherungsbeiträge. Bei sogenannten „Blockmodellen", also Altersteilzeitmodellen mit einer mehr als einjährigen Durchrechnung, die aus einer Vollarbeitsphase und dann eine Phase vollen Zeitausgleiches bestehen, beträgt das Altersteilzeitgeld nur mehr 55 Prozent dieser Kosten.

Kosten für den Arbeitgeber

5.2.1.2 Altersteilzeit als Instrument in der Krise?

Altersteilzeit kann eine Ergänzung und/oder Fortsetzung von Kurzarbeit darstellen, sie ist allerdings **auf ältere Beschäftigte** in einem Unternehmen **beschränkt** – das Anfallsalter für Altersteilzeit ist eben das **vollendete 53. bzw. 58. Lebensjahr.** Denn schließlich entlastet die Altersteilzeit die Unternehmen zumindest in gleichem Ausmaß von Lohnzahlungen wie Kurzarbeit. Und so wurde tatsächlich in einigen Unternehmen bereits mit Einleitung der Kurzarbeit vereinbart, dass die betroffenen älteren ArbeitnehmerInnen nach der Kurzarbeit in Altersteilzeit gehen.

Die Vorteile der Altersteilzeit gegenüber der Kurzarbeit liegen für ArbeitnehmerInnen insbesondere in der längeren Dauer der Arbeitszeitverkürzung (bis zu 5 Jahren). Außerdem sollten Altersteilzeitvereinbarungen in der Regel so abgeschlossen werden, dass ein möglichst optimaler Pensionsantritt aus der Altersteilzeit heraus möglich bleibt. Kann zum Beispiel eine Korridorpension mit ihren hohen Abschlägen angetreten werden, ist es jetzt ja möglich, die Altersteilzeit bis zu einem Jahr über das Antrittsalter dieser Pension zu verlängern und so unter Umständen den Antritt einer abschlagsfreien Pension zu ermöglichen. Kann der günstigste Pensionsantritt bereits bei Beginn der Altersteilzeit ermittelt werden, so empfiehlt sich eine Befristung des Arbeitsverhältnisses. Solche stellen **damit starke Absicherungen gegen die Kündigung** der betreffenden ArbeitnehmerInnen dar, erhöhen sie doch die Beendigungskosten für den Arbeitgeber über die Befristung erheblich.

Der **große Nachteil** der Altersteilzeit **gegenüber einer Kurzarbeit,** in deren Zusammenhang auch eine Zusatzvereinbarung auf Betriebsebene geschlossen wurde: Der **Lohnausgleich** ist **nicht so hoch** wie bei der Kurzarbeit, die ArbeitnehmerInnen haben jedenfalls auf der Bruttobasis höhere Einkommensausfälle als bei der Kurzarbeit.

5.2.2 SOLIDARITÄTSPRÄMIEN-MODELL NEU

Ende der 1990er Jahre wurde eine weitere, bislang jedoch nur sehr wenig genutzte Möglichkeit geschaffen, Beschäftigungsverhältnisse in einem Unternehmen zu sichern bzw. neue Beschäftigungsmöglichkeiten für arbeitslose ArbeitnehmerInnen zu schaffen: Das sogenannte Solidaritätsprämien-Modell, geregelt in § 13 des Arbeitsvertragsrechts-Anpassungsgesetzes (AVRAG) und in § 37a des Arbeitsmarktservicegesetzes (AMSG), zuletzt novelliert mit dem Arbeitsmarktpaket 2009.

5.2.2.1 Wie funktioniert das Solidaritätsprämien-Modell?

Arbeitszeit wird aufgeteilt

Der Gedanke ist einfach: Eine **Gruppe von ArbeitnehmerInnen verkürzt ihre Arbeitszeit,** erhält einen (teilweisen) Lohnausgleich und in der so „frei" gewordenen Arbeitszeit wird eine **Ersatzarbeitskraft oder ein Lehrling aus einer überbetrieblichen Ausbildungseinrichtung** beschäftigt.

Die Umsetzung dieses Gedankens im Gesetz ist dann schon nicht mehr so einfach:

Zunächst legt § 13 AVRAG fest, dass **nähere Regeln** für eine Herabsetzung der Arbeitszeit **durch Kollektivvertrag bzw. Betriebsvereinbarung** festgelegt werden können. Nur im Rahmen des Kollektivvertrages oder der Betriebsvereinbarung können dann einzelvertragliche Verkürzungen der Normalarbeitszeit vorgenommen werden. Außerdem muss sichergestellt sein, dass die Abfertigung (alt) auf Basis der ungekürzten Arbeitszeit berechnet wird, wenn das Arbeitsverhältnis innerhalb von 2 Jahren nach der Arbeitszeitverkürzung endet. Endet es später, können Kollektivvertrag oder Betriebsvereinbarung eine andere Regel für die Berechnung der Abfertigung festlegen.

Verständlich wird das aber nur dann, wenn auch die Bestimmung des § 37a AMSG dazugestellt wird: Diese Bestimmung legt fest, dass das **AMS** dann dem Arbeitgeber eine **Förderung für die Dauer von 2 Jahren** gewähren kann, **wenn**

- Arbeitszeitverkürzungen im Sinn des § 13 AVRAG mit dem Ziel der Aufrechterhaltung der Beschäftigung oder der Wiedereingliederung einer arbeitslosen Person in den Arbeitsmarkt vorgenommen wurden;

- der Arbeitgeber einen teilweisen Lohnausgleich im Ausmaß der Hälfte des entfallenden Entgelts bezahlt und Sozialversicherungsbeiträge entsprechend der Beitragsgrundlage vor der Arbeitszeitverkürzung abführt;

- eine Ersatzarbeitskraft aus dem Kreis der Arbeitslosengeld- bzw. NotstandshilfebezieherInnen mit einem Einkommen über der Geringfügigkeitsgrenze eingestellt wird bzw. ein Lehrling aus einer überbetrieblichen Ausbildungseinrichtung auf einer betrieblichen Lehrstelle beschäftigt wird (bei der Ersatzkrafteinstellung müssen von der neuen Arbeitskraft 100 Prozent der durch Arbeitszeitverkürzungen frei gewordenen Arbeitszeit gearbeitet werden)

- und die Berechnung der Abfertigung auf Basis des ungekürzten Entgelts vor der Arbeitszeitverkürzung erfolgt, auch wenn die Arbeitszeitverkürzung für länger als 2 Jahre vereinbart wurde.

Die **Beihilfe an den Arbeitgeber** umfasst den **teilweisen Lohnausgleich** (maximal jedoch 50 Prozent des Bruttoentgelts vor der Arbeitszeitverkürzung) und die **Differenz der Sozialversicherungsbeiträge** zwischen dem Arbeitsentgelt inklusive Lohnausgleich und dem Entgelt vor der Arbeitszeitverkürzung. Eine Richtlinie des AMS-Verwaltungsrates regelt die Berechnung der Förderung an den Arbeitgeber sowie andere Fragen näher, so etwa wie im Zusammenhang mit der Auflösung von Arbeitsverhältnissen während der Laufzeit eines Solidaritätsprämien-Modelles vorgegangen werden muss. Diese Richtlinie kann bei jeder AMS-Geschäftsstelle eingesehen werden.

5.2.2.2 Solidaritätsprämien-Modell als Instrument in einer Krisensituation?

Auf den ersten Blick erscheint diese Modell nicht geeignet, um als Kriseninstrument in einem Betrieb eingesetzt zu werden – denn es erfordert ja die Einstellung einer Ersatzarbeitskraft im Ausmaß des durch die Arbeitszeitverkürzungen frei gewordenen Arbeitsvolumens und stellt damit zunächst keine Entlastung für den Betrieb dar.

Allerdings lässt die Tatsache, dass ab dem 1.9.2009 die Übernahme eines Lehrlings aus einer überbetrieblichen Ausbildungseinrichtung auf einen betrieblichen Ausbildungsplatz als „Ersatzkrafteinstellung" ausreicht, das Solidaritätsprämien-Modell **für Betriebe** interessanter erscheinen, **die ohnehin laufend Lehrlinge einstellen und ausbilden.** Denn dann kann über die Arbeitszeitverkürzung mit teilweisem, dem Arbeitgeber vom AMS für 2 Jahre zur Gänze gefördertem Lohnausgleich tatsächlich eine Verringerung der Lohnkosten erreicht werden. Andererseits können die **Einkommensverluste der ArbeitnehmerInnen bezogen auf den Kollektivvertragslohn** in **ähnlich** engen Grenzen gehalten werden wie bei der **Kurzarbeit.**

Behaltepflicht keine Bedingung – Betriebsvereinbarung abschließen!

In den einschlägigen Betriebsvereinbarungen sollten aber neben näheren Regeln für die Berechnung der Sonderzahlungen und allfälliger betrieblicher Sonderleistungen wie Jubiläumsgelder etc. auch eine Behaltepflicht analog zur Kurzarbeit vereinbart werden. Denn weder § 13 AVRAG noch § 37a AMSG machen eine solche zur Voraussetzung für die Förderung an den Arbeitgeber. Außerdem sollten Betriebsräte die Möglichkeiten ihrer Vertreter in den AMS-Organen, insbesondere im Landesdirektorium, nutzen und sich jedenfalls von AMS-Fachleuten im Zusammenhang mit der Verhandlung einer Betriebsvereinbarung für ein Solidaritätsprämien-Modell beraten lassen.

Helga Hons

5.3

BILDUNGSKARENZ PLUS, EINE ANTWORT AUF DIE KRISE?

Bildungskarenz plus baut auf Bildungskarenz gem. § 11 Arbeitsvertragsrechts-Anpassungsgesetz (AVRAG) auf

Voraussetzung für die Bildungskarenz ist, dass das **Dienstverhältnis mindestens ein Jahr,** für Bildungskarenzen, die zwischen dem 1.8.2009 und dem 31.12.2010 abgeschlossen wurden ein halbes Jahr gedauert hat. Danach kann für mindestens 3 (für Bildungskarenzen, die zwischen dem 1.8.2009 und dem 31.12.2010 abgeschlossen wurden: mind. 2), maximal 12 Monate, in einem Zeitraum von 4 Jahren vereinbart werden. Die Zeit der Bildungskarenz kann entweder einmal gesamt oder in Teilen von mindestens 3 Monaten (für Bildungskarenzen, die zwischen dem 1.8.2009 und dem 31.12.2010 abgeschlossen wurden: mind 2 Monaten) konsumiert werden.

Bedingungen für Bildungskarenz plus

Bedingung ist auch, dass der/die Karenzierte die **Anspruchsvoraussetzungen** auf **Arbeitslosengeld** erfüllen muss.

Während der Bildungskarenz muss an einer **Bildungsmaßnahme** im Ausmaß von **mindestens 20 Wochenstunden** oder einer vergleichbaren zeitlichen Belastung teilgenommen werden (schriftlicher Nachweis nötig!). Bei unterschiedlichem Stundenanfall kann auch eine Durchrechnung auf durchschnittlich mindestens 20 Wochenstunden erfolgen.

Liegen **weniger als 20 Wochenstunden** vor, wird aber von der Bildungseinrichtung eine – für die Erreichung des Ausbildungsziels notwendige – **Lernzeit** bestätigt, so ist diese in die Kurszeit einzurechnen. Vom AMS werden Lern- und Übungszeiten im Ausmaß von **maximal 10 Wochenstunden** anerkannt.

Für Personen mit Kinderbetreuungspflichten bis zum 7. Lebensjahr ohne Betreuungsmöglichkeit ist der Nachweis von 16 Stunden ausreichend. Auch hier ist eine Anrechnung von Lern- und Übungszeiten möglich - und zwar im maximalen Ausmaß von 8 Wochenstunden.

Ferien, Vorlaufzeiten, Nachbearbeitung bei Bildungskarenz

Bei einer Bildungskarenz von einem Jahr werden maximal 4 Wochen Vorlaufzeit, 4 Wochen Nachbearbeitung und 4 Wochen Unterbrechung (Ferien des Bildungsinstitutes) berücksichtigt. Bei einer kürzeren Bildungskarenz als ein Jahr beträgt diese Zeit jeweils maximal eine Woche. Es empfiehlt sich daher auf jeden Fall eine vorherige Abklärung mit der zuständigen Regionalgeschäftsstelle des Arbeitsmarktservice, damit der Anspruch auf Weiterbildungsgeld nicht verloren geht.

In der Zeit der Bildungskarenz bezieht der/die ArbeitnehmerIn **Weiterbildungsgeld in** der **Höhe des Arbeitslosengeldes** vom AMS, mindestens jedoch € 14,53 täglich (mindestens jedoch € 435,90 monatlich). Bricht er/sie die Ausbildung verfrüht ab - z.B. über Ersuchen des Betriebes –, muss er/sie das Weiterbildungsgeld zurückzahlen!

Der/die ArbeitnehmerIn hat die Möglichkeit, einer geringfügigen Beschäftigung auf selbständiger oder unselbständiger Basis nachzugehen, ohne das Weiterbildungsgeld zu verlieren. Es ist ebenfalls möglich, dass das **Unternehmen** für die Zeit der Bildungskarenz **ein Stipendium maximal in Höhe** der **Geringfügigkeitsgrenze** zahlt.

Befristung der Bildungskarenz

Bildungskarenz plus ist eine Reaktion der einzelnen Bundesländer auf den Konjunkturabschwung und die Krise. Mit der Förderaktion Bildungskarenz plus soll unter bestimmten Voraussetzungen durch die Übernahme von bis zu 50 Prozent der Ausbildungskosten durch das Land (Steiermark 25 Prozent) das Instrument der Bildungskarenz als Möglichkeit zur Bewältigung der Krise beworben werden. Die Höhe der geförderten MitarbeiterInnen-Zahl pro Unternehmen und die Höhe der Förderung pro MitarbeiterIn in den einzelnen Bundesländern ist unterschiedlich geregelt. Die Bildungskarenz plus ist bis Ende 2009 bzw. Ende 2010 befristet, abhängig vom Bundesland.

Beworben wird Bildungskarenz plus mit dem Argument, dass beim nächsten Wirtschaftsaufschwung mit gut ausgebildeter Belegschaft durchgestartet werden kann. Die Betriebe sparen sich Arbeitskosten, können ihre MitarbeiterInnen auch während schwieriger Zeiten im Unternehmen halten und profitieren gleichzeitig von attraktiven Konditionen für deren berufliche Weiterbildung.

Die Weiterbildung kann auch im Unternehmen selbst stattfinden, jedoch nur, wenn eine zertifizierte Bildungseinrichtung mit der Durchführung betraut ist.

Vorteile und Nachteile:

+	In der Krise können Weiterbildungsmaßnahmen, die der/die Einzelne immer schon machen wollte, tatsächlich ohne Angst um den Arbeitsplatz durchgeführt werden.
+	Voraussetzung ist, dass es an Weiterbildung interessierte Beschäftigte gibt, aber auch Perspektiven im Unternehmen, wie die erworbene Ausbildung zukünftig eingesetzt wird und dass sich die Höherqualifizierung auch auf das Entgelt auswirkt.
+	Bildungskarenz plus ist eine Maßnahme zur Sicherung des Arbeitsplatzes und Zeitüberbrückung für einzelne, nicht jedoch für eine große Anzahl an Beschäftigten.
–	Das Einkommen ist wesentlich niedriger als bei der Qualifizierungskurzarbeit.
–	Die Zeiten der Bildungskarenz plus werden bei dienstzeitabhängigen Ansprüchen wie z.B. Abfertigung alt, kollektivvertragliche Vorrückungen, Urlaub nicht angerechnet. Während der Bildungskarenz gibt es auch keinen Anspruch auf Urlaubsgeld und Weihnachtsgeld. Es gibt auch keinen Kündigungsschutz, sofern dieser nicht ausdrücklich vereinbart wird.
+	Allerdings ist man während der Bildungskarenz kranken- und unfallversichert.
–	Beiträge zur Sozialversicherung sind abhängig von der Höhe des Weiterbildungsgeldes, daher reduziert sich auch die Pensionsbemessungsgrundlage für den Zeitraum der Bildungskarenz (plus).
–	Die Zeit der Bildungskarenz zählt in der Pensionsversicherung nicht für den Anspruch auf „Hacklerpension".
	Die Unternehmen entscheiden über den Inhalt der beruflichen Qualifizierung und leisten dafür einen finanziellen Beitrag (50 Prozent der Bildungskosten).
+	Während der Karenzzeit fallen für das Unternehmen keine Lohnkosten an.
+	Die Mitarbeiterin oder der Mitarbeiter kann während der Bildungskarenz plus bis zur Geringfügigkeitsgrenze (€ 349,01) im Unternehmen dazuverdienen und hat keine Ausgaben für das Bildungsangebot.

+	Die nach betrieblichen Zielsetzungen weitergebildete Arbeitskraft ist nach der Ausbildung effektiver einsetzbar.
+	Durch die Inanspruchnahme einer Bildungskarenz werden die Ansprüche aus der Arbeitslosenversicherung nicht verbraucht.
–	Wurde die Bildungskarenz direkt im Anschluss an die Elternkarenz begonnen, gibt es nach dem Ende der Bildungskarenz keinen Kündigungsschutz und keinen Anspruch auf Schulungsarbeitslosengeld.
–	Eine neuerliche Bildungskarenz kann frühestens nach Ablauf von 4 Jahren ab dem Antritt der letzten Bildungskarenz vereinbart werden.

Im Zusammenhang mit der Bildungskarenz plus hat der Betriebsrat eine beratende Aufgabe, er ist auch berechtigt, im Interesse der einzelnen Beschäftigten und in Hinblick auf die sonstigen getroffenen Maßnahmen Verhandlungen für die einzelnen Beschäftigten zu führen.

Gegenüberstellung Bildungskarenz plus und Qualifizierungskurzarbeit

In der Regel ist Bildungskarenz wegen der negativen arbeits- und sozialrechtlichen Folgen die weit schlechtere Lösung als Qualifizierungskurzarbeit. Sowohl hinsichtlich der Höhe des Entgelts während der Maßnahme als auch beim Kündigungsschutz, der Anrechnung auf dienstzeitabhängige Ansprüche und Auswirkungen auf die Pension bzw. Arbeitslosengeld ist **(Qualifizierungs-)Kurzarbeit** die weit **günstigere Lösung.**

Bei der Inanspruchnahme von Bildungskarenz (plus) in Zusammenhang mit der Bewältigung der Krise sollte daher in der **Vereinbarung** zwischen ArbeitgeberIn und ArbeitnehmerIn festgehalten werden, dass während der Bildungskarenz und weiterer z.B. 4 Wochen darüber hinaus **auf den Ausspruch von Kündigungen verzichtet** wird, dass die **Zeiten** der Bildungskarenz **für alle dienstzeitabhängigen Ansprüche angerechnet** werden und der **Dienstgeber** die **Differenz der Sozialversicherungsbeiträge als freiwillige Höherversicherung** bezahlt. Ebenso kann ein Stipendium durch den Dienstgeber bis zur Höhe der Geringfügigkeitsgrenze vereinbart werden. Bildungskarenz bleibt aber in der Pensionsversicherung eine Zeit der „Arbeitslosigkeit" und daher z.B. für die Hacklerpension unberücksichtigt.

Als Krisenmaßnahme für viele ArbeitnehmerInnen ist sie ungeeignet (unflexibel, individuelle Antragstellung, ungenügende Absicherungen).

René Schindler

5.4 ARBEITSZEIT-FLEXIBILISIERUNG

Was im Alltag wichtig sein kann,
wäre in der Krise ein schwerer Fehler

5.4.1 KURZCHARAKTERISTIK

Doppelt gefährliche Flexibilität

Arbeitszeit-Flexibilisierung bedeutet, dass die Arbeitszeit nicht mehr pro Tag und Woche (8/40), sondern in längeren Zeiträumen abgerechnet wird – z.B. im Durchschnitt von 6 Wochen oder auch eines ganzen Jahres. Das hat zwei Folgen: Die bekanntere ist, dass – jedenfalls kurzfristig – **keine Überstunden-Zuschläge mehr** anfallen; die weniger beachtete ist, dass es sich nun auch in den Wochen mit längerer Arbeitszeit um Normal-Arbeitszeit und nicht mehr um Überstunden handelt. Überstunden müssen in der Regel überhaupt nicht erbracht werden oder können jedenfalls aus wichtigen persönlichen Gründen abgelehnt werden – die Normalarbeitszeit nicht. Wer z.B. die nun längere Normal-Arbeitszeit in einer „langen" Woche nicht erbringt, setzt einen **Entlassungsgrund.**

Auch Zeitschulden sind drückend und kosten später Geld!

In der Krise werden Modelle flexibler Arbeitszeit meist in der Form angeboten, dass – wegen der bestehenden Unterauslastung – zunächst weniger als die Normalarbeitszeit erbracht wird und damit **Zeitschulden entstehen.** Trotzdem zahlt das Unternehmen die Löhne ungekürzt weiter. Natürlich müssen diese Zeitschulden irgendwann wieder hereingebracht werden – meist 1 : 1. Erst zu diesem späteren Zeitpunkt entstehen **Lohnverluste,** weil nun nicht nur der Überstunden-Zuschlag wegfällt, sondern auch die Grundstunde nicht bezahlt wird – sie wird ja zur Abdeckung der Arbeitszeit-Schuld gebraucht.

5.4.2 VORTEILE UND NACHTEILE

Ein scheinbarer Vorteil …

Aus Sicht der Belegschaft wirkt das Angebot zunächst sehr vorteilhaft: Statt Kündigungen oder auch Lohnverlusten im Zusammenhang mit Kurzarbeit und anderen Modellen wird der volle Grundlohn zunächst weiter bezahlt, „nur" die Überstunden-Einkommen gehen verloren, aber das gehen sie ohnedies. Darüber hinaus entsteht ein volkswirtschaftlich positiver Effekt: In der Zeit der Krise sinken die Einkommen nicht, erst wenn es wieder aufwärts geht, entstehen die Einkommensnachteile.

Ein weiterer „Vorteil" entsteht dann, wenn die Arbeitsverhältnisse während der Krise beendet werden: In diesem Fall sehen die Vereinbarungen in der Regel vor (gesetzlich zwingend ist es nicht!), dass Zeitschulden verfallen und nicht rückgezahlt werden müssen.

Leider stehen dem dramatische Nachteile gegenüber:

… erweist sich als wesentlicher Nachteil!

Zunächst einmal bewirkt das Modell, dass die ArbeitnehmerInnen die gesamten Kosten der Krise selbst zahlen. Der Unternehmer beteiligt sich überhaupt nicht (außer durch die Vorfinanzierung) und auch die mögliche Unterstützung durch das Arbeitsmarktservice (Kurzarbeitsunterstützung) wird nicht beansprucht – das ist so, als hätte man jahrelang für eine Kasko-Versicherung eingezahlt und würde nach einem Unfall die Reparatur selbst bezahlen!

Warum sollten die Überstundenzuschläge wegfallen?

Dazu kommt, dass Unternehmen auf diese Art noch eine Prämie für die Krise bekommen: Entgegen der gesetzlichen Regel des § 1155 ABGB (siehe Einleitung) zahlen die ArbeitnehmerInnen nicht nur die Unterauslastung selbst (wenn auch nicht gleich, sondern erst in Form entfallender Überstunden-Entgelte später). Sie zahlen auch noch zumindest 50 Prozent Prämie: Denn die Flexibilisierung der Arbeitszeit bedeutet zugleich, dass auch die Überstunden-Zuschläge wegfallen! Wirtschaftlich gesehen: Dafür, dass der Unternehmer die Löhne für die entfallenden Arbeitsstunden (die er eigentlich selbst zahlen müsste!) für ein bis zwei Jahre vorfinanziert, bekommt er zumindest 50 Prozent Zinsen! Wer wäre bereit, einer Bank das zu zahlen? Und: Wenn das Unternehmen trotz Unterauslastung genug Geld hat, die vollen Löhne/Gehälter zu bezahlen: Warum sollen dann die ArbeitnehmerInnen diese Kosten überhaupt – gegen das ABGB – übernehmen?

Aber das ist noch nicht alles: Ein einmal in der Krise eingeführtes Modell flexibler Arbeitszeit wird in der Folge kaum mehr beseitigt werden können. Einerseits gewöhnen sich Belegschaften daran, andererseits hat das Unternehmen keinen wirtschaftlichen Anlass mehr, die Arbeitsabläufe so zu organisieren, dass Überstunden möglichst vermieden werden. Schlechte Arbeitsvorbereitung und Planung sind erfahrungsgemäß das Resultat und die Rückkehr zur normalen Überstunden-Bezahlung wird dadurch erheblich erschwert, weil nun in Wahrheit viel mehr „Überstunden" (eigentlich: schwankende Arbeitszeiten) anfallen, als notwendig wären. Der mit gutem Grund vom Gesetzgeber eingeplante, **erzieherische Effekt des Überstunden-Zuschlages ist verspielt!**

Einmal „flexibel" – nie mehr bezahlte Überstunden

Nicht zuletzt: Die nun viel variableren Arbeitszeiten müssen bei sonstiger Entlassung zuverlässig erbracht werden – private Schwierigkeiten, z.B. bei der Kinderbetreuung, der Pflege von Angehörigen usw. sind irrelevant, denn es geht ja nicht um die Leistung von Überstunden!

Entlassung droht!

Damit überwiegen - auch volkswirtschaftlich gesehen - die Nachteile bei Weitem:

Durch die Verlagerung nicht nur der Krisenkosten zu 100 Prozent zu den ArbeitnehmerInnen, sondern die zusätzliche Zahlung eines Krisenbonus an das Unternehmen (!) verschiebt diese Gestaltung – würde sie allgemein angewendet - das volkswirtschaftliche Einkommen noch stärker zu den Unternehmen, als es in den letzten Jahren ohnedies bereits der Fall war. Die **Lohnquote sinkt weiter,** gesellschaftliche Ungleichheit wird verschärft, der Schutz vor überlangen und stark schwankenden Arbeitszeiten, der auch für die Gesundheit der ArbeitnehmerInnen so wesentlich ist, ist unterlaufen usw.

Sollen die ArbeitnehmerInnen für die Krise zahlen?

Ein Beispiel aus der Praxis: Ein großes österreichisches Unternehmen schlug seinen MitarbeiterInnen vor, an Stelle der „kritischen" Kurzarbeit ein Modell flexibler Arbeitszeit einzuführen, das über das Gesetz hinaus folgende „Zuckerln" enthielt: Statt des Überstunden-Zuschlages wird immerhin ein 25-prozentiger „Flexibilitätszuschlag" für jede Stunde bezahlt; bei kurzfristiger Inanspruchnahme des Zeitkontos durch den Arbeitgeber wird eine Prämie von 37,5 Prozent des Stundenlohnes bezahlt. Wenn auf dem Zeitkonto ein Guthaben besteht, wird es jeweils am Jahresende mit 3,5 Prozent seines Wertes verzinst, also dieser Betrag als Prämie ausbezahlt. Ein tolles Angebot?

Die Belegschaft hatte diesen Vorschlag in einer Urabstimmung bereits mit deutlicher Mehrheit gebilligt – die Gewerkschaften haben das Modell in der Folge verhindert. Warum? Eine einfache Rechnung zeigt folgendes Bild:

Vorher: Kurzarbeit: Kosten pro Beschäftigtem (1 Jahr; 420 Std KUA):

Kosten:	Arbeitgeber: € 3.245,–	Arbeitnehmer: € 1.845,–	Rest: AMS

Neu: AZ-Konto mit 420 Std; 25 Prozent Zuschlag; 37,5 Prozent Prämie bei Verbrauch; 3,5 Prozent Zinsen auf den Kontostand; ...

Kosten:	Arbeitgeber: € – 2.431,– (= Gewinn!)	Arbeitnehmer: € 9.735,–	

Allein die ersparten (50-prozentigen und 100-prozentigen) Überstundenzuschläge hätten dem Arbeitgeber bei diesem Modell pro Arbeitnehmer € 5.478,27 erspart – und natürlich jedem Arbeitnehmer einen gleich hohen Entgeltverlust zugefügt! Zusammen mit dem Grundlohn für die Überstunden hätte jeder Arbeitnehmer € 12.782,63 verloren, was nur zu einem kleinen Teil durch den 25-prozentigen Zuschlag und die Prämie aufgefangen worden wäre.

5.4.3 GESTALTUNGSMÖGLICHKEITEN

Da die in der Krise verwertbaren Arbeitszeit-Modelle einer Zulassung durch den Kollektivvertrag bedürfen, kann in diesem Zusammenhang eine Reihe von

Sicherungs- und Ausgleichsmaßnahmen vorgesehen werden, um die scharfen Nachteile abzumildern. Bei der konkreten Einführung auf Betriebsebene können in der Betriebsvereinbarung weitere Gegenleistungen vereinbart werden. Zu beachten ist aber, dass alle gesetzlichen Absicherungen entzogen sind, die **Belegschaft müsste** also **„von Null aus" verhandeln.** In aller Regel ist eine **klare Ablehnung daher die bessere Entscheidung.**

Einfach ablehnen!

Wenn wir überhaupt verhandeln, muss zunächst einmal sichergestellt werden, dass keine Entlassungsgründe entstehen: Daher ist jede Änderung der Arbeitszeit entsprechend früh anzukündigen (mindestens 14 Tage) und es muss darüber hinaus festgelegt werden, dass aus wichtigen persönlichen Gründen die Erbringung der verlängerten Arbeitszeit abgelehnt werden kann. Die **scharfe rechtliche Arbeitspflicht** darf nur für jene Arbeitszeit gelten, die sich auf Basis der gesetzlichen bzw. kollektivvertraglichen Normalarbeitszeit (40 bzw. 38,5 Stunden udgl.) ergibt.

Um eine halbwegs **faire Kostenverteilung** zu schaffen, müssen die Überstunden-Zuschläge weiter ausgezahlt werden. Allenfalls die Grundstunde kann in das Arbeitszeit-Modell eingehen – das gilt sowohl während des Erarbeitens von Gutstunden als auch während des Abbaues von Zeitschulden. Es besteht überhaupt kein Anlass, die vielfältigen Steuerungs- und Einkommensfunktionen des Überstunden-Zuschlages zu beseitigen.

Überstundenzuschläge müssen bleiben

Darüber hinaus lässt sich eine halbwegs ausgewogene Verteilung der Lasten der Krise nur dann erreichen, wenn der Arbeitgeber einen Großteil der ausfallenden Arbeitszeit übernimmt: Bei Kurzarbeit etwa trägt die Belegschaft typischerweise nur ein Viertel der Unterbeschäftigungskosten; das würde bedeuten, dass **jede Minusstunde nur mit einer Viertelstunde auf dem Zeitkonto** gebucht werden kann und drei Viertel der Arbeitgeber trägt. Allenfalls kann es akzeptiert werden, dass ein Drittel der aus betrieblichen Gründen entfallenden Arbeitszeit den ArbeitnehmerInnen angelastet wird (wenn ArbeitnehmerInnen selber Freizeit nehmen wollen, werden diese Stunden natürlich im vollen Ausmaß ihrem Zeitkonto angelastet).

Wenn, dann die Kosten fair verteilen!

Schließlich sollte die Frage eines Kündigungsschutzes überdacht werden: Während Kurzarbeit muss der Beschäftigten-Stand aufrecht erhalten werden, betriebsbedingte Kündigungen sind ausgeschlossen

Kündigungsschutz vereinbaren!

– das muss also auch beim Einsatz von flexibler Arbeitszeit als Ersatz für Kurzarbeit gelten.

Bei mehrjährigen Modellen ist schließlich auf die Insolvenz-Gefahr zu achten: Der „Pleitenfonds" deckt nur solche Ansprüche aus Überstunden-Arbeit, die in den letzten 6 Monaten vor Eröffnung des Konkurses oder Ausgleiches erworben wurden. Da im Rahmen flexibler Arbeitszeit grundsätzlich zunächst keine Überstunden vorliegen, sondern Normalarbeitszeit (siehe die Kurzcharakteristik), kann diese Bedrohung vermieden werden, doch ist eine entsprechende Gestaltung der Betriebsvereinbarung nötig (gerade dann, wenn ein Zuschlag in Höhe des Überstunden-Zuschlages doch bezahlt wird!).

5.4.4 ZUSAMMENFASSENDE BEWERTUNG

Finger weg von dieser „Lösung"!

Flexible Arbeitszeiten sind schon in der Hochkonjunktur ein äußerst zweischneidiges Instrument, bei dem wohl abgewogen werden muss, ob es überhaupt nennenswerte Vorteile für die ArbeitnehmerInnen bringt. Als Instrument **zur Bewältigung der Krise** sind flexible Arbeitszeiten **gänzlich ungeeignet.** Sie bringen dann massive und unvertretbare finanzielle Nachteile für die ArbeitnehmerInnen, gefährden den Bestand des Arbeitsverhältnisses (Entlassungsgefahr!) und haben gegenüber anderen Krisenbewältigungs-Maßnahmen für die ArbeitnehmerInnen keine wirklichen Vorteile. Wegen der hochkomplexen juristischen Fragestellungen, die damit verbunden sind, können sie – wenn sie überhaupt angedacht werden – nur mit professioneller (auch juristischer) Beratung realisiert werden.

CHECKLISTE KAPITEL 5.4

- [ ] **1** In aller Regel ungeeignet – einfach ablehnen!
- [ ] **2** Jedenfalls hochkomplexe juristische Fragen von der Arbeitspflicht bis zur Insolvenz – wenn überhaupt, dann nur mit professioneller Unterstützung ins Auge fassen.
- [ ] **3** Kontakt mit anderen Betrieben/Unternehmen im Konzern, auch außerhalb Österreichs: Welche Regelungen gelten dort, unterlaufen wir keine Standards?
- [ ] **4** Keine Arbeitspflicht für „Mehrstunden" – sonst Entlassungsgefahr!
- [ ] **5** Vorwarnfristen (allermindestens 14 Tage) bei jeder Änderung der Arbeitszeit.
- [ ] **6** Kein Verzicht auf Zuschläge, wie sie bei Überstunden anfallen.
- [ ] **7** Auf betriebliche Lohnsysteme, insb. Prämien usw. Bedacht nehmen!
- [ ] **8** Bei krisenbedingter Inanspruchnahme des Zeitkontos durch den Arbeitgeber darf höchstens ein Drittel der entfallenden Arbeitszeit den ArbeitnehmerInnen angelastet werden. Den Rest muss der Arbeitgeber tragen.
- [ ] **9** Kündigungsschutz vereinbaren – so wie er bei Kurzarbeit auch gelten würde.
- [ ] **10** Bei Beendigung des Arbeitsverhältnisses verfallen alle Zeitschulden.
- [ ] **11** Anteil der ZeitarbeitnehmerInnen muss unter 5 Prozent bleiben.

René Schindler

5.5 LEIHARBEIT

Gerade in der Krise muss die Spaltung der Arbeitnehmerschaft überwunden werden!

5.5.1 IM AB- UND IM AUFSCHWUNG DIE ERSTEN – LEIDER!

Der „Abbau“ von Leih- bzw. „Zeit“-ArbeitnehmerInnen ist stets eine der ersten unternehmensseitigen Maßnahmen in einer Krise. Für das produzierende Unternehmen ist es ein leichter Schritt: Es müssen keine Kündigungen ausgesprochen werden, ein Sozialplan ist nicht erzwingbar (wenngleich möglich!), denn die Betroffenen sind ja beim Arbeitskräfteüberlasser bzw. Personalbereitsteller beschäftigt – was der nach dem Ende des Einsatzes macht, weiß man nicht oder will es nicht wissen. Obwohl jede/jeder weiß, was die **Arbeitskräfteüberlasser** tun: Sie beenden die **Arbeitsverhältnisse umgehend,** denn dass sie in der Krise zufällig andere Einsatzmöglichkeiten an der Hand hätten, wäre ein rarer Glücksfall.

Wegschauen schadet allen

Im Aufschwung passiert natürlich das Gegenteil: Jetzt werden zunächst fast nur LeiharbeitnehmerInnen eingestellt! Oft finden sich die gekündigten ehemaligen StammarbeitnehmerInnen vor der Alternative, entweder über die Verleihfirma bei ihrem alten Arbeitgeber wieder anzufangen oder gar nicht. Die **Spaltung der ArbeitnehmerInnen** und die Prekarisierung der Arbeitsverhältnisse **wird** auf diese Art **massiv beschleunigt.** Vorausschauendes Reagieren auf die Krise bedeutet zuallererst, solche Effekte zu vermeiden.

Heute Stammbeschäftigte/r – morgen Leiharbeitskraft?

5.5.2 SPALTUNG DER ARBEITNEHMERINNEN

„Arbeitskräfteüberlassung" bezeichnet ein seltsames **Dreiecksverhältnis,** bei dem Betroffene von einem Arbeitgeber (Arbeitskräfteüberlasser) ausdrücklich nur zu dem Zweck eingestellt werden, sie an Dritte zu „vermieten" (überlassen). Das Ende des Einsatzes beim Dritten sollte daher eigentlich nicht zugleich das Ende des Arbeitsverhältnisses bedeuten („Synchronisationsverbot"), sondern nur - gegebenenfalls nach einer Stehzeit - den Wechsel zu einem anderen Kunden. Aber **in der Realität gibt es keine Stehzeiten** und das Ende eines Einsatzes bedeutet fast immer auch den Verlust des Arbeitsplatzes.

Heute trifft es die ZeitarbeitnehmerInnen, aber morgen uns alle!

Wenngleich das einschlägige Gesetz (Arbeitskräfteüberlassungsgesetz – AÜG) eine Reihe von Schutzmaßnahmen vorsieht und für die Branche inzwischen auch Kollektivverträge gelten, bedeutet Leiharbeit eine massive Spaltung der Arbeitnehmerschaft: „Kernbelegschaften" glauben ihre Arbeitsplätze etwas sicherer zu haben, so lange „Randbelegschaften" wie LeiharbeiterInnen beschäftigt werden, die in der Krise zuerst ihren Arbeitsplatz verlieren. Was für das wirtschaftliche Auf und Ab einzelner Unternehmen wenigstens teilweise stimmt, funktioniert in einer allgemeinen Krise natürlich nicht: **Das massenhafte „Freisetzen" von LeiharbeiterInnen** und -angestellten **führt** genauso **in die Abwärtsspirale,** wie es die Kündigung von StammarbeitnehmerInnen tut. Diese verlieren in der Folge gleichfalls ihren Job, nur etwas später – mitunter daher zu einem Zeitpunkt, wo es noch schwieriger ist, einen neuen Arbeitsplatz zu finden.

Mehr zu den Folgen im Vorwort

5.5.3 SCHEINBARE UND WIRKLICHE VORTEILE FÜR ARBEITGEBER

Der Einsatz von Leiharbeit hat nur für die ArbeitgeberInnen Vorteile:

Vorteile nur für die ArbeitgeberInnen: Weniger Lohn ...

- In Unternehmen mit hohen Überzahlungen des kollektivvertraglichen Lohnniveaus können überlassene Arbeitskräfte billiger sein als die eigenen – allerdings muss dann das Lohnniveau mehr als 30 Prozent über dem Kollektivvertrag liegen, denn 30 Prozent ist regelmäßig die Marge, die Überlasser verlangen (für ihre eigenen Kosten, Gewinne usw.).

- In vielen transnationalen Unternehmen zählen sie nicht als Beschäftigte auf vorgegebene „Kopfquoten" – die optische Darstellung der eigenen Arbeits-Effizienz im internationalen Vergleich wird verbessert.

... weniger „Köpfe" ...

- Vor allem aber spaltet der Einsatz von Leiharbeit die ArbeitnehmerInnen: Auf den Abbau von LeiharbeiterInnen reagiert die Stammbelegschaft selten mit Widerstand oder wenigstens mit der Forderung nach Sozialplänen oder Arbeitsstiftungen. Es kann daher ein erstes **Abwälzen von Kosten auf die Beschäftigten ohne größere Konflikte** erfolgen.

... wenig Widerstand!

Hingegen erweisen sich alle scheinbaren Vorteile für die ArbeitnehmerInnen als Chimäre:

- Sichere Arbeitsplätze: Die **Arbeitsplätze der Stammbelegschaft sind keineswegs sicherer:** LeiharbeitnehmerInnen sind in aller Regel die zuletzt eingestellten ArbeitnehmerInnen, und dass diese als erste gehen müssen, gilt auch innerhalb der Stammbelegschaft. Die schon länger beschäftigten, älteren ArbeitnehmerInnen würden selbstverständlich auch bei betriebsinternen Kündigungen erst danach in Gefahr geraten.

„Last in – first out" gilt ohnedies

- Das Vermeiden von Aufsehen ist erstens nicht im Interesse der ArbeitnehmerInnen, weil es zu schnelleren und schärferen Schritten des Managements verleitet; es lässt sich gegebenenfalls aber auch durch das Auslaufen befristeter Arbeitsverhältnisse, natürlicher Abgang usw. erzielen.

- Hingegen **unterbleiben alle Schutz- und Auffang-Maßnahmen,** weil Sozialpläne kaum je zu Gunsten von Leih-ArbeitnehmerInnen abgeschlossen werden, für sie keine Arbeitsstiftungen entstehen (bzw. nur über vehementen Druck der Gewerkschaften) und auch das arbeitsmarktpolitische Frühwarnsystem in aller Regel nicht greift (die großen Arbeitskräfteüberlassungsfirmen überschreiten kaum je die Schwellwerte, weil ihre Kunden nicht zeitgleich betroffen sind).

Abbau ohne Schutzmaßnahmen

5.5.4 MASSIVE NACHTEILE FÜR DIE ARBEITNEHMERINNEN UND DIE ARBEITGEBERINNEN

Hingegen sind die Nachteile für die ArbeitnehmerInnen, auch die Stammbelegschaften, massiv:

Gegeneinander ausspielen zum Schaden für alle!

- Die ArbeitnehmerInnen werden gespalten und gegeneinander ausgespielt.
- Nach dem „Abbau" der LeiharbeitnehmerInnen gibt es eine große Zahl von Arbeitslosen, sodass Austausch-Kündigungen gegenüber der Stammbelegschaft – oder doch die Drohung damit – leicht fallen.
- Ein gleichzeitiger „Abbau" von StammarbeitnehmerInnen in jeweils kleiner Zahl verhindert, dass für diese ein Sozialplan und eine Arbeitsstiftung eingerichtet wird bzw. die Schwellwerte des Frühwarnsystems greifen.
- **Im Aufschwung** werden die gekündigten ehemaligen StammarbeitnehmerInnen **nur mehr** als **LeiharbeitnehmerInnen** wieder eingestellt.

Die negativen Folgen dieser Beschäftigungsform für die LeiharbeitnehmerInnen selbst sind ohnedies bekannt:

Größte Gruppe der „working poor"

- Alle Studien haben gezeigt, dass es trotz inzwischen ordentlicher Löhne während der Einsätze dennoch zu einer extrem hohen Armutsgefährdung kommt! Lange Phasen der Arbeitslosigkeit mit halbiertem Einkommen drücken das Gesamteinkommen massiv: in Österreich ersetzt das Arbeitslosengeld immer noch lediglich rund 55 Prozent des Nettoeinkommens – ein in ganz Europa am untersten Ende der Skala liegender Wert!
- Ein normales Familienleben ist kaum möglich, wechseln doch die Arbeitsorte, aber auch die Arbeitszeiten ständig.

Schlechte Gewohnheiten – schlechte Vorbilder

- Überlassene Arbeitskräfte werden an die regelmäßige „einvernehmliche" Auflösung des Arbeitsverhältnisses mit dem letzten Arbeitstag und den sofortigen Arbeitsantritt auf Anruf hin gewöhnt - auch bei späterer Beschäftigung als StammarbeitnehmerInnen bestehen sie dann kaum auf die Einhaltung von Probezeiten, Kündigungsfristen usw. So werden langsam, aber sicher **als Folge der Spaltung die arbeitsrechtlichen Standards für alle verschlechtert!**

Allerdings zeigt die Erfahrung, dass der massive Einsatz überlassener Arbeitskräfte auch für die Unternehmen nachteilig ist: Gerade die Spaltung der Belegschaften verhindert auch deren optimale Zusammenarbeit, schafft ein unkooperatives, oft **feindseliges Arbeitsklima** und **steigert** so **die Fehlerquote** bzw. verhindert produktive Beiträge, Verbesserungsvorschläge und qualitätssteigernde Initiativen der Belegschaft. Die regelmäßig mangelnde Information über persönliche Anforderungen der Arbeit führt zu weit überdurchschnittlichen Quoten von Arbeitsunfällen bei LeiharbeiterInnen und die ausgelagerten, aber nicht weggefallenen Kosten solcher Beschäftigungsverhältnisse (hohe Arbeitslosigkeit, hohe Krankenstandsraten, hohe Invalidisierungsrate) schlagen über erhöhte Lohnnebenkosten auf alle Unternehmen zurück. Dass eine solche radikale Spaltung der Gesellschaft auch für diese selbst extrem nachteilig ist, braucht nicht näher erläutert zu werden.

Nachteile auch für ArbeitgeberInnen

Leiharbeit bzw. Zeitarbeit sollte stets sehr eng begrenzt gehalten werden. Ein **Anteil von höchstens 5 Prozent** der Arbeitsstunden eines Unternehmens kann als Anhaltspunkt für jenes Ausmaß dienen, in dem kurzfristige Schwankungen sinnvollerweise über den Einsatz von Leiharbeit ausgeglichen werden können – alles, was darüber hinaus geht, bewirkt die Umwandlung von Stammarbeitsplätzen in Leiharbeitsplätze! Der scheinbare Schutz der Stamm-Belegschaft durch eine Randbelegschaft überlassener Arbeitskräfte erweist sich gerade in der Krise als Irrtum; die Folgen der Spaltung der ArbeitnehmerInnen betreffen beide Gruppen massiv und nachteilig. Gerade in der Krise sollten daher auch die Stammbelegschaften darauf bestehen, für „abgebaute" Zeit-ArbeitnehmerInnen ebenso einen Sozialplan und jedenfalls eine Arbeitsstiftung durchzusetzen wie für sich selbst! Noch besser ist es, wenn nötig **gemeinsam Kurzarbeit** zu **leisten** und damit die Lasten solidarisch zu tragen.

Lasten solidarisch tragen!

Vorausschauend sollte jedenfalls schon jetzt verhindert werden, dass im Aufschwung nach der Krise plötzlich überlassene Arbeitskräfte in großer Zahl eingesetzt werden. Dem kann durch den Abschluss einer einschlägigen **Betriebsvereinbarung** vorgebeugt werden – sie **ist erzwingbar:** Ist der Arbeitgeber nicht zum Abschluss bereit, kann über die Schlichtungsstelle seine Zustimmung im Rechtsweg durchgesetzt werden. Eine einschlägige Muster-Be-

Das alles kann verhindert werden!

Muster-Betriebsvereinbarung auf www.gmtn.at

triebsvereinbarung ist auf www.gmtn.at (Arbeitswelt/Arbeits- und Sozialrecht/Arbeitsrecht/Muster-Betriebsvereinbarungen – Log-in erforderlich!) verfügbar.

René Schindler

5.6 LOHNVERZICHTE, TEILZEIT-VEREINBARUNGEN, AUSSETZ-VEREINBARUNGEN ....

Individuelle Lösungen schaden allen!

Immer wieder versuchen UnternehmerInnen, oft mit hohem Druck, derlei „individuelle Lösungen" in einer Krisensituation durchzusetzen. Alle derartigen Vorschläge haben zweierlei gemeinsam:

- Einmal, dass sie die Lasten der Krise **einseitig auf den Rücken der Beschäftigten** abladen und auf mögliche öffentliche Hilfen – zu Lasten der ArbeitnehmerInnen! – verzichtet wird;
- und zweitens, dass es sich um „Lösungen" handelt, die mit jedem/jeder ArbeitnehmerIn einzeln vereinbart werden müssen, also **weder eine Mitbestimmung der Betriebsräte noch der Gewerkschaften** kennen. Gerade in der Krise ist der Druck auf die einzelnen ArbeitnehmerInnen besonders hoch und die Chance steigt, dass im „4-Augen-Gespräch" auch unsittliche Angebote akzeptiert werden.

Finger weg, wenn Unternehmen eine persönliche Unterschrift wollen!

Daher: **Finger weg** von solchen „Angeboten"! Ohne die Unterschrift der betroffenen ArbeitnehmerInnen können sie nicht durchgesetzt werden, denn einseitige Vertragsänderungen sind unzulässig und unwirksam. Aber schauen wir uns die üblichsten üblen Vorschläge genauer an - ehe wir überlegen, wie man Widerstand dagegen am besten organisiert.

5.6.1 LOHNVERZICHT

Lohnverzichte führen direkt in die Abwärtsspirale

Lohnverzichte in der Krise gefährden unsere Arbeitsplätze! Durch sie wird die Abwärtsspirale der Wirtschaft erst so richtig in Bewegung gesetzt. Das haben nicht nur alle österreichischen WirtschaftsforscherInnen bekräftigt, sondern auch die gesamte österreichische Politik verstanden - nicht aber einzelne Unternehmer und die Industriellenvereinigung.

Siehe auch Kapitel 1.3 und 4.4.4

Dazu kommt, dass jede Erfahrung zeigt, dass - auch außerhalb allgemeiner Krisen - in wirtschaftliche Schwierigkeiten geratene **Unternehmen durch Lohnverzichte nicht zu retten** sind. Wichtig ist die Frage noch den Ursachen einer Krise (Marktsättigung? fehlende neue Produkte? veraltete Produktionsmethoden? usw.)! Notwendig ist stets ein umfassendes Reorganisationskonzept, das vor allem neue Marktstrategien, Produktinnovation, aber auch Beiträge der Eigentümer umfassen muss. Wenn es ein solches Konzept gibt und darüber hinaus im Einzelfall Beiträge der Belegschaft notwendig sind, um eine Insolvenz zu vermeiden, wäre dies der einzige Fall, in dem man über Lohnverzichte reden kann. Dann braucht es aber zahlreiche Absicherungen, um - gerade auch für den Fall, dass doch eine Insolvenz auftritt - die Belegschaft vor Nachteilen zu bewahren (z.B. bei der Abfertigung usw.).

Umfassende Reorganisation hilft - Lohnverzichte nicht

Jedenfalls ist eine **gemeinsame Entscheidung der gesamten Belegschaft** zu treffen, keine persönlichen Entscheidungen unter Druck: Alle oder keine/r! Die Entscheidung sollte daher in einer geheimen Urabstimmung nach einer Diskussion in einer Betriebsversammlung erfolgen. Und auch wenn anschließend jede/r Einzelne unterschreiben muss: Was die Belegschaft gemeinsam entschieden hat, sollte für alle auch verbindlich sein! Sonst wird die Belegschaft gespalten und die „Rettung" kann erst recht nicht gelingen, weil statt einem gemeinsamen Aufbruch, einem gemeinsamen Meistern einer schwierigen Situation interner Hader und Zerwürfnisse beginnen.

5.6.2 TEILZEIT-VEREINBARUNGEN

Wenn es zu wenig Arbeit für alle gibt, ist es natürlich sinnvoll, die Arbeitszeit für alle zu verkürzen und dadurch Kündigungen zu vermeiden. Dazu gibt es **Kurzarbeit. Jede andere Lösung ist unsinnig** und zu Recht in vielen Kollektivverträgen von einer ausdrücklichen Zustimmung des Betriebsrates abhängig gemacht worden:

Ausführlich Kapitel 5.1

Die vorhandene Arbeit auf mehr Menschen aufzuteilen, ist ein Akt der Solidarität, der zu Recht öffentlich gefördert wird: Denn er entlastet die Arbeitslosenversicherung, vermeidet Einnahmenausfälle in der Sozialversicherung und gewährleistet eine gerechte Lastenverteilung. Unternehmen tragen zu den Kosten bei, aber sie erhalten auch die flexible Möglichkeit, jederzeit wieder vermehrt zu produzieren, notfalls aber auch die Arbeitszeit noch weiter zu verkürzen usw.

Solidarische Arbeitszeitverkürzung wird öffentlich gefördert – aber nur als Kurzarbeit

All das trifft auf massenweise, aber individuelle Teilzeit-Vereinbarungen nicht zu: **In diesem „Modell" trägt das Unternehmen gar nichts bei,** der Sozialversicherung entstehen Ausfälle und den ArbeitnehmerInnen dementsprechende Nachteile bei Krankengeld, ggf. Arbeitslosengeld, Unfallversicherung und vor allem der Pensionsversicherung. Sie erhalten im Gegenzug gar nichts, außer weniger Lohn/Gehalt mit allen Folgen, gerade auch bei einer späteren Insolvenz.

Wer statt einer Kurzarbeits-Vereinbarung eine Teilzeit-Vereinbarung unterschreibt, bewirkt damit:

- ❑ Die **Förderung seitens des AMS,** die jedem/jeder ArbeitnehmerIn zugute kommt, **fällt weg.** Statt etwas mehr als die Hälfte des Verlustes auf diesem Wege ersetzt zu bekommen, bekommt man gar nichts. Das ist so, als würde man jahrelang in eine Kasko-Versicherung einzahlen und im Schadensfall die Reparaturrechnung selbst begleichen.

Trotz Kaskoversicherung den Schaden selber zahlen?

- ❑ Die wesentlichste Gegenleistung des Arbeitgebers, der Verzicht auf Kündigungen während der Kurzarbeit, fällt weg: „Teilzeitbeschäftigte", denn das ist man dann, können jederzeit gekündigt werden und haben – im System Abfertigung alt – auch **weniger Abfertigungsanspruch,** eine niedrigere Urlaubsersatzleistung, niedrigere Gehälter während der Kündigungsfrist, …

5.6.3 AUSSETZVERTRÄGE

Auch bei Aussetzverträgen haben alle Nachteile: Das AMS trägt volle Kosten für die Arbeitslosigkeit, dem Unternehmen droht der Verlust gerade der bestqualifizierten ArbeitnehmerInnen und vor allem die Beschäftigten haben nur Nachteile:

- Aussetzverträge sind gesetzlich nicht geregelt. Schon **ob das AMS überhaupt zahlt, ist unsicher** – meistens klappt es, manchmal wird Monate oder Jahre später das Arbeitslosengeld wieder zurückgefordert. Denn die Abgrenzung zwischen Aussetzvertrag und Karenzierung ist fraglich, jedenfalls ruht das Arbeitslosengeld für die fiktive Dauer der Abgeltung des offenen Urlaubs usw. (die Beendigungsansprüche wie Urlaubsersatzleistung, Abfertigung usw. werden aber kaum je wirklich ausgezahlt).

Aussetzvertrag oder Karenz?

- Jedenfalls verlieren ArbeitnehmerInnen viel Geld: Das Arbeitslosengeld macht **nur ca. 55 Prozent des bisherigen Nettoeinkommens** aus.

Zeiten zählen nicht für die „Hackler"-Pension

- Die wesentlichsten Nachteile entstehen in der Sozialversicherung: Monate der Arbeitslosigkeit zählen nicht für einen späteren Anspruch auf Hacklerpension oder „Langzeitversicherten-Pension". Ansprüche auf Arbeitslosengeld werden verbraucht, die Pensionshöhe sinkt jedenfalls usw.
- Darüber hinaus drohen zahllose arbeitsrechtliche Nachteile: Wer nicht aufpasst, kann unbeabsichtigt ins System Abfertigung neu kippen, alle Vordienstzeiten verlieren, die Postensuchtage sind weg, Sonderzahlungen werden aliquotiert usw.
- Und jedenfalls ist die **Wiedereinstellung** – auch wenn sie schriftlich zugesichert wurde! – **rechtlich nicht durchsetzbar.** Allenfalls ein zweifelhafter Schadenersatzanspruch in umstrittener Höhe. ArbeitnehmerInnen mit Kündigungsschutz (Betriebsräte, behinderte ArbeitnehmerInnen, Schwangere, ArbeitnehmerInnen in Elternurlaub oder Elternteilzeit) sollten daher keinesfalls Aussetzvereinbarungen unterschreiben, auch allen anderen raten wir sehr ab!

Arbeitgeberwechsel ohne Verlust der Abfertigung „alt" ist möglich

Einen **einzigen Vorteil für ArbeitnehmerInnen** gibt es: **Wer ohnedies den Arbeitsplatz wechseln will, hat jetzt eine gute Chance.** Denn während der Dauer der Aussetzvereinbarung kann man jederzeit dem/

der ArbeitgeberIn mitteilen, dass man von dem Rückkehrrecht nicht Gebrauch macht und eine andere Arbeit antritt. Dennoch steht einem die Abfertigung alt (bzw. neu) zu, die Urlaubsersatzleistung muss ausbezahlt werden und auch die Endabrechnung einschließlich aliquoter Sonderzahlungen erfolgen. Denn eigentlich hat ja der Arbeitgeber beendet und all diese Ansprüche sind ihm nur gestundet worden. Allerdings: Auf die Kündigungsfrist und die Postensuchtage hat man dann doch verzichtet. Und wo nimmt man den neuen Arbeitsplatz her?

Noch unsinniger wäre es, unbezahlten Urlaub oder eine Karenzierung zu vereinbaren - auch das schlagen ArbeitgeberInnen vor! Dann fällt jedes Einkommen weg, man erhält nicht einmal das Arbeitslosengeld! Auch der Schutz der Sozialversicherung erlischt: man ist nicht einmal mehr krankenversichert, erwirbt keine Pensionszeiten usw. Bei unbezahltem Urlaub/Karenzierung von bis zu einem Monat Dauer bleibt zwar der Sozialversicherungsschutz erhalten, ArbeitnehmerInnen müssen dann aber die gesamten Sozialversicherungsbeiträge inklusive dem Arbeitgeber-Anteil (!) selbst bezahlen, obwohl sie gar nichts verdienen!

Unbezahlter Urlaub/Karenzierung: Dümmer geht´s nimmer!

5.6.4 WIDERSTAND ORGANISIEREN!

Was also tun, wenn Unternehmen die einzelnen ArbeitnehmerInnen zu derlei unsinnigen, letztlich für alle (selbst die Unternehmen!) nachteiligen Vereinbarungen zwingen wollen? Wichtig ist, **die kollektive Verhandlungsebene wieder herzustellen!** In Betrieben mit Betriebsrat geht das am einfachsten dadurch, dass mit Unterschriftenlisten dem/der Betriebsratsvorsitzenden Vollmacht erteilt wird, jede einzelne Arbeitnehmerin/jeden einzelnen Arbeitnehmer in dieser Angelegenheit (Lohnverzicht, Teilzeit-Vereinbarung, Aussetzvertrag, …) zu vertreten; dies zusammen mit der verpflichtenden Erklärung, selbst in dieser Angelegenheit keine Vereinbarung zu schließen.

Siehe auch Kapitel 2

Unterschriftenlisten verhindern den Druck auf einzelne ArbeitnehmerInnen

Wenn alle oder doch die klare Mehrheit solche Vollmachtserklärungen unterschreibt, ist das ein deutliches Signal an das Unternehmen, dass mit der Vereinzelungsstrategie kein Blumentopf zu gewinnen sein wird. Dann muss doch mit dem Betriebsrat verhandelt werden und es kann eine vernünftige und **kollektive Entscheidung in einer geheimen Urab-**

stimmung zustande kommen. Selbstverständlich ist es zweckmäßig, eine solche Aktion so zu starten, dass zunächst in einer Betriebsversammlung die Belegschaft aufgeklärt wird und eventuell gleich an Ort und Stelle unterschreibt.

Gleich auch einen Betriebsrat wählen, wenn es noch keinen gibt!.

Im Prinzip ist es auch in Betrieben ohne Betriebsrat zweckmäßig, so zu verfahren. Nur muss dann geklärt werden, wem eigentlich Vollmacht erteilt werden soll. Das kann ein Gewerkschaftssekretär sein, das könnte natürlich auch eine Kollegin/ein Kollege sein, der/dem die Belegschaft vertraut. Und wer sammelt wann und wo die Unterschriften? In aller Regel empfiehlt es sich, mit Gewerkschaftshilfe gleich auch eine Betriebsratswahl einzuleiten, sonst ist der/die VertreterIn der Belegschaft zwar so etwas wie ein Betriebsrat – nur ohne (Kündigungs-)Schutz.

www.betriebsraete.at

CHECKLISTE KAPITEL 5.6

☐ **1** In aller Regel: Finger weg von derlei Unfug!

☐ **2** Sofort den Betriebsrat und die Gewerkschaft informieren, wenn der/die ArbeitgeberIn einen „Vorschlag“ dieser Art macht! Vorerst den/die ArbeitgeberIn um Bedenkzeit bitten und um eine Kopie des Textes ersuchen (meistens gibt es schon einen).

☐ **3** Wenn das Unternehmen nur mit den einzelnen ArbeitnehmerInnen sprechen will: Unterschriftenlisten mit Bevollmächtigung des/der Betriebsratsvorsitzenden oder – in Betrieben ohne Betriebsrat – des Gewerkschaftssekretärs!

☐ **4** Jedenfalls kollektiv entscheiden – in einer geheimen Urabstimmung nach einer ausführlichen Diskussion in der Betriebsversammlung. Widerstand, aber auch Nachgeben ist nur erfolgreich, wenn alle an einem Strick ziehen (und in dieselbe Richtung!).

☐ **5** Den/Die GewerkschaftssekretärIn einladen: die Bilanzen prüfen lassen; nationale und internationale Kontakte nützen – versucht das Unternehmen Ähnliches in anderen Betrieben? Könnte es Produktionen überhaupt verlagern; können wir das verhindern?

☐ **6** Wenn ausnahmsweise nachgeben richtig ist: Die vielen arbeits- und sozialrechtlichen Fallen mit Hilfe der Gewerkschafts- und AK-ExpertInnen vermeiden! Immer die Gefahr einer späteren Insolvenz bedenken!

☐ **7** Alle oder keine/r: Was wir gemeinsam entschieden haben, machen wir dann auch gemeinsam – egal in welche Richtung die Entscheidung ausgefallen ist. Zusammenhalten macht uns stark!

Helga Hons

5.7 DAS FRÜHWARNSYSTEM, HILFE ODER HINDERNIS IN DER KRISE?

Wenn mehrere Beschäftigte gekündigt werden sollen oder der/die ArbeitgeberIn Beschäftigten eine einvernehmliche Lösung nahe legt und in kurzen regelmäßigen Abständen Personal abgebaut wird, ist es wichtig, auf die Einhaltung der Bedingungen für das **Frühwarnsystem gem. § 45 a Arbeitsmarktförderungsgesetz** (AMFG) zu achten.

Was ist das Frühwarnsystem?

Das Frühwarnsystem soll dem AMS die Möglichkeit geben, durch den Einsatz von Förderungen und besondere Beratung Kündigungen soweit wie möglich zu vermeiden oder die doch Gekündigten effizient zu betreuen und zu vermitteln.

Wann muss eine Anzeige erfolgen?

§ 45 a AMFG setzt eine **Anzeige** an das Arbeitsmarktservice voraus. Diese Anzeige **ist in Betrieben mit mehr als 20 Beschäftigten verpflichtend** zu erstatten, wenn beabsichtigt ist, die Arbeitsverhältnisse

- ❑ von mindestens 5 ArbeitnehmerInnen in Betrieben mit mehr als 20 und weniger als 100 Beschäftigten oder
- ❑ von mindestens 5 Prozent der ArbeitnehmerInnen in Betrieben mit 100 bis 600 Beschäftigten oder
- ❑ von mindestens 30 ArbeitnehmerInnen in Betrieben mit mehr als 600 Beschäftigten oder
- ❑ von mindestens 5 ArbeitnehmerInnen, die das 50. Lebensjahr vollendet haben, ausgenommen in Saisonbetrieben,

innerhalb von 30 Tagen aufzulösen.

Was bedeutet „Auflösen"?

Auflösen bedeutet sowohl Arbeitgeberkündigung als auch einvernehmliche Auflösung auf Wunsch und Betreiben des Arbeitgebers, ungerechtfertigte Entlassung bzw. berechtigter vorzeitiger Austritt. Nicht erfasst sind Auflösungen in der Probezeit, Dienstnehmerkündigungen, Endigungen durch Zeitablauf und Beendigungen von Dienstverhältnissen durch gerechtfertigte Entlassung oder unberechtigten vorzeitigen Austritt

Zu den Beschäftigten zählen alle in unselbständiger Beschäftigung stehenden Personen, Lehrlinge und leitende Angestellte. Bei der Anzahl der Beschäftigten und bei der Anzahl der beabsichtigten Auflösungen sind auch geringfügig Beschäftigte miteinzubeziehen.

Berechnung der Beschäftigtenzahl

Für die Beurteilung, welche **Beschäftigtenzahl** ein Betrieb in der Regel aufweist, ist nicht die gegebene Beschäftigtenzahl zum Zeitpunkt der Anzeige, sondern der **Durchschnitt** der **Beschäftigtenzahlen zu den letzten 3 Monatsenden vor** der **Anzeigeneinbringung** heranzuziehen.

Die Anzeige muss mindestens 30 Tage vor Ausspruch der (ersten) Kündigungen bei der nach dem Standort des Betriebes zuständigen Regionalen Geschäftsstelle des AMS erfolgen. Grundsätzlich ist das vom AMS aufgelegte Anzeigenformular zu verwenden, bei einer sonstigen schriftlichen Mitteilung müssen sämtliche Punkte, wie auch im Anzeigenformular ersichtlich, aufscheinen.

Inhalt der Anzeige an das AMS

Die Anzeige an das AMS muss Folgendes beinhalten:

- Angaben über die Auflösungsgründe,
- Zeitraum, Zahl und Verwendung der regelmäßig beschäftigten ArbeitnehmerInnen,
- Zahl und Verwendung der von der Auflösung voraussichtlich Betroffenen,
- Alter, Geschlecht, Qualifikationen und Beschäftigungsdauer der Betroffenen,
- weitere für die Auswahl der Betroffenen maßgebliche Kriterien
- sowie die flankierenden sozialen Maßnahmen.

Nicht genannt werden die Namen der betroffenen Beschäftigten.

Die Verpflichtung zur Anzeige besteht auch bei Insolvenz.

Nur bei Vorliegen wichtiger wirtschaftlicher Gründe wie z.B. Gefährdung der verbleibenden Arbeitsplätze bei Einhaltung der Wartefrist oder dem Argument, dass es bereits einen mit dem Betriebsrat abgeschlossenen Sozialplan gibt, kann der Betrieb einen schriftlichen Antrag auf Zustimmung zum Ausspruch von Kündigungen vor Ablauf der 30-tägigen Wartefrist bei der zuständigen regionalen Geschäftsstelle des AMS einbringen, über den das Landesdirektorium mittels schriftlichem oder mündlichem Bescheid entscheidet.

Wichtige Hinweise für den Betriebsrat

Es gibt beim Frühwarnsystem zwei 30-Tage-Zeiträume:

1. die Zeit von 30 Tagen zwischen Verständigung des AMS und Ausspruch der (ersten) Kündigungen,
2. der Zeitraum von 30 Tagen, innerhalb dessen die beabsichtigten Kündigungen ausgesprochen werden.

Rolle des Betriebsrats

Die Unterschrift des Betriebsrates auf dem Anzeigenformular, welche verpflichtend ist, bestätigt gegenüber dem AMS, dass der Betriebsrat informiert und konsultiert wurde. Gibt es keinen Betriebsrat, muss eine Kopie der Anzeige allen voraussichtlich betroffenen ArbeitnehmerInnen übermittelt werden.

Eine Durchschrift der Anzeige muss an den Betriebsrat übermittelt werden.

Festzuhalten ist, dass die **Unterschrift des Betriebsrates** als **Bestätigung** dafür, **dass** er **vom Frühwarnsystem verständigt** wurde, **nicht** als **Zustimmung** des Betriebsrates **im Sinne des § 105 ArbVG** zu sehen ist. Der Betriebsrat muss gem. § 105 ArbVG von der beabsichtigten Kündigung eines/einer Beschäftigten mit Namen verständigt werden und kann sehr wohl im Rahmen des Vorverfahrens der beabsichtigten Kündigung widersprechen.

Spätestens zu dem Zeitpunkt, wo der Betriebsrat ersucht wird, das Anzeigenformular an das AMS zu unterfertigen, muss der Betriebsrat im Interesse der Beschäftigten aktiv werden. Es ist durchaus legitim, die einzelnen Kündigungen zu hinterfragen, ebenso die Motivation für die Kündigung, Alternativvorschläge zu unterbreiten und einen Sozialplan für die betroffenen Beschäftigten zu verlangen.

Die Frist von 30 Tagen, innerhalb derer rechtswirksam keine Kündigung ausgesprochen werden darf, ist der Zeitraum, in dem Entscheidungen durchaus noch umgedreht werden können, in dem andere Modelle (eventuell mit dem gleichen Einsparungseffekt) ausverhandelt werden können.

Der Betriebsrat sollte auch sehr wachsam sein, wenn stetig Kündigungen ausgesprochen werden, ob nicht sehr wohl die Grenze nach dem § 45 a AMFG überschritten wird und innerhalb von 30 Tagen mehr Beschäftigte gekündigt wurden, als ohne Verständigung des AMS möglich ist. Hier empfiehlt es sich, jeweils ausgehend von einer Kündigung 30 Tage rückwirkend zu kontrollieren, wie viele Kündigungen ausgesprochen wurden.

Fehler bei der Frist und ihre Auswirkungen

Wird der Betriebsrat nicht von der beabsichtigten Kündigung mit Namensnennung verständigt bzw. erfolgt die Kündigung vor Ablauf der 30 Tage ab Verständigung des AMS bzw. werden mehr Beschäftigte gekündigt als in der Anzeige aufgeführt, sind diese Kündigungen rechtsunwirksam. Entweder der Betriebsrat oder der/die betroffene Beschäftigte hat die Möglichkeit, beim Arbeits- und Sozialgericht die Unwirksamkeit der Kündigung feststellen zu lassen. Das gilt auch, wenn keine Anzeige an das AMS erfolgt ist, obwohl dies hätte geschehen müssen.

Robert Hauser

5.8 DER SOZIALPLAN

Rechtsgrundlage

Nach der gesetzlichen Definition des § 97 Abs. 1 Z 4 Arbeitsverfassungsgesetz ist unter einem Sozialplan eine **Betriebsvereinbarung** zwischen Betriebsrat und Betriebsinhaber über die **Verhinderung, Beseitigung oder die Milderung von wesentlichen Nachteilen** zu verstehen, die dem/der ArbeitnehmerIn infolge von geplanten Betriebsänderungen entstehen. Dies gilt jedoch nur für Betriebe, in denen dauernd mehr als 19 ArbeitnehmerInnen (ArbeiterInnen und Angestellte) beschäftigt sind (§ 97 Abs. 3 ArbVG).

Zweck des Sozialplans

Der Zweck des Sozialplans wird sowohl in der Überbrückungsleistung für den/die ArbeitnehmerIn, der Entschädigung für den Verlust des Arbeitsplatzes als auch in der Förderung der Akzeptanz der Betriebsänderung gesehen. Ein wesentlicher Inhalt von Sozialplänen sind **Abfindungszahlungen** bei Verlust des Arbeitsplatzes. Dabei werden **soziale Betroffenheiten** (z.B. sorgepflichtige Kinder, Dauer der zu erwartenden Arbeitslosigkeit usw.), welche durch den Arbeitsplatzverlust entstehen, ausgeglichen. Da Betriebsänderungen nicht zwangsläufig mit dem Verlust von Arbeitsplätzen verbunden sein müssen, können z.B. auch Fahrtkostenzuschüsse oder Umzugsbeihilfen (z.B. bei einem Standortwechsel) im Sozialplan geregelt werden. **Wie viel der Arbeitgeber** für einen Sozialplan **bezahlen muss** bzw. kann hängt von mehreren Faktoren ab. Einerseits ist die Anzahl der von der Betriebsänderung betroffenen ArbeitnehmerInnen zu berücksichtigen und welche Art der Betriebsänderung vorliegt und andererseits natürlich auch die wirtschaftliche Situation des Arbeitgebers/der ArbeitgeberIn.

Bedingungen für den Abschluss

Um einen Sozialplan abschließen zu können, müssen folgende Bedingungen erfüllt sein: Es muss sich bei der geplanten Betriebsänderung um eine im Gesetz (§ 109 Abs. 1 Z 1 bis 6 ArbVG) aufgezählte Maßnahme handeln und aus dieser Betriebsänderung müssen sich wesentliche Nachteile für alle oder erhebliche Teile der Arbeitnehmerschaft ergeben. Der **Verlust des Arbeitsplatzes** bei einer Betriebsänderung ist grundsätzlich ein **wesentlicher Nachteil** für die betroffenen ArbeitnehmerInnen. Zur Frage, ob erhebliche Teile der Arbeitnehmerschaft von einer Betriebsänderung betroffen sind, hat der Verwaltungsgerichtshof dies bei einer Betroffenheit von 8 Prozent der Arbeitnehmerschaft verneint. Nach dieser Judikatur müssen also jedenfalls mehr als 8 Prozent der Arbeitnehmerschaft wesentliche Nachteile aus einer Betriebsänderung erleiden, um von einem erheblichen Teil sprechen zu können.

Verhandlungsphase

In der Praxis können sich Betriebsänderungen jedoch über mehrere Wochen bzw. Monate erstrecken. So kann selbst bei einer geplanten Betriebsschließung der Personalabbau schrittweise erfolgen. Bei der Beurteilung, ob erhebliche Teile der Arbeitnehmerschaft von der Betriebsänderung betroffen sind, wird in diesem Fall nicht der Zeitpunkt der einzelnen Auflösungen entscheidend sein, sondern alle Auflösungen im Zusammenhang mit der Betriebsänderung.

Schlichtungsstelle

Kommt es zu **keiner innerbetrieblichen Einigung** über den Abschluss eines Sozialplanes, so kann der Betriebsrat zur Entscheidung die **Schlichtungsstelle** anrufen (§ 97 Abs. 2 ArbVG). Sitz der Schlichtungsstelle ist das zuständige Arbeits- und Sozialgericht (Landesgericht als Arbeits- und Sozialgericht). Die Schlichtungsstelle besteht aus einem/einer BerufsrichterIn (Vorsitz) und je zwei ArbeitnehmerInnen-BeisitzerInnen und zwei ArbeitgeberInnen-BeisitzerInnen. Dem Antrag auf Errichtung der Schlichtungsstelle muss der Betriebsrat einen von ihm gewünschten Sozialplan beilegen. Dieser und gegebenenfalls ein Gegenvorschlag des Arbeitgebers/der Arbeitgeberin sind die Grundlage für die Verhandlungen bei der Schlichtungsstelle.

Der Sozialplan ist ein geeignetes Instrument, um Nachteile aus einer Betriebsänderung für die Arbeitnehmerschaft zu mildern. Vor allem bei Einschränkungen oder Stilllegungen des ganzen Betriebes oder von Betriebsteilen und den damit verbundenen Arbeitsplatzverlusten können Zahlungen aus einem Sozialplan helfen, die Einkommensverluste während einer Arbeitslosigkeit zu mildern. Aber auch die Finanzierung der Teilnahme an einer **Arbeitsstiftung** kann vielen ArbeitnehmerInnen helfen, sich höher zu qualifizieren und somit die Möglichkeiten am Arbeitsmarkt verbessern.

Mehr dazu in Kapitel 5.9

Schwieriger wird die Durchsetzung eines Sozialplanes in Betrieben, die massive finanzielle Probleme haben bzw. unmittelbar vor einer Zahlungsunfähigkeit stehen. Dabei ist es jedoch wichtig, nicht nur auf die Angaben des Arbeitgebers/der ArbeitgeberIn zu vertrauen, sondern die **wirtschaftliche Situation** anhand von Unterlagen (Bilanzen, Gewinn- und Verlustrechnung usw.) zu **überprüfen** bzw. von Experten/Expertinnen der Gewerkschaften oder Arbeiterkammern überprüfen zu lassen.

Näheres in Kapitel 1

Der Sozialplan ist kein geeignetes Mittel, um wesentliche Nachteile einzelner ArbeitnehmerInnen auszugleichen. Werden **einzelne ArbeitnehmerInnen** vom Arbeitgeber gekündigt, so kann gegebenenfalls die Kündigung gem. **§ 105 ArbVG** bei Gericht angefochten werden. Um ein solches Verfahren zu vermeiden, kann natürlich mit dem/der ArbeitgeberIn eine zusätzliche Zahlung für den einzelnen Arbeitnehmer/die einzelne Arbeitnehmerin vereinbart werden.

Ein Sozialplan als „erzwingbare" Betriebsvereinbarung ist nur durch einen (zuständigen) Betriebsrat durchsetzbar. Gibt es keinen Betriebsrat, kann auch die Schlichtungsstelle nicht angerufen werden. Grundsätzlich ist der **jeweilige Gruppenbetriebsrat** der ArbeiterInnen bzw. der Angestellten (oder ein gemeinsamer Betriebsrat für beide Arbeitnehmergruppen) zum **Abschluss des Sozialplanes berechtigt.** Wo es einen Betriebsausschuss gibt, kann dieser für beide Arbeitnehmergruppen einen Sozialplan abschließen (§ 113 Abs. 2 ArbVG). Sind von Betriebsänderungen mindestens zwei Betriebe in einem Unternehmen betroffen, so kann der **Zentralbetriebsrat** einen Sozialplan abschließen (§ 113 Abs. 4 ArbVG). Sind in einem Konzern mindestens zwei Unternehmen von Betriebsänderungen betroffen, so kann die **Konzernvertretung** einen Sozialplan abschließen (§ 113 Abs. 5 ArbVG).

Zuständigkeit

Der Betriebsinhaber hat den Betriebsrat von geplanten Betriebsänderungen so rechtzeitig zu informieren, dass eine Beratung darüber noch möglich ist

Kapitel 4.4.2.1

(§ 109 Abs. 1 und 1a ArbVG). In vielen Fällen wird der Betriebsrat nicht von einer geplanten Betriebsänderung informiert, sondern von einer bereits vom Arbeitgeber beschlossenen. Tritt dieser Fall ein, so ist es für den Betriebsrat wichtig, umgehend konkrete Schritte einzuleiten und eine genaue **Zeitschiene** (Bis wann müssen welche Aktivitäten gesetzt werden?) festzulegen. Folgende Schritte sollten jedenfalls beachtet werden:

Aufgabenliste Verhandlungen

- ❑ Fakten der Betriebsänderung sammeln (Wer ist betroffen? Bis wann soll die Betriebsänderung abgeschlossen sein? Namenslisten der betroffenen ArbeitnehmerInnen, Altersstruktur usw.)
- ❑ Wirtschaftliche Situation des Arbeitgebers analysieren
- ❑ Sozialplan erstellen (Unterstützung durch Gewerkschaft)
- ❑ Verhandlungstermine mit Arbeitgeber festlegen
- ❑ Antrag auf Errichtung der Schlichtungsstelle vorbereiten (Unterstützung durch Gewerkschaft)
- ❑ ArbeitnehmerInnen informieren (Betriebsversammlung)
- ❑ Strategien für Scheitern der Verhandlungen vorbereiten (Öffentlichkeitsarbeit, Betriebsversammlungen, Streik usw.)

Innerbetriebliche Durchsetzung

Die **Durchsetzung** eines Sozialplanes kann zu **Konflikten** mit dem Arbeitgeber führen. Dies ergibt sich schon aus der **unterschiedlichen Interessenslage** des Betriebsrates und des Arbeitgebers. Darauf sollte der Betriebsrat vorbereitet sein und gegebenenfalls mit geeigneten Mitteln den Konflikt austragen. Wann und in welchem Umfang der Betriebsrat die **ArbeitnehmerInnen** in einen möglichen **Konflikt einbezieht,** ist in jedem Einzelfall und angepasst an die Verhandlungssituation zu entscheiden. Zu beachten ist jedoch, dass während der Verhandlungen u.U. bereits ArbeitnehmerInnen aus dem Betrieb ausscheiden und daher innerbetriebliche Aktivitäten schwieriger umzusetzen sind. ArbeitgeberInnen haben in der Regel selbst bei einer Schließung ein hohes Interesse am **ordnungsgemäßen Ablauf** der notwendigen Abschlussarbeiten. In dieser Phase sind **innerbetriebliche Aktivitäten** am sinnvollsten **durchzuführen**. Die Schlichtungsstelle anzurufen ist zwar ein taugliches Durchsetzungsinstrumentarium, jedoch können zwischen Einbringung des

Näheres in Kapitel 2, 3 und 4

Antrages und der ersten Verhandlung mehrere Monate verstreichen.

Inhaltlich sollte sich ein Sozialplan am **gesetzlichen Auftrag** (Verhinderung, Beseitigung oder Milderung der Folgen einer Betriebsänderung) orientieren. Gerade das Berücksichtigen von **sozialen Kriterien** der betroffenen ArbeitnehmerInnen wie z.B. Sorgepflichten für Kinder, AlleinverdienerInnen, höheres Alter und damit verbundene längere Arbeitslosigkeit, Ausbildungsgrad und zu erwartende Arbeitslosigkeit, Alter und voraussichtliche Dauer bis zum Pensionsantritt usw. sind als Grundlage für die finanziellen Zuwendungen heranzuziehen und bilden den Kern eines Sozialplanes. Auch die Finanzierung der Teilnahme an einer Arbeitsstiftung kann im Sozialplan geregelt werden.

Mögliche Inhalte

Findet eine Betriebsänderung statt, so wird in den seltensten Fällen der Arbeitgeber einen Sozialplan anbieten. Es liegt am Betriebsrat, diesbezüglich aktiv zu werden und den Abschluss eines Sozialplanes zu verlangen. Die **zuständige Fachgewerkschaft unterstützt** dabei den Betriebsrat, um gemeinsam einen Sozialplan für die von einer Betriebsänderung betroffenen Kolleginnen und Kollegen durchzusetzen.

Hans Ofner

ARBEITSSTIFTUNGEN

5.9

5.9.1 ARBEITSSTIFTUNGEN ALS ARBEITSMARKTPOLITISCHES INSTRUMENT

Die Arbeitsstiftung ist ein sozialpartnerschaftliches Instrument, mit dem ArbeitnehmerInnen, die ihre Arbeitsplätze verloren haben, bei der „Wiedererlangung eines Arbeitsplatzes" (§ 18 Abs. 6 Arbeitslosenversicherungsgesetz) unterstützt werden.

Arbeitsstiftungen sollen den beruflichen und sozialen Abstieg von ArbeitnehmerInnen, die von einem Arbeitsplatzverlust betroffen sind, verhindern. Dies wird unter anderem durch Aus- und Weiterbildung der StiftungsteilnehmerInnen sowie Qualifizierungsmaßnahmen erreicht. Die Unterstützung bei der Arbeitsplatzsuche nach Abschluss der Bildungs- und Qualifizierungsmaßnahmen ist eine weitere Aufgabe von Stiftungen. Gleichzeitig bleiben die vielfältigen, durch das vorangegangene Berufsleben entstandenen sozialen Beziehungen aufrecht. Sozialer Isolation, wie sie bei individualisierter Arbeitslosigkeit auftritt, wird durch die gemeinsame Betreuung der Betroffenen begegnet. Der Übergang in ein neues Berufsleben wird durch die individuell abgestimmten Maßnahmen erreicht.

Die durchschnittliche Teilnahmedauer der StiftungsteilnehmerInnen in den Arbeitsstiftungen beträgt ca. 20 Monate. Mit Genehmigung der zuständigen Landesgeschäftsstelle des AMS kann die Unterstützung durch die Stiftung bis zu 4 Jahre in Anspruch genommen werden.

Während dieser Zeit erhalten die StiftungsteilnehmerInnen ein **Stiftungs-Arbeitslosengeld,** welches dem „normalen" Arbeitslosengeldbezug entspricht, zuzüglich eines Stipendiums (Zuwendung für schulungsbedingten Mehraufwand). Damit sind die StiftungsteilnehmerInnen für die **Dauer der Ausbildung** finanziell abgesichert und werden **vom AMS auch nicht vermittelt.** Der Einkommensverlust kann durch diesen Bezug (ca. 55 Prozent des letzten Nettolohnes/-gehaltes) plus Stipendium allerdings nicht ausgeglichen werden.

Achtung! Wer in eine Arbeitsstiftung eintreten will, muss berechtigt sein, Arbeitslosengeld zu beziehen.

Für die Wichtigkeit der arbeitsmarktpolitischen Maßnahme Arbeitsstiftung sprechen die Zahlen: Je nach Bundesland zwischen 83 und 94 Prozent der TeilnehmerInnen fanden wieder einen Job!

Der Weg durch die Arbeitsstiftung ist so gestaltet, dass er eine Brücke zwischen dem alten und dem zukünftigen Berufsleben darstellt.

5.9.2 GESTALTUNGSMÖGLICHKEITEN

5.9.2.1 Personalabbauende Betriebe

In personalabbauenden Betrieben werden im Regelfall die unter dem Begriff „Outplacement-Stiftungen" gesammelten Stiftungstypen zur Anwendung gebracht:

5.9.2.1.1 Unternehmensstiftung

Die **geeignetste** und **am öftesten angewandte Stiftungsform bei größerem Personalabbau.** Sie sollte auf jeden Fall ein wesentlicher Bestandteil jedes Sozialplanes sein. Die Kosten übernimmt der Arbeitgeber. In den meisten Bundesländern ist es üblich, dass das Land oder die Gemeinden einen Beitrag leisten. Weiters besteht unter gewissen Voraussetzungen die Möglichkeit, Förderungen aus dem Europäischen Globalisierungsfonds (EGF) zu bekommen.

Näheres in Kapitel 5.12

5.9.2.1.2 Insolvenzstiftung

In einigen Bundesländern fixer Bestandteil von Landes-(„Offenen") Arbeitsstiftungen.

Die Kosten werden in der Regel von Land, Gemeinden und AMS getragen. Hier kann das AMS bis zu 60 Prozent der Aus- und Weiterbildungskosten übernehmen. Auch hier besteht die Möglichkeit, Gelder aus dem EGF zu lukrieren.

5.9.2.1.3 Regionalstiftung

Wenn mehrere Unternehmen einer Region von einem größeren Personalabbau betroffen sind.

Für **BetriebsrätInnen von Klein- und Mittelbetrieben** die Möglichkeit, ihre KollegInnen in Stiftungsmaßnahmen zu bringen. Hier kann das AMS bis zu 35 Prozent der Ausbildungskosten übernehmen. Für den Rest müssen die Unternehmen aufkommen. Aufgrund der Neugestaltung des EGF, die voraussichtlich mit Mai 2009 in Kraft treten wird, sollte dieses Stiftungsmodell ein wichtiges arbeitsmarktpolitisches Instrument werden. Auch hier dürfen und sollen Land und Gemeinden mitfinanzieren.

5.9.2.1.4 Branchenstiftung

Hier muss die Interessensvertretung der Dienstgeber einer Branche, die von einem größeren Personalabbau betroffen ist, ein Maßnahmenpaket und finanzielle Mittel zur Durchführung einer Stiftung bereitstellen. Auch hier kann das AMS bis zu 35 Prozent der Aus- und Weiterbildungskosten mit übernehmen. Der EGF wird auf Antrag auch hier mitfinanzieren. Für einige Branchen wie z.B. die ZeitarbeitnehmerInnen ein Gebot der Stunde.

5.9.2.2 Personalaufbauende Betriebe

Auch für personalaufbauende Betriebe gibt es die Möglichkeit, Arbeitsstiftungen zum Einsatz zu bringen. Hier spricht man von einzel- und überbetrieblichen Implacement-Stiftungen.

5.9.2.2.1 Implacementstiftung

Wenn ein Unternehmen, mehrere Unternehmen einer Region oder ein Wirtschaftszweig einen **konkreten Arbeitskräftebedarf mit bestimmter Qualifikation** anmelden, kann eine Implacementstiftung eingerichtet werden, sofern die nachgefragten Arbeitskräfte tatsächlich auf dem Arbeitsmarkt nicht zur Verfügung stehen. Das AMS trifft eine Auswahl von vorgemerkten und ausbildungswilligen Personen, die an Hand des Anforderungsprofils gemeinsam mit einem Stiftungsträger qualifiziert werden. Implacementstiftungen werden von den Unternehmen, den Ländern und Gemeinden sowie dem AMS (bis zu 35 Prozent der Ausbildungskosten) finanziert. Seit vielen Jahren hat sich diese Stiftungsform in der Qualifizierung von PflegehelferInnen und für die Ausbildung zur Altenpflege als geeignetes Instrument bewiesen.

5.9.3 ABLAUF EINER STIFTUNG

Da es **verschiedene Typen von Arbeitsstiftungen** gibt, ist es wichtig, dass sich die BetriebsrätInnen schon **frühzeitig mit den ExpertInnen** der Gewerkschaften, des ÖGB und des AMS sowie den jeweiligen Stiftungsträgern **beraten.** Schon bei den ersten Anzeichen, die auf personalabbauende Maßnahmen hindeuten, sollten die BetriebsrätInnen den Kontakt mit allen arbeitsmarktpolitischen Akteuren aufnehmen.

Vorteil: So können die betroffenen ArbeitnehmerInnen früh genug über die Möglichkeiten der Stiftungsmaßnahmen informiert werden und nahtlos nach der Beendigung des Dienstverhältnisses in die Stiftung einsteigen. Weiters gewinnen sie dadurch genügend Zeit, sich schon vorab mit ihrer beruflichen Zukunft und ihren Vorstellungen auseinanderzusetzen.

Eine wichtige Rolle für den Ablauf einer Stiftung nimmt der **Stiftungsträger** ein. Das ist in der Regel ein gemeinnütziger Verein. Er erarbeitet ein Konzept, in dem die Planung und Durchführung der Arbeitsstiftung geregelt ist. Auch die organisatorische und administrative Abwicklung während der gesamten Stiftungsdauer gehört zu seinen Aufgaben. Er muss eine durchgängige Betreuung der StiftungsteilnehmerInnen gewährleisten.

Im Zuge von Informationsveranstaltungen und Einzelgesprächen im Betrieb sollen die ArbeitnehmerInnen so oft wie benötigt von den ExpertInnen informiert werden.

Vorteil: Gleichzeitig entsteht damit bereits ein gewisser Druck auf die betroffenen Unternehmen, sich an der Einrichtung der Stiftung zu beteiligen.

Wer bei diesen Veranstaltungen sein Interesse für eine Teilnahme an der Stiftung bekundet, soll in einem Datenblatt erfasst werden. Das ermöglicht den BetriebsrätInnen, den Stiftungsträgern und dem AMS einen Großteil der administrativen Abwicklung schon vor dem Eintritt in die Arbeitsstiftung.

Ein weiteres bewährtes Instrument ist der **„Stiftungsrat".** Ihm sollen jeweils ein/e VertreterIn des AMS, des Unternehmens, des zuständigen Stiftungsträgers, der Betriebsratskörperschaft sowie der Gewerkschaften angehören. In der Praxis hat sich der Stiftungsrat in vielerlei Hinsicht bewährt.

Vorteil: Zum einen bleibt der Kontakt zu den „ehemaligen" BetriebsrätInnen und Gewerkschaften erhalten. Zum anderen können mit diesem Gremium die ArbeitnehmerInnen auch während der Dauer der Stiftungsmaßnahmen optimal betreut werden.

In der Regel erfolgt der Eintritt in die Arbeitsstiftung im Anschluss an die Beendigung des Dienstverhältnisses. Zum einen geht damit keine wertvolle Zeit verloren. Hinzu kommt, dass der Kontakt mit den ebenfalls in die Stiftung eintretenden ehemaligen KollegInnen während der Dauer der Stiftungsmaßnahmen aufrechterhalten bleibt.

Begonnen wird gemeinsam mit der „Berufsorientierung", während der die StiftungsteilnehmerInnen ihren Bildungsplan (Laufbahnplanung) mit den zur Verfügung gestellten Trainerinnen und Trainern erarbeiten. Dabei finden die StiftungsteilnehmerInnen heraus, wie ihr weiterer beruflicher Weg aussehen soll. Sie können einen individuellen Bildungsplan entwickeln und damit die Schritte für den Wiedereinstieg in ihr neues Berufsleben setzen.

Tipp: Den TeilnehmerInnen ist es anzuraten, entsprechend ihren Vorstellungen zwei Bildungspläne auszuarbeiten. Es kommt immer wieder vor, dass sich der erste eingeschlagene Weg nicht mit den ursprünglichen Vorstellungen deckt.

Wenn der Bildungsplan erstellt und genehmigt ist, beginnt die Aufnahme der Ausbildung und der Praktika. Je nach Vorstellung und Möglichkeit ist vom Nachholen von Pflichtschulabschlüssen über eine Lehre bis zum Fachhochschulabschluss sowie diversen Kursen fast alles möglich. Gerade Frauen gelingt es oft, ihren wirklichen Berufswunsch, den sie wegen Familie, Kinder usw. aufgegeben hatten, nun doch zu verwirklichen.

Hinweis: Ein großer Vorteil fast aller Maßnahmen sind die altersgerechte Ausbildung sowie Ausbildungsmaßnahmen im zweiten Bildungsweg mit verkürzter Ausbildungsdauer.

Besonderes Augenmerk wird natürlich auch auf ältere KollegInnen (über 50-jährige) gelegt. Ihnen bietet die neue Bundesrichtlinie zur Anerkennung, Förderung und Durchführung von Maßnahmen der Arbeitsstiftung (AST) besondere Möglichkeiten und besondere Schutzmaßnahmen.

Nach Abschluss der Ausbildungs- und Praktikumszeit (bis zu 3 Jahre, mit Genehmigung des AMS 4 Jahre) beginnt die Phase der aktiven Arbeitssuche, die mit maximal 14 Wochen begrenzt ist. Für ArbeitnehmerInnen ab dem 50. Lebensjahr beträgt die maximale Dauer 22 Wochen. Auch in dieser Phase werden die StiftungsteilnehmerInnen von den Stiftungsträgern betreut.

Hinweis: In vielen Fällen ist die Phase der aktiven Arbeitssuche nicht mehr nötig, da die StiftungsteilnehmerInnen in jenen Unternehmen, in denen sie ihre Praktika absolviert haben, in ein ordentliches Dienstverhältnis übernommen werden.

TeilnehmerInnen, die sich im Rahmen der Stiftung die Begründung einer selbständigen Tätigkeit zum Ziel gesetzt haben, können in das Unternehmensgründungsprogramm (UGP) des AMS einsteigen. Hier werden von den StiftungsteilnehmerInnen und dem AMS gemeinsam realistische Umsetzungsmöglichkeiten erarbeitet.

Mit der Aufnahme eines Arbeitsverhältnisses oder spätestens mit Zeitablauf ist die Zugehörigkeit zur Arbeitsstiftung beendet. Ein früheres freiwilliges Ausscheiden ist jederzeit möglich.

StiftungsteilnehmerInnen, die anschließend keinen Arbeitsplatz finden, können Arbeitslosengeld beantragen.

5.9.4 AUSBLICK

Um sich für die Zeit **nach der „Krise"** vorzubereiten, brauchen wir eine Ausbildungs- und Qualifizierungsoffensive. Es ist davon auszugehen, dass sich auch der österreichische Arbeitsmarkt nachhaltig verändern wird. **Einige Industriebereiche und Branchen werden sich neu aufstellen müssen** und sich an anderen Produkten und Dienstleistungen, die stärker nachgefragt werden, orientieren. Dafür müssen auf dem Arbeitsmarkt jetzt schon die Weichen gestellt werden. Daher gilt es, die Marktentwicklungen genau zu beobachten und mit gezielten Ausbildungsmaßnahmen darauf zu reagieren. Dazu eignet sich kein anderes Arbeitsmarkt- oder sozialpolitisches Instrument besser als die Arbeitsstiftung.

Schließlich gehört der **EGF** stärker beworben und in Anspruch genommen. Dieser Topf ist jährlich mit € 500 Millionen dotiert! Dieses Geld steht ausschließlich den ArbeitnehmerInnen der europäischen Mitgliedsstaaten zur Verfügung.

Mehr dazu
in Kapitel 5.12

Gerade Österreich hat in den letzten Jahren vom Kriseninstrument Arbeitsstiftung profitiert. Wir brauchen das Rad nicht neu erfinden, sondern können unsere bestehenden Strukturen den kommenden Anforderungen anpassen. Die BetriebsrätInnen spielen dabei eine zentrale Rolle. Sie werden gemeinsam mit den Gewerkschaften im Zuge von Sozialplanverhandlungen und Abschlüssen von Betriebsvereinbarungen verstärkt darauf achten müssen, welche Stiftungsform für ihre vom Arbeitsplatzverlust betroffenen KollegInnen die beste ist.

Arbeitsstiftungen sind ein, vielleicht sogar der Schlüssel, um für die Zukunft gerüstet zu sein.

Typischer Stiftungsverlauf

GRAFIK ZUM THEMA

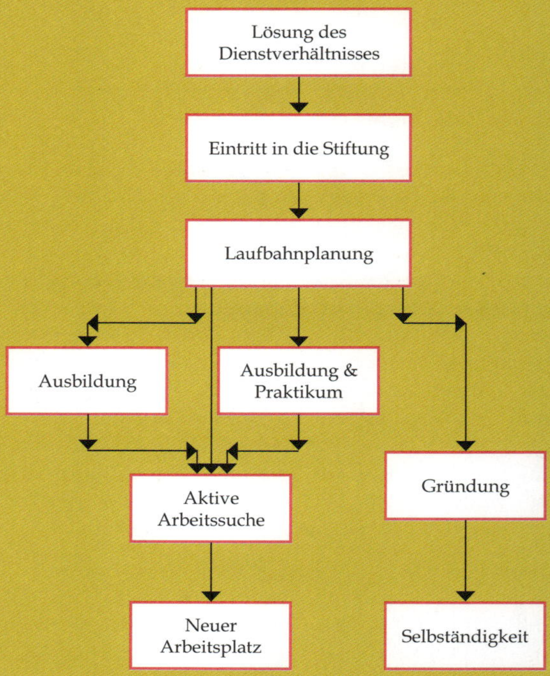

CHECKLISTE KAPITEL 5.9

☐ **1** Ist eine größere Menge von ArbeitnehmerInnen vom Arbeitsplatzverlust betroffen?

☐ **2** Beratung mit den ExpertInnen des ÖGB und des AMS!

☐ **3** Sind die Betroffenen berechtigt Arbeitslosengeld zu beziehen?

☐ **4** Ist eine Stiftung mit speziell zugeschnittenen Aus- und Weiterbildungsmaßnahmen sinnvoll?

☐ **5** Welcher Stiftungstyp wäre ideal?

Gernot Mitter

5.10 INFORMATION, BERATUNG UND FÖRDERUNG

Die Angebote des AMS für Betriebsräte und Beschäftigte

Die wichtigsten Angebote der aktiven Arbeitsmarktpolitik für ArbeitnehmerInnen von Unternehmen in Krisensituationen sind schon näher beschrieben worden – die Kurzarbeit, die Bildungskarenz als Möglichkeiten, Kündigung zu vermeiden, das sogenannte Frühwarnsystem als echter Krisenindikator mit der Wirkung einer Verlängerung der Kündigungsfrist und die Arbeitsstiftung als Element von Sozialplänen zur Unterstützung von gekündigten KollegInnen, rasch wieder einen passenden Arbeitsplatz zu finden. In diesem Abschnitt sollen **einige Serviceangebote des Arbeitsmarktservice (AMS)** vorgestellt werden, die Betriebsräten bei ihrer Beratung und Unterstützung von gekündigten KollegInnen helfen können. Und dann gibt es noch ein paar weitere Angebote und Instrumente der aktiven Arbeitsmarktpolitik, die Betriebsräte in Krisensituationen für ihre KollegInnen nutzen können, auch wenn sie nicht für solche Situationen geschaffen worden sind.

Kapitel 5.1, 5.3, 5.7 und 5.9

5.10.1 KÜNDIGUNGEN SIND UNVERMEIDBAR, WIE KÖNNEN DIE ANGEBOTE DES AMS RASCH GENUTZT WERDEN?

Rasche und verlässliche Information und Beratung für die Betroffenen ist gerade bei anstehenden Kündigungen dringend notwendig. Wie schaut es denn mit **Arbeitsplätzen in der Region** aus, die für die

Gekündigten in Frage kommen? Wie schaut es mit den Ansprüchen auf **Arbeitslosengeld** aus, wie viel Geld wird es vom AMS geben und wie lange? Welche **Aus- und Weiterbildungsmaßnahmen** machen für die einzelnen KollegInnen Sinn, gibt es entsprechende Angebote des AMS? Was hat das AMS noch an Hilfen für die Arbeitssuche?

Es zahlt sich daher aus, die **einschlägigen Informations- und Beratungsangebote des Arbeitsmarktservice intensiv** zu **nutzen,** um den von den Kündigungen Betroffenen ein wenig mehr Sicherheit geben zu können.

5.10.2 ERSTE ORIENTIERUNG UND INFORMATION IM INTERNET

Eine erste Möglichkeit dazu sind die Informationsangebote des AMS im Internet. Unter der Adresse **www.ams.at/sfa.html** gibt es eine Reihe von wichtigen Informationen zu den Angeboten des AMS für Arbeit suchende ArbeitnehmerInnen. Diese Informationsangebote können gerade auch Betriebsräten einen ersten, guten Überblick verschaffen, die mit verunsicherten KollegInnen und ihren Anliegen konfrontiert werden.

Auch für die Beratung durch die BR hilfreich

Von der Möglichkeit, sich im sogenannten „AMS-ejob-room" (einer Vermittlungsplattform im Internet) einzutragen und nach offenen Stellen zu suchen bis hin zu Informationen über die Geldleistungen der Arbeitslosenversicherung, ihre Höhe und die notwendigen Unterlagen für eine erfolgreiche Beantragung von Arbeitslosengeld – all das findet sich auf dieser Homepage.

Höhe des Arbeitslosengeldes

Unter diesem Link gibt es auch einen Online-Leistungsberechner. Mit diesem Werkzeug kann zwar nicht die genaue Höhe des Arbeitslosengeldes ermittelt werden – dazu sind die Bestimmungen über die Berechnung des Arbeitslosengeldes viel zu kompliziert. Eine erste Orientierung, in welcher Größenordnung das Arbeitslosengeld für die einzelnen Betroffenen liegen wird, ist aber möglich.

Ein besonderes Service können Betriebsräte ihren gekündigten KollegInnen mit Hilfe des sogenannten **„next job"** anbieten **(www.ams.at/sfa/nextjob.html):** Über diese Seite kann bereits vor Ende des Arbeitsverhältnisses während der Kündigungsfrist die Meldung beim Arbeitsmarktservice erfolgen und auch online bereits das Arbeitslosengeld geltend gemacht werden. Wird diese Möglichkeit genutzt, genügt es, innerhalb der ersten 7 Tage nach Eintritt der Arbeitslosigkeit persönlich bei der zuständigen regionalen Geschäftsstelle des AMS den Anspruch auf Arbeitslosengeld geltend zu machen. Er gilt dann als am ersten Tag der Arbeitslosigkeit eingebracht. Über „next job" können dem AMS auch wichtige Informationen zur Stellensuche übermittelt und damit die Beratung beim AMS unterstützt und beschleunigt werden.

5.10.3 DAS AMS IM BETRIEB – PERSÖNLICHE BERATUNG UND INFORMATION FÜR DIE BETROFFENEN

In der Regel werden krisenbedingte Kündigungen vom Arbeitgeber beim AMS entsprechend den Regeln des § 45 a Arbeitsmarktförderungsgesetz angezeigt werden müssen. Diese Meldungen müssen 30 Tage vor Ausspruch der Kündigungen erfolgen, wenn in Betrieben

- mit mehr als 20 und weniger als 100 Beschäftigten fünf ArbeitnehmerInnen
- in Betrieben mit 100 bis 600 Beschäftigten 5 Prozent der Belegschaft
- in Betrieben mit in der Regel mehr als 600 Beschäftigten 30 ArbeitnehmerInnen
- mindestens 5 ArbeitnehmerInnen, die das 50. Lebensjahr vollendet haben

Siehe auch Kapitel 5.7

gekündigt werden sollen.

Eine wichtige Rechtsfolge dieser Meldungen: **Kündigungen,** die **vor Einlangen der Anzeige** beim AMS **oder innerhalb der Wartefrist von 30 Tagen** ausgesprochen werden, sind **rechtsunwirksam.** Der Betriebsrat hat eine Abschrift dieser Anzeige zu erhalten. Die Wartefrist kann vom AMS auf Antrag des Arbeitgebers bei Vorliegen besonderer wirtschaftlicher Gründe verkürzt werden, das Gesetz nennt als einen solchen Grund auch das Vorliegen eines Sozialplanes, mit dem die Folgen der Kündigungen abgemildert werden sollen.

Damit ist zunächst klar, dass Kündigungswellen, die die Meldepflicht nach dem Frühwarnsystem auslösen, auch Anlass zur Verhandlung von Sozialplänen mit dem Arbeitgeber sind. Darauf wird aber an anderer Stelle dieses Buches genauer eingegangen.

Mehr dazu in Kapitel 5.8

Frühwarnungen verpflichten aber auch das AMS zum Handeln. Es ist durch § 45a Abs 6 dazu verpflichtet, innerhalb der 30-Tage-Frist „alle im Zusammenhang mit der beabsichtigten Auflösung von Arbeitsverhältnissen notwendigen Beratungen durchzuführen, denen insbesondere der Arbeitgeber, der Betriebsrat ....beizuziehen sind".

Diese Bestimmung ist in vielen Fällen leeres Recht – bei rund 70.000 Frühmeldungen im Jahr wäre das AMS heillos überfordert, würde es in jedem Fall solche Beratungen durchführen.

Dennoch kann diese Bestimmung von Betriebsräten verwendet werden – **Betriebsräte können** eine solche **Beratung aktiv verlangen** und mit Hilfe der ArbeitnehmervertreterInnen in den Organen des AMS diese Möglichkeit zur Information und Beratung ihrer KollegInnen durch AMS-MitarbeiterInnen aktiv nutzen.

So können MitarbeiterInnen des AMS zu Betriebsversammlungen oder betrieblichen Informationsveranstaltungen eingeladen werden. Dabei kann über die Beratungs- und Schulungsmöglichkeiten des Arbeitsmarktservice etc. informiert und diskutiert werden. Es sind auch Einzelberatungen für betroffene KollegInnen möglich. Es kann bereits die Ausgabe von Anträgen auf Arbeitslosengeld mit einer individuellen Beratung der AntragstellerInnen bei solchen Informationsveranstaltungen in den betroffenen Betrieben organisiert werden.

Tipp: All diese Möglichkeiten sind für das AMS unter Umständen recht personalintensiv. Es ist daher günstig, wenn die betroffenen Betriebsräte mit den VertreterInnen von AK und ÖGB in der zuständigen regionalen Geschäftsstelle des AMS und mit den ArbeitnehmervertreterInnen im sogenannten Landesdirektorium der jeweiligen AMS-Landesorganisation Kontakt aufnehmen und sich bei den Gesprächen mit dem AMS zur Vorbereitung solcher Veranstaltungen unterstützen lassen.

5.10.4 ANGEBOTE DER AKTIVEN ARBEITSMARKTPOLITIK, DIE AUCH ZUR BEWÄLTIGUNG VON KRISENSITUATIONEN EINGESETZT WERDEN KÖNNEN

Wie am Beginn dieses Kapitels schon erwähnt – die Förder- und Beratungsangebote des AMS, die in der Folge dargestellt werden, sind eigentlich nicht als Hilfestellungen für Unternehmen in Krisensituationen entwickelt worden. Sie können aber für sich alleine oder in Verbindung mit anderen Maßnahmen durchaus interessante Möglichkeiten in solchen Situationen sein.

5.10.5 FÖRDERUNG VON BETRIEBSBERATUNG DURCH DAS AMS

Seit einigen Jahren fördert das AMS Betriebsberatungen, in der Hoffnung, mit diesen Beratungen Betriebe zu rechtzeitigem Reagieren auf absehbare Schwierigkeiten bewegen zu können und damit Kündigungen zu vermeiden. **Für Betriebsräte** haben diese vom AMS geförderten Betriebsberatungen **gegenüber anderen Beratungen den Vorteil der besseren Ausgewogenheit** und der höheren Berücksichtigung der Interessen der Beschäftigten.

Zur Früherkennung von Krisen Kapitel 1

Unter der Bezeichnung **„Qualifizierungsberatung für Betriebe“** (QBB) bietet das AMS Unternehmen bis zu 50 ArbeitnehmerInnen eine **kostenlose, maximal dreitägige Beratung** an.

Ziel dieser Beratung ist zunächst die Erarbeitung eines für den Betrieb maßgeschneiderten, seiner Altersstruktur und den Qualifikationserfordernissen angepassten Aus- und Weiterbildungskonzeptes. Ein solches Konzept ist die Voraussetzung für die Förderung innerbetrieblicher Aus- und Weiterbildungsmaßnahmen durch das AMS.

In Krisensituationen ist aber Aus- und Weiterbildung meist nicht das angemessene arbeitsmarktpolitische Mittel für den Betrieb zur Stabilisierung der Arbeitsplätze. Deshalb kann die Beratung auch auf andere Themen als die Erarbeitung eines Bildungsplanes ausgerichtet werden. Im Zusammenhang mit Unternehmenskrisen sind die Themen Personalmanagement, Arbeitsorganisation und Arbeitszeitgestaltung von besonderem Interesse. Denn gerade in schwierigen

Situationen kann es sinnvoll sein, sich auch Anregungen und Tipps von außen zu holen. Noch dazu gibt es in kleineren Unternehmen mit bis zu 50 ArbeitnehmerInnen häufig keine eigenen Organisationseinheiten mit dem entsprechenden Wissen, wie denn Alternativen zu Kündigungen aussehen und umgesetzt werden könnten.

Beratung anregen

Solche Beratungen können aber von den Betriebsräten oder von den Beschäftigten beim Arbeitgeber nur angeregt werden, den Antrag auf die Förderung muss der Arbeitgeber stellen.

Die **Richtlinien des AMS** sehen überdies **keine Mitwirkung des Betriebsrates bei der Beantragung** dieser Förderungen vor – etwa durch Mitunterzeichnung des Förderantrages. Die Betriebsräte müssen daher auf ihre üblichen Informations- und Mitbestimmungsmöglichkeiten zurückgreifen, wenn sie erfahren wollen, ob das Unternehmen solche Förderungen beantragt hat bzw. wie sie an solchen Beratungsprozessen mitwirken können. Es können allerdings die ArbeitnehmerInnen-VertreterInnen im Regionalbeirat der zuständigen AMS-Geschäftsstelle bzw. im Landesdirektorium der jeweiligen AMS-Landesgeschäftsstelle von den Betriebsräten um Hilfe gebeten werden, wenn diese von ihren Arbeitgebern keine Informationen etwa darüber erhalten, ob vom Arbeitgeber ein entsprechender Antrag gestellt worden ist. Im Rahmen des allgemeinen Informationsrechtes von Regionalbeirats- oder Landesdirektoriumsmitgliedern können dann die entsprechenden Informationen vom AMS besorgt werden.

Information, ob der Arbeitgeber einen Antrag gestellt hat

Der Antrag muss bei der für den Betrieb zuständigen regionalen Geschäftsstelle des AMS eingebracht werden.

Eine **Sonderform** dieser „Qualifizierungsberatung für Betriebe" mit deutlich mehr kostenloser Beratung ist die **„Qualifizierungsberatung zum Aufbau von Qualifizierungsverbünden".**

Ein „Qualifizierungsverbund" ist ein Netzwerk von mindestens drei Betrieben, von denen mindestens 50 Prozent Klein- und Mittelunternehmen nach EU-Definition sind (KMU; das sind Unternehmen bis zu 250 ArbeitnehmerInnen, mit einem Jahresumsatz unter € 50 Millionen bzw. einer Jahresbilanzsumme unter € 43 Millionen, und die zu maximal 25 Prozent im Eigentum eines oder mehrerer Unternehmen stehen, die keine KMU nach dieser Definition sind). Ziel dieses Verbundes ist eine abgestimmte, gemeinsame Planung und Durchführung von Aus- und Weiterbildungsmaßnahmen. Die Förderung unterstützt dabei die Errichtung und das Management dieses Netzwerkes sowie die Erarbeitung von Qualifizierungsplänen, die auf die beteiligten Betriebe ausgerichtet sind. Pro Unternehmen am Qualifizierungsverbund werden 5 Beratungstage (für die beteiligten KMU: 6 Beratungstage) vom AMS und dem Europäischen Sozialfonds gefördert.

Eine geförderte Beratung zur Errichtung von Qualifizierungsverbünden ist für sich alleine sicherlich noch keine Hilfestellung zur Überwindung von Unternehmenskrisen mit möglichst wenigen Kündigungen. Sie kann aber dann helfen, wenn etwa im Rahmen der Kurzarbeit in einem Leitbetrieb und seinen Zulieferern **gemeinsame, abgestimmte Qualifizierungsmaßnahmen** erfolgen sollen. Denn es sind doch recht umfangreiche und komplizierte Fragen, die bei der **Organisation einer betriebsübergreifenden Zusammenarbeit** bei der Aus- und Weiterbildung von Beschäftigten gelöst werden müssen. Wie denn dieser Qualifizierungsverbund ausschauen soll, wie er gemanagt wird und welche Ausbildungsangebote welchen ArbeitnehmerInnen angeboten werden – bei der Beantwortung dieser Fragen sich der Unterstützung von Spezialisten zu bedienen, kann auch im Sinne der Betriebsräte hilfreich sein.

Für die Mitwirkung der Betriebsräte gelten die gleichen Regelungen wie für die Qualifikationsberatung für Betriebe.

Die dritte Form von Betriebsberatungen, die das AMS gemeinsam mit dem Europäischen Sozialfonds fördert, ist die sogenannte **„Flexibilitätsberatung" für Unternehmen ab 50 ArbeitnehmerInnen.** Gerade bei dieser Förderung können Betriebsräte davon ausgehen, dass sie ihre Interessen und Anliegen in den Beratungsprozess voll einbringen können.

Die Flexibilitätsberatung soll Betriebe und ihre ArbeitnehmerInnen im Zuge von Umstrukturierungen – also durchaus krisenhaften Unternehmenssituationen – unterstützen. Ziel der kostenlosen Beratung ist es, Betriebe durch den Einsatz von flexiblen, arbeitsmarktpolitisch sinnvollen Interventionen bei Kapazitätsschwankungen zu unterstützen und die Beschäftigung von MitarbeiterInnen durch Qualifizierungs-, Arbeitszeitmodelle und andere unterstützende Maßnahmen zu sichern.

Die Beratung wird von Beratungsunternehmen durchgeführt, die dafür vom AMS beauftragt wurden. Die **Finanzierung** erfolgt durch das AMS und den Europäischen Sozialfonds (ESF). Gefördert – und zwar durch die Übernahme der gesamten Beratungskosten – wird ein eintägiges Erstgespräch, die Entwicklung des sogenannten „Flex-Checks" in fünf Beratungstagen und dann die Durchführung der Flexibilitätsberatung selbst (8 Beratungstage; wenn dabei Frauenfördermaßnahmen erarbeitet und umgesetzt werden sollen, kann die Flexberatung 9 Tage dauern). Insgesamt werden also **bis zu 15 Beratungstage** durch eine vom AMS beauftragte Unternehmensberatung bezahlt.

Unter Flex-Check wird eine Analyse der Ist-Situation des Unternehmens und Klärung des Beratungsbedarfes verstanden. Außerdem muss im Flex-Check festgelegt werden, welche Akteure in den Beratungsvorgang einzubeziehen sind, welche sonstigen Förderungen und arbeitsmarktpolitischen Maßnahmen wie etwa Altersteilzeit, Bildungskarenz oder das Solidaritätsprämienmodell sinnvoll und möglich sind. Die Handlungsoptionen sind im Flex-Check in einer Art „Flexibilitätsstrategie" festzulegen.

Näheres in Kapitel 5.2 und 5.3

Die Themen, um die es bei der dem Flex-Check folgenden Flex-Beratung gehen kann, sind breitgefächert und relevant, wenn es darum geht, ein Unternehmen auf die Bewältigung kritischer Entwicklungen vorzubereiten: Gerade die Beratungsthemen „Anpassung der Organisationsstrukturen", „Stärkung der inner- und überbetrieblichen Mobilität", „Flexibilisierung der Arbeitszeit" oder „Einsatz von flexiblen Belegschaftsgruppen" können von erheblicher Bedeutung für die Betriebsräte sein.

Wie auch bei den anderen Förderungen von Betriebsberatung muss auch die Förderung der Flexibilitätsberatung von den Unternehmen selbst beantragt werden.

Bei den Beratungsthemen einer „Flexibilitätsberatung" geht es um **höchst sensible Themen für die ArbeitnehmerInnen eines Unternehmens** und ihre Betriebsräte.

Daher sind in allen neun AMS-Landesorganisationen sogenannte „Landesprogramm-Steuergruppen" mit GewerkschaftsvertreterInnen eingerichtet worden, die die Inhalte und die Vorgangsweisen bei den einzelnen Flexibilitätsberatungen begleiten und überwachen. Werden Betriebsräte daher mit solchen Beratungsfällen konfrontiert, sollten sie sich von den Gewerkschaftern in diesen Steuergruppen unterstützen und informieren lassen. Welche GewerkschaftsmitarbeiterInnen in diesen Beiräten konkret arbeiten, kann über die VertreterInnen von ÖGB und AK in den AMS-Landesdirektorien in Erfahrung gebracht werden.

Außerdem legt die Richtlinie des AMS **folgende Regeln für die Einbeziehung von Betriebsräten** fest:

- Das Beratungsunternehmen muss im Erstgespräch darauf hinweisen, dass die nächsten Beratungsschritte nur unter Einbeziehung des Betriebsrates möglich sind.
- Der Flex-Check darf nur unter Einbeziehung des Betriebsrates erfolgen.
- Bei der Flex-Beratung ist der Betriebsrat laufend über alle wichtigen Schritte im Beratungsprozess zur informieren und einzubeziehen.

5.10.6 FÖRDERUNG DER QUALIFIZIERUNG VON BESCHÄFTIGTEN DURCH DAS AMS

5.10.6.1 Qualifizierungsförderung während der Kurzarbeit

Seit der Neuregelung der Kurzarbeit durch das Beschäftigungsförderungsgesetz 2009 ist es ja möglich geworden, dass Kurzarbeit mit Aus- und Weiterbildungsmaßnahmen für die Betroffenen in der Ausfallzeit verbunden werden kann. Die Arbeitsmarktförderung hat darauf doppelt reagiert:

Einmal ist es möglich, den Unternehmen eine Förderung für seine Kosten der Aus- und Weiterbildungsmaßnahmen im Rahmen der „Qualifizierungsförderung für Betriebe“ zu gewähren. Für Betriebsräte ist dies unter Umständen bei den Verhandlungen einer Zusatz-Betriebsvereinbarung zur Kurzarbeitsvereinbarung interessant – immerhin bis zu ¾ der Qualifizierungskosten können die Betriebe vom AMS erhalten (siehe weiter unten).

Wenn das Unternehmen keine Qualifizierungsmaßnahmen für die kurzarbeitenden ArbeitnehmerInnen plant, einzelne Betroffene aber in ihrer gewonnenen Freizeit sich aus- oder weiterbilden wollen, können sie vom AMS eine Förderung der Kosten dieser Maßnahmen erhalten. Außerdem können sie auch sogenannte Kursnebenkosten gefördert erhalten, wie etwa die Fahrtkosten zur und von der Ausbildungseinrichtung oder Kosten für besondere Unterrichtsgegenstände wie z.B. Werkzeuge. Diese Förderungen sind bei der jeweils nach dem Wohnsitz der ArbeitnehmerInnen zuständigen regionalen AMS-Geschäftsstelle zu beantragen.

AMS kann Kurs- und Kursnebenkosten fördern

Die wichtigste Förderung, die das AMS neben der Kurzarbeitsbeihilfe für Beschäftigte zur Verfügung stellt, ist aber die sogenannte **„Qualifizierungsförderung für Beschäftigte“:** Damit wird die Teilnahme an Qualifizierungsmaßnahmen für folgende Personengruppen gefördert:

Geförderter Personenkreis

- ArbeitnehmerInnen ab 45 Jahren;
- Frauen unabhängig von ihrem Lebensalter, wenn sie höchstens über eine Lehrausbildung oder eine Ausbildung an einer berufsbildenden mittleren Schule (z.B. Handelsschule) verfügen;
- WiedereinsteigerInnen (unabhängig von Alter und höchster Ausbildung);
- ArbeitnehmerInnen in Kurzarbeit unabhängig von Alter und Ausbildung;
- ArbeitnehmerInnen unter 45 unabhängig von ihrer Ausbildung, wenn sie im Rahmen von Programmen zur altersgerechten Gestaltung der Arbeitsorganisation bzw. im Rahmen von Qualifizierungsverbünden (siehe oben) ausgebildet werden.

Die Unternehmen erhalten in der Regel ⅔ der Kosten der Qualifizierungsmaßnahmen ersetzt, die sie dem AMS im Rahmen eines Bildungsplanes vorschlagen, der vom AMS vor Beginn der Bildungsmaßnahme genehmigt werden muss. Handelt es sich um die Ausbildung von Frauen über 45 Jahren, so können sogar ¾ der Kosten gefördert werden. Die genauen **Förderhöhen** sind allerdings **von Bundesland zu Bundesland verschieden** und insgesamt mit € 10.000 pro TeilnehmerIn beschränkt. Im Burgenland betragen sie generell ¾ der Kosten. Personalkosten werden nur im Bereich Gesundheit und Pflege gefördert – für die Aus- und Weiterbildung von Beschäftigten in Gesundheits- und Pflegeunternehmen trägt das

AMS neben den Qualifizierungskosten auch bis zu 60 Prozent der Lohnkosten während der Ausbildung.

Für sich alleine ist die Qualifizierungsförderung insbesondere wegen der sehr eingeschränkten Möglichkeiten zur Förderung von Lohnkosten sicher kein Instrument zur Absicherung von Arbeitsplätzen bei Unternehmenskrisen. Sie kann aber eine **sinnvolle Ergänzung anderer Instrumente** sein. Eingesetzt etwa **während Kurzarbeit** oder **im Zusammenhang mit Qualifizierungsverbünden** kann diese Förderung schon dazu beitragen, die Beschäftigung in den Unternehmen zu sichern. Sie kann aber auch **in Sozialplänen** eingesetzt werden, etwa wenn es darum geht, längere Kündigungsfristen für die Betroffenen sinnvoll zu nutzen.

Roland Lang

DIE AUSTRIA WIRTSCHAFTS-SERVICE GMBH (AWS)

5.11

Die Förderagentur des Bundes und ihre konjunkturpolitischen Möglichkeiten

5.11.1 FÖRDERUNGEN ALS KONJUNKTURPOLITISCHER ANSATZ

Mit verschiedenen Maßnahmen – etwa auch den beiden Konjunkturpaketen - versucht die Regierung seit Herbst 2008 die Wirtschaftskrise möglichst zu dämpfen. Aus Sicht der ArbeitnehmerInnenvertretungen ist natürlich vorrangig, die Auswirkungen auf die ArbeitnehmerInnen zu begrenzen und abzumildern. Mit den Konjunkturmaßnahmen wurde und wird z.B. versucht, die Nachfrage nach Produkten und Dienstleistungen zu stützen (Steuerentlastung, Investitionen der öffentlichen Hand,...). Vor allem im ersten Konjunkturpaket vom Oktober 2008 wurden aber unter dem **Stichwort „Mittelstandsmilliarde"** auch eine Reihe von Maßnahmen gesetzt, die nicht in erster Linie auf die Stimulierung der Nachfrage abzielen, sondern direkt auf die Unterstützung und Förderung von Unternehmen selbst abstellen („angebotsorientierte Maßnahmen").

Das Konjunkturpaket I umfasst in der Hauptsache direkte Unternehmensförderungen

Die Hoffnung – im wahrsten Sinne des Wortes – ist dabei, dass diese staatliche Unterstützung der Unternehmen (natürlich **auf Kosten und auf Risiko der SteuerzahlerInnen)** in der Folge auch Früchte trägt: Dass z.B. Unternehmensinvestitionen trotz Krise durchgeführt werden, dass Unternehmensgründungen nicht mangels Kapital unterbleiben, dass Wachstumsstrategien fortgesetzt werden, dass schwierige Liquiditätsprobleme durchgestanden werden kön-

Hoffnung dabei: Unternehmen sollen Investitionen vornehmen

nen usw. Vor allem kann man aber nur hoffen, dass diese Unternehmen dann auch die entsprechenden Abnehmer für ihre Produkte und Dienstleistungen finden, um mit ihren geförderten Projekten tatsächlich Arbeitsplätze zu sichern oder sogar zu schaffen. **Im Grunde sind alle angebotsorientierten wirtschaftspolitischen Maßnahmen auf dieses „Prinzip Hoffnung" aufgebaut.**

Beihilfevorschriften der EU begrenzen Förderungen, um unfairen Förderwettbewerb zu vermeiden

Bei allen Unternehmensförderungen muss sich Österreich an die **Beihilfevorschriften der EU** halten, welche einen engen Rahmen für erlaubte Förderungen vorgeben. Grundsätzlich sind Förderungen mit dem „gemeinsamen Markt" der EU ja überhaupt unvereinbar – es wurden aber verschiedene Ausnahmen geschaffen. Der EU geht es dabei darum, zu verhindern, dass Mitgliedsländer einzelne Unternehmen so stark fördern, dass dies zum Nachteil für ähnliche Unternehmen in anderen Mitgliedsstaaten wird. Im Einzelnen sind die möglichen Förderungsobergrenzen, die sich aus diesen Beihilfevorschriften ergeben, sehr komplex. Als **Faustregel** könnte man grob sagen: **je kleiner die Unternehmen, je „feiner" (Forschung, Umwelt,...) die Projekte und je „ärmer" der jeweilige Standort (im europäischen Vergleich) ist, umso höher darf gefördert werden.** Extrembeispiel: ein „normales" Investitionsprojekt eines großen Unternehmens in Wien wird gar keine Möglichkeit haben, zu einer Förderung zu kommen. Einen Überblick über die erlaubten Förderungen (und speziell für KMU unter 250 Beschäftigte) kann man sich in deutscher Sprache unter folgenden Adressen verschaffen:

Überblick erlaubte Förderungen

- http://ec.europa.eu/competition/state_aid/studies_reports/sme_handbook_de.pdf
- http://ec.europa.eu/competition/state_aid/studies_reports/vademecum_on_rules_09_2008_de.pdf

5.11.2 WER UND WAS IST DIE AWS?

Die **AWS ist die Förderbank des Bundes für Unternehmen** und zu 100 Prozent im Besitz der Republik Österreich. Über diese Förderbank sollen die meisten der im Konjunkturpaket I vorgesehenen Maßnahmen abgewickelt werden. Die AWS entstand aus der Zusammenlegung der vier Förderungsagenturen Bürges-Förderbank, Innovationsagentur, FGG-Finanzierungsgarantiegesellschaft und ERP. Obwohl die AWS keine Vollbank ist, unterliegt sie dennoch den Bestimmungen des Bankwesengesetzes. Das Bundesministerium für Wirtschaft, Familie und Jugend und das Bundesministerium für Verkehr, Innovation und Technologie agieren als Eigentümervertreter in der Gesellschafterversammlung und bestimmen auch, wer den Vorsitz bzw. die Stellvertretung im Aufsichtsrat der AWS innehat. Neben den von den Eigentümervertretern nominierten Mitgliedern des Aufsichtsrates werden **auch vom Gewerkschaftsbund, der Wirtschaftskammer, der Bundesarbeitskammer und der Industriellenvereinigung Mitglieder in den Aufsichtsrat entsandt.**

5.11.3 DIE FÖRDERUNGSTÄTIGKEIT DER AWS

Unabhängig von den zusätzlichen Aufgaben durch das Konjunkturpaket orientieren sich die Förderungen der AWS an drei prinzipiellen Kernlinien:

- Gründer und junge Unternehmen
- Innovation und Technologie
- Regional und Wachstum KMU

Diese Kernlinien werden letztlich über dutzende, auf eine bestimmte Problematik fokussierte, Programme abgewickelt. Die Vielzahl dieser Förderprogramme innerhalb der AWS (wie auch der anderen Förderungsstellen) ist sehr schwer zu überblicken. Dennoch sind die vielen verschiedenen Programme über weite Strecken durchaus sinnvoll: für die Förderung der Gründung eines neuen Unternehmens sind eben andere Tatbestände in Betracht zu ziehen als für die Förderung einer Großinvestition eines Multis. Für die Unterstützung erster Internationalisierungsschritte von mittleren Unternehmen ist anderes zu beachten als bei der Förderung von Unternehmenspatenten usw.

Daher kann an dieser Stelle kein sinnvoller Überblick über alle Förderungsprogramme der AWS gegeben werden. Auf der **Homepage der AWS** steht natürlich unter der **Rubrik „Programme & Leistungen“** ein **vollständiger Überblick über alle Förderungen** zum Download zur Verfügung – als Kurzinfo, oder auch bis in alle Einzelheiten.

www.awsg.at

Würde man den Unternehmen zumuten, sich bei dieser Vielzahl von Programmen tatsächlich selbst zurechtfinden zu müssen, dann würde man zu Recht von einem Förderdschungel sprechen können. Tatsächlich ist es aber so, dass die Unternehmen natürlich eine entsprechende Hilfestellung erfahren und an die richtigen ExpertInnen weitergeleitet werden.

Offensive Projekte gesunder Unternehmen werden leichter gefördert

In der AWS wurde dafür ein sogenanntes **Kundencenter** eingerichtet. Grundsätzlich sollte man als Unternehmen jedenfalls immer dann in Betracht ziehen, die **AWS** zu **kontaktieren, wenn es um Zukunftsinvestitionen** (neue Produktlinien, Investitionsprojekte, neue Arbeitsplätze, Erschließung neuer Märkte usw.) **geht** – insbesondere als KMU oder in Regionalfördergebieten. Befindet sich ein Unternehmen bereits **in einer akuten Krise, sind die Unterstützungsmöglichkeiten beschränkter.**

Um das Förderziel zu erreichen, stehen der AWS folgende prinzipielle Förderinstrumente zur Verfügung, die sie (im Rahmen der Möglichkeiten des EU-Beihilfenrechts) durchaus auch mischen kann:

Föderinstrumente

- Garantieübernahme (zB. 80 Prozent) für einen Unternehmenskredit
- zinsgünstige Kredite aus den Mitteln des sogenannten Marshallplanes (ERP-Fonds)
- nicht rückzahlbare Zuschüsse (Mittel aus dem Bundesbudget)
- Beratung

Zu beachten ist, dass bei Haftungen der AWS (für Unternehmenskredite von einer normalen Geschäftsbank) vorab keine öffentlichen Mittel fließen, sondern – im Gegenteil – die AWS Garantieentgelte von den Unternehmen erhält.

Erst im Falle eines Konkurses bzw. Projektfehlschlages wird das Risiko schlagend und die AWS muss zahlen. Bei Krediten hingegen fließt tatsächlich Geld (aus dem angelegten Kapital der US-Marshallplanmittel des ERP-Fonds) zu zinsbegünstigten Konditionen an die Unternehmen.

Dieser Kredit wird aber in der Folge wieder an die AWS zurückgezahlt und kann erneut vergeben werden. Die nichtrückzahlbaren Zuschüsse sind tatsächlich „Geldgeschenke" an die Unternehmen – zweckgebunden natürlich an ein geplantes Unternehmensprojekt. Die Finanzmittel dafür stammen jedenfalls aus dem Bundesbudget.

Um einen Eindruck vom Umfang der AWS-Geschäfte zu bekommen, sollen im Folgenden ein paar Zahlen für das Jahr 2008 (gerundet) angeführt werden:

- MitarbeiterInnen in der AWS 220
- gesamte Förderleistung € 1 Mrd.

davon:

- Garantien € 370 Mio.
- Kredite € 450 Mio.
- Zuschüsse € 170 Mio.

- Anzahl der unterstützten Projekte/Unternehmen 5.200

Die AWS selbst gibt in ihren Aussendungen darüber hinaus an, damit ein gesamtes Projektvolumen der Unternehmen von fast € 11 (!) Mrd. zu unterstützen, 12.600 (!) Arbeitsplätze neu zu schaffen und weitere fast 100.000 (!) zu sichern. Diese Werte errechnen sich allerdings aus den optimistischen Angaben der Unternehmen in den Projektanträgen und sind jedenfalls weit überzeichnend – man denke dabei z.B. nur an die sicherlich vorhandenen Mitnahmeeffekte, wo also das Projekt auch ohne AWS sowieso durchgeführt worden wäre.

Mitnahmeeffekte bedenken

Jedenfalls **zeigt schon dieser grobe Blick auf das Zahlengerüst der AWS, dass hier in Summe enorme Geldflüsse stattfinden bzw. vom Staat Risiken (in Form von Garantien) übernommen werden.**

5.11.4 ZUSÄTZLICHE MITTEL UND AUFGABEN DURCH DAS KONJUNKTURPAKET

Jene Teile des Konjunkturpaketes der Regierung, die über die AWS abzuwickeln sind, sehen nun vor, die eben beschriebenen gesetzlichen und finanziellen Rahmenbedingungen der AWS auszuweiten:

- Das **Volumen der begünstigten Kredite** (aus ERP-Mittel) wurde für zwei Jahre **um jeweils € 200 Mio. ausgeweitet.** Diese Mittel stehen bereits zur Verfügung und sollen die Investitionstätigkeit von Unternehmen unterstützen.
- € 50 Mio. davon sind für eine neue Programmlinie **„Mikrokredite“ zwischen € 10.000 und 30.000** vorgesehen, welche sich vor allem an klei-

nere Unternehmen und Gründungen richtet – auch dieses Programm läuft bereits.

Auch Überbrückungskredite für schwierige Unternehmenssituationen

- Der AWS wurde per Gesetz erlaubt, in Summe eine viel höhere Garantieverpflichtung (Gesamtobligo) als bislang einzugehen. Es sollen **zusätzliche € 400 Mio. pro Jahr an Kreditgarantien** eingegangen werden. Um dies zu realisieren, ändert die AWS derzeit Programmrichtlinien so, dass im Bereich der KMU (bis unter 250 Beschäftigte) die **Haftungsmöglichkeiten auch für Betriebsmittelkredite und Überbrückungskredite ausgeweitet bzw. geschaffen werden.** Dies wäre ein wichtiger Ansatzpunkt, um in bestimmten Unternehmenssituationen mithelfen zu können, kurzfristige Liquiditätsengpässe zu überstehen. **Haftungen für Unternehmen, die bereits vor dem Konjunktureinbruch wirtschaftliche Probleme hatten, wird es aber nicht geben können.**

Über die AWS wird sich der Staat an einigen mittelgroßen Unternehmen beteiligen

- Der Bund stellt in den Budgets für 2009 und 2010 der AWS insgesamt € 80 Mio. für einen **„Mittelstandsfonds“** zur Verfügung. Mit diesen Mitteln soll sich die **AWS als stiller Gesellschafter** (mit vertraglich gesicherten Mitentscheidungs- bzw. Kontrollrechten) für eine gewisse Zeit **direkt an Unternehmen mit Wachstumsprojekten beteiligen.** Größenordnung der Kapitalbeteiligung pro Unternehmen zwischen 0,3 bis 5 Mio. Zielgruppe sind Unternehmen mit bis zu 500 Beschäftigten.

- Die von der Europäischen Investitionsbank (EIB) zur Verfügung gestellten Finanzmittel sollen in Zukunft von der AWS im Ausmaß von bis zu € 200 Mio. jährlich genützt werden und entsprechend den Richtlinien der EIB an die österreichische Wirtschaft (für Technologie und Energieeffizienzprojekte) in Form von Krediten weitergegeben werden. Die Implementierung dieser Maßnahme läuft gerade – ist aber noch nicht abgeschlossen (Stand April 2009).

- Im Auftrag des BMWFJ werden von der AWS auch **Projekte der unternehmensbezogenen Arbeitsmarktförderung** begutachtet. Die endgültige Förderungsentscheidung trifft in diesen Fällen das BMWFJ. Die zur Verfügung stehenden Mittel wurden für die Jahre 2009 und 2010 um jeweils € 40 Mio. aufgestockt. **Gefördert werden können Unternehmen, die Investitionen für Wachstum und Beschäftigung vornehmen.** Bislang war eine der Bedingungen für eine Förderung, dass ein

Zuwachs der Beschäftigung von mindestens 10 Prozent nach der Projektumsetzung nachzuweisen war. Angesichts des Konjunktureinbruchs werden für die nächsten beiden Jahre auch Unternehmen nicht ausgeschlossen, die diese Bedingung nicht vollständig erfüllen (können).

Gleich bleibender Beschäftigtenstand reicht

5.11.5 EINSCHÄTZUNG UND EMPFEHLUNGEN

Aus konjunkturpolitischer Perspektive betrachtet sind solche angebotsorientierte Maßnahmen jedenfalls die zweitbeste Alternative (Politik à la „Prinzip Hoffnung"). Größere direkte und nachvollziehbare Wachstumseffekte erzielt die Wirtschaftspolitik sicherlich mit Instrumenten, die die Nachfrage direkt erhöhen. Auch von der Verteilungswirkung her sind zusätzliche Unternehmensförderungen wohl nicht das beste Instrumentarium.

Anders sieht es oftmals aus der einzelbetrieblichen Perspektive (durchaus auch von den involvierten BetriebsrätInnen) aus, wenn es darum geht, eine größere Investition/ein größeres Projekt zu finanzieren. Folgende Aspekte sollten hier aus ArbeitnehmerInnensicht mit eine Rolle spielen:

- Eine Förderung **kann durchaus einen wesentlichen Beitrag dazu leisten, um z.B. ein Investitionsprojekt zu realisieren.** Etwa, wenn notwendige externe Finanzierungsquellen (Banken, Privat Equity,...) ihr Engagement an die Mitfinanzierung der öffentlichen Hand binden.
- Aus ArbeitnehmerInnensicht wird eine Förderung mit öffentlichen Mitteln in der Regel dann besonders zu begrüßen sein, wenn es um die Rettung von Unternehmen und damit um Arbeitsplätze geht. Hier setzt allerdings das EU-Beihilfenrecht sehr enge Grenzen. Dennoch **lassen sich in manchen Fällen innovative Wege finden, einen Rettungsprozess zu unterstützen.**
- Eine **frühzeitige und möglichst intensive Einbindung des Betriebsrates in die Planung eines Investitionsprojektes** – und in der Folge Förderungsprojektes - kann dazu beitragen, aus ArbeitnehmerInnensicht wichtige Interessen effektiv einzubringen. Wo immer möglich, sollte eine solche Einbindung offensiv eingefordert werden.

- Eine **öffentliche Förderung kann in manchen Fällen für die Betriebsräte unterstützend wirken.** Etwa wenn im Zuge der Förderungszusage sinnvolle Auflagen – wie etwa ein bestimmtes Beschäftigungsziel - gemacht werden.

Nicht immer kennt das Management die öffentlichen Unterstützungsmöglichkeiten!

- An sich wäre davon auszugehen, dass das Management eines Unternehmens Förderungsmöglichkeiten kennt und in Betracht zieht. Dennoch: stellen sich in einem Unternehmen Finanzierungsfragen (sei es für Wachstumsprojekte oder auch hinsichtlich der Überbrückung von Liquiditätsengpässen), ist **durchaus auch von Betriebsratsseite das Management dahingehend anzusprechen, ob auch die Möglichkeiten der Wirtschaftsförderung in Betracht gezogen wurden.**

Folgendes sollte jedenfalls klar gesehen werden: Ausweitungen von Unternehmensförderungen können weder die Wirtschaftskrise beseitigen, noch den Bank- und Finanzsektor ersetzen, noch strukturell nicht überlebensfähige Unternehmen auf Dauer retten.

Hans Ofner

5.12 EUROPÄISCHER GLOBALISIERUNGSFONDS (EGF)

Der EGF wurde im Jahr 2006 ins Leben gerufen; seit dem 1. Jänner 2007 ist die entsprechende Verordnung des europäischen Parlaments und des Rates in Kraft (VO (EG) Nr. 1927/2006). **Die Laufzeit/Geltungsdauer des EGF ist auf Grund des Finanzrahmens bis 31. Dezember 2013 befristet.** Der Fonds wird **jährlich mit € 500 Millionen** dotiert.

Ausschlaggebend war das Erkennen der negativen Auswirkungen der Globalisierung auf den europäischen Arbeitsmarkt. Der EGF sollte die Solidarität der europäischen Gemeinschaft mit ArbeitnehmerInnen, die als Opfer der Veränderungen im Welthandelsgefüge arbeitslos geworden sind, unter Beweis stellen. Wenn Kündigungen und Auflösungen von Dienstverhältnissen „beträchtliche negative Auswirkungen auf die regionale oder lokale Wirtschaftsentwicklung haben" (Artikel 1 Abs.1 EGF-Verordnung), können die Mitgliedsstaaten um finanzielle Unterstützung ansuchen.

Die Europäische Kommission hat per 1. Mai 2009 den Anwendungsbereich des EGF **vorübergehend** (bis 31.12.2010) auch **auf ArbeitnehmerInnen erweitert, die durch die Finanz- und Wirtschaftskrise arbeitslos** geworden sind. Weiters wurde der Zeitraum für die EGF-Unterstützung aus diesem Anlass auf 24 Monate ausgedehnt.

Der EGF fördert maximal 65 Prozent der aufgewendeten Kosten für arbeitsmarktpolitische Maßnahmen. Für die administrative und technische Unterstützung können weitere 0,35 Prozent der für das betreffende Jahr verfügbaren Mittel eingesetzt werden.

Wer sich aktiv an der Finanzierung der arbeitsmarktpolitischen Maßnahmen beteiligt (Bund, Länder, Gemeinden, AMS usw.), kann einen **Antrag an das Bundesministerium für Arbeit, Soziales und Konsumentenschutz** (BMASK) stellen. Das Ministerium entscheidet über den Antrag und leitet diesen an die Europäische Kommission zur endgültigen Entscheidung weiter.

5.12.1 ZIEL

Ziel des EGF ist die **Unterstützung von ArbeitnehmerInnen, die von einem Arbeitsplatzverlust betroffen** sind. Konkret werden folgende Maßnahmen finanziert:

- Unterstützung bei der Arbeitssuche
- auf die Person zugeschnittene Weiterbildungsmaßnahmen
- Förderungen und Hilfen zur Unternehmensgründung

Diese Maßnahmen sind allesamt Kernbereiche von Arbeitsstiftungen.

5.12.2 KRITERIEN

1. Ein kausaler Zusammenhang zwischen dem Verlust des Arbeitsplatzes und der weltweiten Globalisierung der Wirtschaft bzw. der internationalen Finanz- und Wirtschaftskrise
2. **Abbau von 500 oder mehr Arbeitsplätzen in** einem **Unternehmen,** bei dessen **Zulieferern** oder ihm nachgeschalteten **Herstellern** innerhalb eines Zeitraumes von 4 Monaten
3. Abbau von 500 oder mehr Arbeitsplätzen **in mehreren Betrieben einer Branche oder Region,** in einem oder zwei benachbarten Bundesländern oder in zwei benachbarten Ländern innerhalb eines Zeitraumes von 9 Monaten

4. Auf kleinen Arbeitsmärkten oder **unter außergewöhnlichen Umständen** können Mittel des EGF zur Verfügung gestellt werden, sofern ein Stellenabbau **schwerwiegende Auswirkungen für die Beschäftigung und die lokale Wirtschaft** hat, auch wenn die Punkte 2 und 3 nicht vollständig vorliegen.

Die Förderung ist ausnahmslos für betroffene ArbeitnehmerInnen gedacht. Unternehmen werden vom EGF nicht gefördert.

Kommt eine Förderung durch den EGF in Betracht, muss das zuständige Ministerium mit den Verantwortlichen (Arbeitgeber, Betriebsrat, Gewerkschaften, AMS) ein Förderkonzept entwickeln. Dieses muss auf die konkrete Situation ausgerichtet sein.

Dabei ist unter anderem zu berücksichtigen, ob und welche Unterstützung bei der beruflichen Wiedereingliederung die Betroffenen auf der Grundlage eines Sozialplanes erhalten.

Da der EGF höchstens 65 Prozent der Gesamtkosten übernimmt, muss **zunächst auf nationaler Ebene** eine solide Finanzierungsbasis gefunden werden, auf der man mit **Hilfe des EGF** aufbauen kann. Gerade die **Finanzierung einer Arbeitsstiftung** kann mit Hilfe des EGF **wesentlich erleichtert** werden.

Obwohl das gesamte Bewilligungsverfahren sehr lange dauert, lohnt es sich, auf die Mittel des EGF zuzugreifen. Nicht alle ArbeitnehmerInnen haben die Möglichkeit, nach dem Verlust ihres Arbeitsplatzes in eine Arbeitsstiftung einzutreten und an Bildungsmaßnahmen teilzunehmen. Mit der zusätzlichen Finanzierung aus dem Fonds wird es auch für die Länder und das AMS attraktiver und leichter, entsprechende arbeitsmarktpolitische Maßnahmen mitzutragen und zu finanzieren.

Die BetriebsrätInnen spielen auch hier eine zentrale Rolle. Sie müssen sich umgehend mit ihren Gewerkschaften in Verbindung setzen, sobald ein möglicher Personalabbau – wenn auch nur gerüchteweise – zur Sprache kommt. Da die Kriterien für die Lukrierung von Mitteln des EGF sehr eng gesteckt sind, benötigt es eine längere Vorlaufzeit.

Um den betroffenen ArbeitnehmerInnen auch weiterhin optimale Aus- und Weiterbildung garantieren und anbieten zu können, brauchen wir zusätzliche Finanzierungsquellen. Der EGF ist eine davon.

Helga Hons/René Schindler

5.13

AUSWIRKUNGEN DER JEWEILIGEN MASSNAHME AUF DAS ARBEITSVERHÄLTNIS

Bevor ArbeitnehmerInnen und Betriebsrat auf (oft vermeintlich gute) Vorschläge des Arbeitgebers zur Bewältigung einer Krise eingehen, empfiehlt es sich, nicht nur die **unmittelbaren Auswirkungen,** sondern auch die **längerfristigen Folgen zu bedenken** – Arbeitslosigkeit, Auswirkungen auf die Pension ... Eine erste Orientierung bietet die folgende Tabelle, Genaueres behandeln die übrigen Beiträge im Kapitel 5!

	Kurzarbeit	Bildungskarenz (plus)	Aussetzvertrag	Teilzeit	Lohn-/Gehalts-verzicht	Arbeits-stiftung
Arbeitsverhältnis	aufrecht	karenziert	beendet	aufrecht	aufrecht	beendet
Änderung der Arbeitszeit	Verkürzung			Verkürzung		
Kündigungsfrist	–	–	Üblicherweise nicht eingehalten	–	–	Üblicherweise berücksichtigt
Abfertigung (alt)	–	–	Berechnet, aber meist nicht ausbezahlt, wird dem Arbeitgeber gestundet	Schmälert die Abfertigung, wenn nicht anders vereinbart	Schmälert die Abfertigung, wenn nicht anders vereinbart	Fällig und ausgezahlt
Urlaub	–	–	Abgerechnet, meist nicht ausbezahlt; verschiebt Zeitpunkt des Beginns des Arbeitslosen-Geld-Anspruchs nach hinten	–	–	Wird abgegolten mit Beendigung
Einkommen während Maßnahme	Teilzeit-Lohn/-Gehalt plus Kurzarbeits-Unterstützung plus vereinbarte AG-Zuzahlung	Weiterbildungsgeld, ev. Stipendium seitens des Arbeitgebers	Arbeitslosengeld, sofern nicht durch Urlaubsersatzleistung nach hinten geschoben	Teilzeit-Lohn/-Gehalt	Verringertes Einkommen auf Dauer	Stiftungsarbeitslosengeld, ev. Stipendium
Kündigungsschutz	Während der Kurzarbeit und danach für mindestens 1 Monat	Nein	Beendetes Arbeitsverhältnis mit Wiedereinstellungszusage	Nein	Nein	Arbeitsverhältnis beendet

	Kurzarbeit	Bildungskarenz (plus)	Aussetzvertrag	Teilzeit	Lohn-/Gehalts-verzicht	Arbeits-stiftung
Anrechnung der Maßnahme auf dienstzeitabhängige Ansprüche	Ja, aufrechtes Arbeitsverhältnis	Muss vereinbart werden	Darf nicht vereinbart werden – sonst kein Anspruch auf Arbeitslosengeld	Ja, aufrechtes Arbeitsverhältnis	Ja, aufrechtes Arbeitsverhältnis	Arbeitsverhältnis beendet
SV-Beiträge	Vom vollen Gehalt/Lohn	Weiterbildungsgeld	Arbeitslosengeld	Vom Teilzeit-Lohn/-Gehalt	Vom verringerten Lohn/ Gehalt	Stiftungsarbeitslosengeld
Auswirkungen auf Höhe der Pension und den Zeitpunkt des Pensionsantritts	Keine Nachteile	Zählt nicht für Anspruch auf „Hacklerpension" ; verringerte Pensionshöhe	Zählt nicht für Anspruch auf „Hacklerpension"; verringerte Pensionshöhe	Verringerte Pensionshöhe	Verringerte Pensionshöhe	Zählt nicht für Anspruch auf „Hacklerpension"; verringerte Pensionshöhe
Basis f. Pensionsbemessungsgrundlage	Voller Lohn/Gehalt	Weiterbildungsgeld	Arbeitslosen-Geld	Teilzeit-Lohn/-Gehalt	Verringerter Lohn/Gehalt	Stiftungsarbeitslosengeld
Qualifizierung	Möglich während ausgefallener Arbeitszeit	Mindestens 20 h/Woche	Müsste ausdrücklich vom AMS bewilligt werden – sonst Verlust des Arbeitslosengeldes!	–	–	Qualifizierung und Hilfe beim Erlangen eines Arbeitsplatzes
Kosten der Qualifizierung	Förderung AMS, Betrieb	Förderung durch AMS, Land; sonst ArbeitnehmerIn	–	–	–	AMS, Land, Betrieb
Vermittlung an andere Arbeitgeber	Nein	Nein	Ja	Nein	Nein	Ja, entsprechend dem Qualifizierungskonzept

Gerhard Höbart

INSOLVENZ – LETZTER AUSWEG AUS DER KRISE?

6

Die Insolvenz ist für viele Unternehmen oft der letzte Ausweg aus einer nicht zu bewältigenden Krise, bedeutet aber nicht unbedingt gleich das wirtschaftliche Ende. Sie bietet vielmehr auch die Chance auf einen Neuanfang und **kann in vielen Fällen zu einer erfolgreichen Sanierung des Unternehmens führen.** Zu erwähnen ist hier vor allem die Möglichkeit zum Abschluss eines Ausgleiches oder Zwangsausgleiches.

Wann ist ein Unternehmen insolvent?

Ein Unternehmen ist rechtlich gesehen insolvent, **wenn** entweder dauerhafte **Zahlungsunfähigkeit oder Überschuldung** mit negativer Fortbestehensprognose **vorliegt.**

Während die dauerhafte Zahlungsunfähigkeit einen allgemeinen Insolvenzgrund für alle Personen und Unternehmensformen darstellt, kommt die Überschuldung nur für Kapitalgesellschaften (Aktiengesellschaften und GmbH's), Personengesellschaften, bei denen kein persönlich haftender Gesellschafter eine natürliche Person ist (z.B. GmbH & Co KG) sowie Verlassenschaften in Betracht.

ZAHLUNGSUNFÄHIGKEIT

Ist ein Schuldner nicht mehr in der Lage, die fälligen Verbindlichkeiten auf Dauer fristgerecht zu bezahlen, liegt dauerhafte Zahlungsunfähigkeit vor.

Eine bloß vorübergehende Zahlungsstockung fällt nicht darunter. In diesem Fall kann der Schuldner etwa durch Stundungsvereinbarungen mit den Gläubigern die Fälligkeit der Verbindlichkeiten hinausschieben, um die kurzfristigen Zahlungsschwierigkeiten zu überwinden.

ÜBERSCHULDUNG

Sofern die Verbindlichkeiten eines Unternehmens die vorhandenen Vermögenswerte übersteigen und die Fortbestehensprognose für das Unternehmen negativ ausfällt, liegt **Überschuldung im insolvenzrechtlichen Sinn** vor.

Längerfristig nicht überlebensfähig!

Eine rein zeitpunktbezogene rechnerische Überschuldung reicht hingegen nicht aus. Neben der buchmäßigen Überschuldung kommt es darauf an, dass das Unternehmen längerfristig auf Grund der zu erwartenden negativen wirtschaftlichen Entwicklung nicht mehr überlebensfähig ist.

6.1 AUSSERGERICHTLICHE MASSNAHMEN ZUR ABWENDUNG EINER INSOLVENZ

Gerät ein Unternehmen in Zahlungsschwierigkeiten, können mit jedem einzelnen Gläubiger außergerichtliche Vereinbarungen getroffen werden, um entweder einen **Zahlungsaufschub** oder einen teilweisen **Schuldenerlass** zu erlangen.

Kurzfristige Zahlungsschwierigkeiten

Zu nennen sind hier vor allem die Stundung und Ratenvereinbarung sowie der außergerichtliche Ausgleich.

STUNDUNG

Durch die Stundung wird die Fälligkeit der Forderung hinausgeschoben. Der Schuldner kann die Verbindlichkeit zu einem späteren Zeitpunkt begleichen.

RATENVEREINBARUNG

Bei einer Ratenvereinbarung ist die bereits fällige Schuld in mehreren Teilen über einen vereinbarten Zeitraum zu leisten.

Durch die Stundung und die Ratenvereinbarung erhält der Schuldner einen Zahlungsaufschub, um kurzfristige Zahlungsschwierigkeiten zu überwinden.

AUSSERGERICHTLICHER AUSGLEICH

Der Schuldner verpflichtet sich durch eine außergerichtliche Vereinbarung mit Zustimmung seiner Gläubiger einen Teil der Schulden innerhalb einer vereinbarten Frist zu begleichen. Im Gegenzug verzichten die Gläubiger auf die restliche Forderung gegenüber dem Schuldner.

Der Schuldner erlangt somit einen tatsächlichen **Schuldenerlass,** der zur **Sanierung des Unternehmens** beitragen kann.

Auch ArbeitnehmerInnen werden oft aufgefordert, ihren Beitrag zur Sanierung des Unternehmens zu leisten. Sie haben allerdings keinen Grund, im Rahmen eines außergerichtlichen Ausgleiches auf Teile ihrer Entgeltansprüche zu verzichten.

Kein Grund auf Entgelt zu verzichten!

Im gerichtlichen Insolvenzverfahren sind die Ansprüche der ArbeitnehmerInnen nämlich durch den Insolvenz-Entgelt-Fonds abgesichert.

Im außergerichtlichen Ausgleich hingegen gibt es keine gesetzliche Absicherung für ArbeitnehmerInnenansprüche.

6.2 GERICHTLICHE VERFAHREN ZUR VORBEUGUNG EINER INSOLVENZ

Die Sanierung eines Unternehmens ist umso erfolgreicher, je früher **krisenabwendende Maßnahmen** eingeleitet werden. Deshalb hat der Gesetzgeber zwei gerichtliche Verfahren zur Vorbeugung einer Insolvenz vorgesehen. In der Praxis werden diese Möglichkeiten jedoch kaum in Anspruch genommen.

REORGANISATIONSVERFAHREN

Durch das Reorganisationsverfahren nach dem Unternehmensreorganisationsgesetz sollen Unternehmen, die zwar Sanierungsbedarf haben, aber **noch nicht zahlungsunfähig oder überschuldet** sind, geeignete Sanierungsmaßnahmen unter gerichtlicher

Aufsicht und mit Hilfe eines Reorganisationsprüfers setzen können.

Reorganisationsplan und Reorganisationsprüfer

Der Schuldner hat dem Gericht einen Reorganisationsplan vorzulegen, in dem die Maßnahmen zur Verbesserung der wirtschaftlichen Lage darzustellen sind. Der Reorganisationsprüfer beurteilt die vorgeschlagenen Maßnahmen und überwacht deren Durchführung.

AUSGLEICHSVERFAHREN BEI DROHENDER INSOLVENZ

Ein gerichtliches Ausgleichsverfahren kann vom Schuldner auch **schon bei drohender Zahlungsunfähigkeit** beantragt werden.

6.3 DIE GERICHTLICHEN INSOLVENZVERFAHREN:

KONKURS – AUSGLEICH

Das österreichische Insolvenzrecht sieht im Wesentlichen den Konkurs und den Ausgleich als gerichtliche Insolvenzverfahren vor.

Achtung!

Ziel und Zweck sind einerseits die gleichmäßige Befriedigung aller Gläubiger und andererseits die Sanierung des Schuldners.

Das in der Praxis häufigere **Konkursverfahren** zielt nicht nur auf die Liquidierung (Verwertung sämtlicher Vermögenswerte) des insolventen Unternehmens ab, sondern ermöglicht auch eine **Sanierung des Unternehmens durch Abschluss eines Zwangsausgleiches** im Rahmen des Konkursverfahrens.

Bei der Liquidierung des Unternehmens fließt der erzielte Erlös in die Konkursmasse und gelangt nach Abzug der Verfahrenskosten im Rahmen einer Verteilung an die Gläubiger. Dadurch wird der Wert eines Unternehmens allerdings meist vernichtet und die Schulden bleiben bestehen.

Um diesen Nachteil zur vermeiden, bietet der Zwangsausgleich als erfolgreiches Sanierungsinstrument die Möglichkeit, das Unternehmen weiterzuführen. Nach vollständiger Ausschüttung der angebotenen Zwangsausgleichsquote an die Gläubiger werden dem Unternehmer die restlichen Schulden erlassen (Restschuldbefreiung).

Ebenso gibt das **Ausgleichsverfahren** dem Schuldner die Möglichkeit, das Unternehmen zu sanieren. Es treten die gleichen Folgen wie beim Zwangsausgleich ein, nämlich die Restschuldbefreiung und in der Regel die damit verbundene Unternehmenssanierung.

Neben der für das Unternehmen wichtigen **Restschuldbefreiung** ist als weiterer positiver Effekt des Ausgleiches bzw. Zwangsausgleiches die **Erhaltung von Arbeitsplätzen** zu nennen.

Achtung! Der Zwangsausgleich hat als erfolgreiches Sanierungsinstrument in den letzten Jahren immer mehr an Bedeutung gewonnen. Mehr als ein Drittel der eröffneten Konkursverfahren enden mit dem Abschluss eines Zwangsausgleiches.

Im Rahmen der nächsten Insolvenzrechtsreform soll noch stärker der Sanierungscharakter zum Ausdruck kommen. Der Zwangsausgleich soll demnach durch einen Sanierungsplan im Rahmen eines eigenen Sanierungsverfahrens ersetzt werden.

Folgende Tabelle soll die österreichweite Entwicklung der Unternehmensinsolvenzen in den Jahren 2007 und 2008 veranschaulichen:

Unternehmensinsolvenzen	2007	2008	Veränderung
Gerichtl. Ausgleiche abzgl. Anschlusskonkurse	32	42	+ 31,3 %
Konkurse einschl. Anschlusskonkurse	2.991	3.228	+ 7,9 %
Eröffnete Insolvenzen (gesamt)	3.023	3.270	+ 8,2 %
Mangels Masse abgewiesene Konkursanträge	3.272	3.045	- 6,9 %
Gesamtinsolvenzen	6.295	6.315	+ 0,3 %
Außergerichtliche Verfahren	34	32	- 5,9 %
Betroffene Dienstnehmer	18.200	21.200	+ 16,5 %
Betroffene Gläubiger	70.700	83.300	+ 17,8 %

Quelle: KSV

6.4 KONKURS

VORAUSSETZUNGEN

- Zahlungsunfähigkeit bzw. Überschuldung
- Antrag des Schuldners oder eines Gläubigers
- Kostendeckendes Vermögen

EINLEITUNG DES VERFAHRENS

Neben den allgemeinen Voraussetzungen wie dem Vorliegen der **Zahlungsunfähigkeit** bzw. der **Überschuldung** ist für die Einleitung eines Konkursverfahrens ein Antrag des Schuldners oder eines Gläubigers beim zuständigen Gericht notwendig.

Antragspflicht des Schuldners

Der Schuldner selbst ist bei Vorliegen der allgemeinen Konkursvoraussetzungen (Zahlungsunfähigkeit, Überschuldung) verpflichtet, umgehend einen Konkursantrag zu stellen, spätestens jedoch innerhalb von 60 Tagen ab Eintritt der Zahlungsunfähigkeit (Antragspflicht des Schuldners). Kommt der Schuldner dieser Verpflichtung nicht zeitgerecht nach, hat er straf- und zivilrechtliche Folgen zu tragen.

KOSTENDECKENDES VERMÖGEN

Das Gericht prüft, ob das **vorhandene Vermögen** des Schuldners **ausreicht,** um zumindest die zu Beginn des Verfahrens anfallenden Kosten, insbesondere die Kosten des Masseverwalters, abzudecken.

Fehlt es an kostendeckendem Vermögen, kann der Antragsteller einen **Kostenvorschuss** leisten, dessen Höhe vom Gericht festgesetzt wird.

ABWEISUNG DES KONKURSANTRAGES MANGELS KOSTENDECKENDEM VERMÖGEN

Konkursabweisung

Der Konkursantrag wird vom Gericht abgewiesen, wenn weder ausreichendes Vermögen noch ein Kostenvorschuss vorliegen.

ERÖFFNUNG DES KONKURSES

Sind hingegen sämtliche Voraussetzungen erfüllt, wird der Konkurs eröffnet. Die Konkurseröffnung wird in der Insolvenzdatei unter **www.edikte.justiz.gv.at öffentlich bekannt** gemacht.

Abfrage der Insolvenzdatei ist kostenlos!

Die Wirkungen des Konkurses treten am Tag nach der Bekanntmachung ein.

BESTELLUNG EINES MASSEVERWALTERS

Folgen und Wirkung der Konkurseröffnung

Mit Konkurseröffnung erfolgt auch die Bestellung eines Masseverwalters, der das vorhandene Vermögen des Schuldners (die Masse) im Interesse der Gläubiger zu verwalten und das Konkursverfahren im Wesentlichen abzuwickeln hat. Er erhält die volle Verfügungsgewalt über das schuldnerische Vermögen. Der Schuldner kann ab sofort über sein Vermögen nicht mehr frei verfügen und verliert die Eigenverwaltung. Sämtliche Rechtshandlungen sind vom Masseverwalter vorzunehmen.

GLÄUBIGERAUSSCHUSS

Vom Gericht kann auch ein Gläubigerausschuss zur **Beratung, Unterstützung und Überwachung** des Masseverwalters bestellt werden. Der Gläubigerausschuss besteht meist aus drei bis sieben Mitgliedern (in der Praxis werden hauptsächlich Vertreter der bevorrechteten Gläubigerschutzverbände und Großgläubiger wie Banken etc. bestellt). In einigen Fällen (z.B. Veräußerung oder Verpachtung des Unternehmens) ist die Bestellung eines Gläubigerausschusses zwingend vorgeschrieben.

PROZESS- UND EXEKUTIONSSPERRE

Anhängige Gerichtsprozesse (auch Verfahren vor dem Arbeits- und Sozialgericht) und Exekutionsverfahren gegen den Schuldner werden durch die Konkurseröffnung **unterbrochen.** Die Forderungen sind nun im Konkursverfahren beim Konkursgericht anzumelden.

KONKURSFORDERUNGEN

Forderungen, die vor der Konkurseröffnung entstanden sind (hierzu zählen auch die **offenen Ansprüche der ArbeitnehmerInnen),** dürfen ab sofort weder vom Schuldner noch vom Masseverwalter beglichen werden.

Die offenen Forderungen sind als Konkursforderungen beim Gericht anzumelden.

PRÜFUNG DER FORDERUNGEN DURCH DEN MASSEVERWALTER

Die angemeldeten Konkursforderungen werden vom Masseverwalter geprüft. In der **Prüfungstagsatzung** gibt der Masseverwalter bekannt, ob die Forderungen von ihm anerkannt oder bestritten werden.

Bestreitet der Masseverwalter eine Forderung, kann der jeweilige Gläubiger einen Prozess gegen den Masseverwalter zur Feststellung der Forderung führen bzw. den bereits vor Konkurs anhängigen Prozess gegen den Masseverwalter fortsetzen.

Arbeitsrechtliche Ansprüche, die vom Masseverwalter bestritten werden, sind gegen den Masseverwalter vor dem zuständigen Arbeits- und Sozialgericht als Feststellungsprozess zu führen.

MASSEFORDERUNGEN

Forderungen, die nach Konkurseröffnung entstehen, sind vom Masseverwalter direkt aus dem vorhandenen Massevermögen in voller Höhe bei Fälligkeit zu begleichen. Die **Masseforderungen der ArbeitnehmerInnen** (laufendes Entgelt und Sonderzahlungen ab dem Zeitpunkt der Konkurseröffnung) sind hierbei gegenüber den anderen Masseforderungen unmittelbar nach Abdeckung der anfallenden Verfahrenskosten **vorrangig vom Masseverwalter zu bezahlen.**

BESONDERE AUSWIRKUNGEN AUF DAS ARBEITSVERHÄLTNIS

Arbeitsverhältnisse werden durch die Konkurseröffnung selbst nicht beendet!

Die Eröffnung des Konkurses über das Vermögen des Arbeitgebers hat selbst keine unmittelbare Wirkung auf den Bestand der Arbeitsverhältnisse. Die bereits geschlossenen Arbeitsverträge und Betriebsvereinbarungen behalten auch nach Konkurseröffnung ihre Geltung.

Die wechselseitigen Rechte und Pflichten des Arbeitsvertrages bleiben bestehen. Auf Arbeitgeberseite tritt der **Masseverwalter in die Rolle des Arbeitgebers** mit allen damit verbundenen Aufgaben und Funktionen.

www.insolvenzentgelt.at

Die ArbeitnehmerInnenansprüche sind durch den Insolvenz-Entgelt-Fonds im Rahmen der Sicherungsgrenzen des Insolvenz-Entgeltsicherungsgesetzes (IESG) gedeckt.

Beachte: Ein Austritt des Arbeitnehmers nach Eröffnung des Konkursverfahrens wegen vorenthaltenem Entgelt aus der Zeit vor Konkurseröffnung wäre unberechtigt und hätte den Verlust von Ansprüchen zur Folge!

Ebenso wäre eine vom (ehemaligen) Arbeitgeber ausgesprochene Kündigung oder Entlassung nach Konkurseröffnung unwirksam, sofern sie nicht vom Masseverwalter nachträglich genehmigt wird.

Alle anderen Beendigungsmöglichkeiten (z.B. Kündigung, einvernehmliche Lösung) stehen auch im Konkurs zur Verfügung. Daneben gibt es noch **spezielle Auflösungsformen nach der Konkursordnung (§ 25 KO).**

FORTFÜHRUNG ODER SCHLIESSUNG DES UNTERNEHMENS – BERICHTSTAGSATZUNG

Der Masseverwalter hat das Unternehmen vorerst fortzuführen und sich möglichst rasch einen Überblick über die wirtschaftliche Lage des Unternehmens zu verschaffen. Die **Schließung des Unternehmens** ist auf Antrag des Masseverwalters vom Konkursgericht nur dann anzuordnen, **wenn ein weiterer Fortbetrieb für die Gläubiger nachteilig wäre** oder das Konkursverfahren bereits ein Jahr gedauert hat. Spätestens zum Zeitpunkt der Berichtstagsatzung, die in der Regel zwei bis drei Monate nach Konkurseröffnung stattfindet, wird über das weitere Schicksal des Unternehmens (Schließung oder Fortführung) entschieden. Der Beschluss darüber wird in der Insolvenzdatei www.edikte.justiz.gv.at kundgemacht.

www.edikte.justiz.gv.at

Beachte: Für ArbeitnehmerInnen ist dieser Beschluss über das Schicksal des Unternehmens von großer Bedeutung, da daran die speziellen Formen zur Beendigung des Arbeitsverhältnisses nach § 25 Konkursordnung anknüpfen (Austritt des Arbeitnehmers bzw. Kündigung des Masseverwalters ohne Einhaltung eines Kündigungstermines).

Bei dieser Form der Auflösung behalten ArbeitnehmerInnen alle Ansprüche, die ihnen auch bei einer ordnungsgemäßen Kündigung durch den Arbeitgeber zustehen würden. Das sind insbesondere Abfertigung, Urlaubsersatzleistung und Kündigungsentschädigung. Diese Ansprüche sind über den Insolvenz-Entgelt-Fonds gesichert.

VERWERTUNG UND VERTEILUNG DER MASSE

Bestmögliche Vermögensverwertung

Die vorhandenen Vermögenswerte sind im Laufe des Konkursverfahrens vom Masseverwalter bestmöglich zu verwerten. Der erzielte Verwertungserlös ist am Ende des Verfahrens nach Abzug der Verfahrenskosten und Begleichung der Masseforderungen **an die Gläubiger** gleichmäßig im Verhältnis ihrer anerkannten Forderungen **zu verteilen** (Prinzip der gleichmäßigen Befriedigung aller Gläubiger).

Auch anerkannte Forderungen der ArbeitnehmerInnen, die durch den Insolvenz-Entgelt-Fonds nicht gesichert sind (z.B. weil die Ansprüche über der Sicherungsgrenze liegen), werden auf diesem Weg quotenmäßig befriedigt, sofern eine Verteilung an die Konkursgläubiger stattfindet.

UNTERNEHMENSVERKAUF – BETRIEBSÜBERGANG IM KONKURS?

Kein „AVRAG"-Übergang" im Konkurs

Die Verwertung der Konkursmasse bedeutet nicht in jedem Fall die Vernichtung von Vermögenswerten und Arbeitsplätzen. Auch ein **Verkauf des Unternehmens** in seiner Gesamtheit oder eines Teils davon kommt als Verwertungsmöglichkeit in Betracht.

Der Vorteil dieser Verwertungsart ist in erster Linie der Erhalt ideeller Unternehmenswerte auf der einen Seite und der **Erhalt von Arbeitsplätzen** auf der anderen Seite.

Beachte: Die Arbeitsverhältnisse gehen allerdings nicht automatisch auf den Erwerber des Unternehmens über.

Die allgemeinen Bestimmungen des AVRAG über den Betriebsübergang gelten im Konkurs nämlich nicht!

In der Praxis wird das in Konkurs befindliche Unternehmen formal geschlossen, um die Arbeitsverhältnisse nach den besonderen Bestimmungen der Konkursordnung aufzulösen. Danach können mit dem Erwerber des Unternehmens **neue Arbeitsverhältnisse** begründet werden.

ANFECHTUNG IM KONKURS

Bestimmte Rechtshandlungen, die kurze Zeit vor Konkurs bei Vorliegen faktischer Zahlungsunfähigkeit zwischen Schuldner und Gläubiger noch abgeschlossen worden sind, können vom Masseverwalter angefochten werden. Dies gilt auch für kurz vor Konkurs abgeschlossene Vereinbarungen zwischen ArbeitnehmerInnen und Arbeitgeber (Einzelvereinbarung) oder Betriebsrat und Arbeitgeber (Betriebsvereinbarung) sowie für verspätete Zahlungen des Arbeitgebers an die Belegschaft, wenn die Zahlungsunfähigkeit oder Überschuldung bereits bekannt oder erkennbar gewesen sein musste.

Hierzu zählen unter anderem:

- sachlich nicht gerechtfertigte Lohn- und Gehaltserhöhungen,
- Sozialpläne,
- Sondervereinbarungen (wie freiwillige Abfertigungen, überhöhte Prämien etc.),
- weit nach Fälligkeit geleistete Lohn- und Gehaltszahlungen.

6.5 ZWANGSAUSGLEICH

Im Laufe des Konkursverfahrens kann der Schuldner jederzeit einen **Antrag auf Abschluss eines Zwangsausgleiches** stellen. Er hat hierzu seinen Gläubigern einen Vorschlag vorzulegen, in dem er ihnen die teilweise Zahlung der Forderungen **(mindestens 20 Prozent)** innerhalb eines Zeitraumes von längstens zwei Jahren anbietet.

Dieser Vorschlag muss verglichen mit den wirtschaftlichen Verhältnissen des Schuldners **angemessen und erfüllbar** sein.

Die Gläubiger stimmen über diesen Zwangsausgleichsvorschlag in einer eigenen Tagsatzung bei Gericht ab. Der Zwangsausgleich gilt als angenommen, wenn mehr als die Hälfte der Gläubiger, die wiederum über mindestens 75 Prozent der angemeldeten Forderungen verfügen, zustimmen.

Über 30 Prozent der Konkurse enden mit Abschluss eines Zwangsausgleiches

Nach Bestätigung des Zwangsausgleiches durch das Konkursgericht wird das Konkursverfahren aufgehoben. Bei vollständiger Erfüllung des Zwangsausgleiches wird der Schuldner von seinen restlichen Schulden befreit.

Das Unternehmen kann weiter bestehen bleiben und die **Arbeitsplätze können dadurch erhalten werden.**

Beachte: Während des Erfüllungszeitraumes des Zwangsausgleichs besteht für ArbeitnehmerInnen eine Austrittsverpflichtung bei erstmaligem Vorenthalten des Entgeltes, um die Anspruchssicherung durch den Insolvenz-Entgelt-Fonds zu gewährleisten.

6.6 AUSGLEICH

Wie im Konkursverfahren müssen auch für die Eröffnung eines Ausgleichsverfahrens die allgemeinen Voraussetzungen wie **Zahlungsunfähigkeit** bzw. **Überschuldung** sowie kostendeckendes Vermögen und ein Antrag des Schuldners vorhanden sein.

www.edikte.justiz.gv.at

Der Eröffnungsbeschluss wird ebenfalls in der Insolvenzdatei unter www.edikte.justiz.gv.at kundgemacht.

Die Ausgleichswirkungen treten am nächsten Tag in Kraft.

Zur Überwachung des Schuldners wird ein Ausgleichsverwalter bestellt. Der **Schuldner** steht zwar unter der Kontrolle des Ausgleichsverwalters, **behält** aber weitestgehend seine **Eigenverwaltung.** Nur gewisse Rechtsgeschäfte (wie z.B. die Lösung von Arbeitsverhältnissen) bedürfen der Zustimmung des Verwalters.

Der Schuldner hat seinen Gläubigern eine Ausgleichsquote von **mindestens 40 Prozent** innerhalb eines Erfüllungszeitraumes von zwei Jahren anzubieten. Über diesen Vorschlag haben die Gläubiger in der bei Gericht abzuhaltenden Ausgleichstagsatzung abzustimmen, wobei wiederum die gleichen Mehrheitsverhältnisse wie beim Zwangsausgleich (siehe oben) erforderlich sind. Nach Annahme und Erfüllung des Ausgleiches wird der Schuldner wiederum von seiner **Restschuld befreit.**

ARBEITNEHMERINNEN IM AUSGLEICH

www.insolvenzentgelt.at

Die Ansprüche der ArbeitnehmerInnen sind auch im Ausgleich durch den Insolvenz-Entgelt-Fonds innerhalb der Sicherungsgrenzen des IESG gedeckt.

Ähnlich wie im Konkurs sind auch im Ausgleichsverfahren **besondere Kündigungsmöglichkeiten** von Arbeitsverhältnissen für den Ausgleichsverwalter vorgesehen.

Beachte: So können ArbeitnehmerInnen innerhalb eines Monats ab Ausgleichseröffnung vom Ausgleichsverwalter unter Einhaltung der gesetzlichen bzw. kollektivvertraglichen Kündigungsfristen, aber ohne Einhaltung eines Kündigungstermines gekündigt werden („Rationalisierungskündigungen").

Die Beendigungsansprüche (Kündigungsentschädigung, Urlaubsersatzleistung, Abfertigung usw.) sind wiederum über den Insolvenz-Entgelt-Fonds gesichert.

6.7 ANSCHLUSSKONKURS

Wenn der Ausgleich scheitert ...

Wird der Ausgleich von den Gläubigern nicht angenommen, vom Gericht nicht bestätigt oder wird das Verfahren aus sonstigen Gründen eingestellt, ist ein Anschlusskonkurs mit den **gleichen Folgen und Wirkungen eines Konkursverfahrens** zu eröffnen.

Auch im Anschlusskonkurs hat der Schuldner die Möglichkeit, einen Zwangsausgleich zu beantragen.

Beachte: Die Auswirkungen auf die ArbeitnehmerInnen sind die gleichen wie in einem „normalen" Konkursverfahren (siehe 6.4).

CHECKLISTE KAPITEL 6

1 Welche Kriterien sind für das Vorliegen einer Insolvenz ausschlaggebend?

- ❑ Dauerhafte Zahlungsunfähigkeit
- ❑ Überschuldung ohne positiver Fortbestehensprognose

2 Welche Maßnahmen können zur Abwendung einer Insolvenz ergriffen werden?

- ❑ Stundung
- ❑ Ratenzahlung
- ❑ Reorganisationsverfahren
- ❑ (Außer-)Gerichtlicher Ausgleich

3 Was ist Ziel und Zweck eines Insolvenzverfahrens?

- ❑ Gleichmäßige Befriedigung aller Gläubiger
- ❑ Aber auch: Sanierung des Schuldners

4 Was sind die wichtigsten Folgen einer Konkurseröffnung?

- ❑ Schuldner verliert seine Eigenverwaltung
- ❑ Bestellung eines Masseverwalters
- ❑ Anhängige Prozesse werden unterbrochen
- ❑ Konkursforderungen sind anzumelden

5 Welche Auswirkungen hat die Konkurseröffnung auf das Arbeitsverhältnis?

- ❑ Arbeitsverhältnis bleibt aufrecht
- ❑ Keine Austrittsmöglichkeit nach Eröffnung des Konkurses wegen offenem Entgelt aus der Zeit vor Konkurs
- ❑ Besondere Beendigungsarten nach der Konkursordnung
- ❑ Sicherung der Ansprüche durch den Insolvenz-Entgelt-Fonds
- ❑ AVRAG-Bestimmungen über den Betriebsübergang gelten im Konkurs nicht!

CHECKLISTE KAPITEL 6

6 Wer hilft ArbeitnehmerInnen im Falle einer Insolvenz des Arbeitgebers?

- ❑ Die BeraterInnen des Insolvenzschutzverbandes für ArbeitnehmerInnen (ISA) in jedem Bundesland.

7 Wer ist der ISA?

- ❑ Der Insolvenzschutzverband für ArbeitnehmerInnen (ISA) ist ein gemeinsamer Verein von ÖGB und Arbeiterkammern aller Bundesländer.

8 Wie hilft der ISA den von einer Insolvenz betroffenen ArbeitnehmerInnen?

- ❑ Der ISA berät ArbeitnehmerInnen in der Insolvenz ihres Arbeitgebers über die Auswirkungen der Insolvenz auf das Arbeitsverhältnis, über die rechtliche Situation bei Weiterbeschäftigung im insolventen Unternehmen und über die Möglichkeiten der Auflösung von Arbeitsverhältnissen in der Insolvenz.
- ❑ Als bevorrechteter Gläubigerschutzverband übernimmt der ISA die Vertretung der ArbeitnehmerInnen im Insolvenzverfahren ihres Arbeitgebers und die Antragstellung beim Insolvenz-Entgelt-Fonds.
- ❑ Im Jahr 2008 wurden österreichweit rund 26.000 ArbeitnehmerInnen vom ISA beraten und vertreten.

WEITERFÜHRENDE LITERATURHINWEISE

www.edikte.justiz.gv.at – Hier werden Konkurseröffnung, Ausgleichseröffnung bekanntgemacht, ebenso der Beschluss über Schließung oder Fortführung des Unternehmens – kostenlos abfragbar!

www.insolvenzentgelt.at – Informationen und Bearbeitung der Arbeitnehmeransprüche bei Insolvenz

INSOLVENZSCHUTZVERBAND FÜR ARBEITNEHMERINNEN

LANDESGESCHÄFTSSTELLEN:

Insolvenzschutzverband für ArbeitnehmerInnen für Wien

1040 Wien, Prinz-Eugen-Straße 20-22
Telefon: (01) 501 65-0; Fax: (01) 503 26 55-450
E-Mail: isa@akwien.at

Insolvenzschutzverband für ArbeitnehmerInnen für Burgenland

7000 Eisenstadt, Wiener Straße 7
Telefon: (02682) 740-0; Fax: (02682) 740-40
E-Mail: insolvenzrecht@akbgld.at

Insolvenzschutzverband für ArbeitnehmerInnen für Salzburg

5020 Salzburg, Markus-Sittikus-Straße 10
Telefon: (0662) 86 87-0; Fax: (0662) 86 87-350
E-Mail: insolvenzschutz@ak-sbg.at

Insolvenzschutzverband für ArbeitnehmerInnen für Steiermark

8020 Graz, Hans-Resel-Gasse 8-14
Telefon: 05 77 99-0; Fax: 05 77 99-2369
E-Mail: isa@akstmk.at

Insolvenzschutzverband für ArbeitnehmerInnen für Oberösterreich

4020 Linz, Volksgartenstraße 40
Telefon: (050) 69 06-0; Fax: (050) 69 09-2872
E-Mail: insolvenzrecht@akooe.at

Insolvenzschutzverband für ArbeitnehmerInnen für Niederösterreich

1060 Wien, Windmühlgasse 28
Telefon: (01) 588 83-0; Fax: (01) 588 83-101466
E-Mail: insolvenz@aknoe.at

Insolvenzschutzverband für ArbeitnehmerInnen für Kärnten

9020 Klagenfurt, Bahnhofplatz 3
Telefon: 05 04 77-0; Fax: 05 04 77-2240
E-Mail: isa@akktn.at

Insolvenzschutzverband für ArbeitnehmerInnen für Vorarlberg

6800 Feldkirch, Widnau 4
Telefon: (05522) 306-0; Fax: (05522) 306-2001
E-Mail: insolvenzrecht@ak-vorarlberg.at

Insolvenzschutzverband für ArbeitnehmerInnen für Tirol

6010 Innsbruck, Maximilianstraße 7
Telefon: (0512) 53 40-0; Fax: (0512) 53 40-1338
E-Mail: arbeitsrecht@ak-tirol.com

7

WEITERE UNTERSTÜTZENDE INFORMATIONEN

Erste Hilfe in der Krise bzw. ein kompetenter Überblick über Ursachen, Maßnahmen und Kommunikation in der Krise – das ist der Zweck dieses Buches. Auf den ersten Blick Einfaches ist bei näherer Betrachtung doch recht komplex und bedarf weiterer Information: Im Folgenden finden Sie weiterführende Literatur und Links zu den Beiträgen und hilfreiche Adressen. Wir empfehlen vor allem Kontaktaufnahme mit Gewerkschaft und Arbeiterkammer!

7.1

WEITERFÜHRENDE INFORMATIONEN IM WEB

Gewerkschaften und Arbeiterkammern bieten online eine Fülle von Informationen.

Links zu den einzelnen Stellen sind unter 7.3 Kontaktdatenverzeichnis angegeben.

www.voegb.at/bildungsangebote/skripten – Der Verband österreichischer gewerkschaftlicher Bildung bietet Seminare, Schulungen und Skripten, die auch zum Download bereitstehen:

z.B. WI-13 Bilanzanalyse, WI-4 Betriebswirtschaftslehre Einführung, AR-2B Mitbestimmungsrechte des Betriebsrats, AR-11 Die Betriebsvereinbarung, SK-04 Konfliktmanagement, SK-02 Teamarbeit, SK-07 Web 2.0 und vieles mehr

http://netzwerke.oegb.at/kampagnen – gelungene Betriebsratsaktionen, Tipps, Rechtliches

www.betriebsraete.at – mit Anleitung und Hilfsmitteln zur Betriebsratswahl

www.ris.bka.gv.at – aktuelle Gesetzestexte

www.ams.at – Service für Arbeitsuchende, z.B. mit Daten zur Stellensuche noch vor Eintritt der Arbeitslosigkeit auf Next Job – gleichzeitig auch Beantragung des Arbeitslosengeldes, für Betriebsräte interessant die Fördermöglichkeiten des AMS unter Service für Unternehmen (Qualifizierungsberatung, Weiterbildungsgeld, Altersteilzeitgeld), Informationen zur Kurzarbeit

www.waff.at – öffentliche Förderungen für Wiener ArbeitnehmerInnen *www.awsg.at* – Förderungen für Gründer, junge Unternehmen, Innovation und Technologie, Regional und Wachstum KMU

http://ec.europa.eu/competition/state_aid/studies_reports/sme_handbook_de.pdf

http://ec.europa.eu/competition/state_aid/studies_reports/vademecum_on_rules_09_2008_de.pdf
– seitens der EU erlaubte Förderungen auf deutsch einsehbar

www.edikte.justiz.gv.at – Hier werden Konkurseröffnung, Ausgleichseröffnung bekanntgemacht, ebenso der Beschluss über Schließung oder Fortführung des Unternehmens – kostenlos abfragbar!

www.insolvenzentgelt.at – Informationen und Bearbeitung der Arbeitnehmeransprüche bei Insolvenz

7.2 WEITERFÜHRENDE LITERATUREMPFEHLUNGEN

VERLAG DES ÖSTERREICHISCHEN GEWERKSCHAFTSBUNDES GMBH

In ihrer Buchhandlung oder in der

Fachbuchhandlung

Telefon: 01/405 49 98-132, Fax: DW 136
Rathausstraße 21, 1010 Wien
E-Mail: fachbuchhandlung@oegbverlag.at

ARBEITSVERFASSUNGSRECHT BAND 1

Josef Cerny

Gesetze und Kommentare 155
8. neu bearb. Auflage 2007, 420 Seiten, € 29,80
ISBN: 978-3-7035-1274-2

ARBEITSVERFASSUNGSRECHT BAND 2

Josef Cerny, Sieglinde Gahleitner, Alice Kundtner, Joachim Preiss, Hannes Schneller

Gesetze und Kommentare 156
3. neu bearb. Auflage 2004, 704 Seiten,
€ 35,–
ISBN: 978-3-7035-0961-2

ARBEITSVERFASSUNGSRECHT BAND 3

Josef Cerny, Sieglinde Gahleitner, Joachim Preiss, Hannes Schneller

Betriebsverfassung II,
Befugnisse der Arbeitnehmerschaft
Rechte der Betriebsratsmitglieder, §§ 89 bis 122

Gesetze und Kommentare 157,
4. aktualisierte Auflage, 2009, 832 Seiten, € 38,–
ISBN: 978-3-7035-1309-1

ARBEITSVERFASSUNGSRECHT BAND 4

Josef Cerny, Hans Trenner

Gesetze und Kommentare 158
4. neu bearb. Auflage 2007, 244 Seiten,
€ 26,80
ISBN: 978-3-7035-1265-0

ARBEITSVERFASSUNGSRECHT BAND 5

Josef Cerny, Klaus Mayr

Gesetze und Kommentare 166
2004, 704 Seiten, € 24,80
ISBN: 978-3-7035-0991-9

ARBEITSVERFASSUNGSRECHT BAND 6

Josef Cerny, Klaus Mayr

Gesetze und Kommentare 182
2006, 432 Seiten, € 29,80
ISBN: 978-3-7035-1090-8

ARBEITSZEITGESETZ

Josef Cerny, Gerda Heilegger,
Christoph Klein, Bernhard Schwarz

Gesetze und Kommentare 84
2. Auflage 2008
672 Seiten, € 45,–
ISBN: 978-3-7035-1113-4

ARBEITSVERTRAGSRECHTS-ANPASSUNGSGESETZ (AVRAG)

Wolfgang Holzer, Gert-Peter Reissner

Gesetze und Kommentare 164
2. neu bearbeitete Auflage 2006,
560 Seiten inkl. Nachtrag 2006, € 40,–,
ISBN: 978-3-7035-1041-0

ARBEITSKRÄFTEÜBERLASSUNGSGESETZ

Remo Sacherer, Bernhard Schwarz

Gesetze und Kommentare 148
2. neu bearbeitete Auflage 2006,
488 Seiten, € 35,–,
ISBN: 978-3-7035-1079-3

DIE BETRIEBSRATSWAHL

Rudolf Strasser, Peter Jabornegg

Gesetze und Kommentare 121
5. Auflage 2000, 360 Seiten, € 28,80,
ISBN: 978-3-7035-0760-1

ARBEITSRECHT

Gustav Wachter (Hrsg.)

Normensammlung für die betriebliche Praxis
Ein web/book aus dem ÖGB-Verlag
11. aktualisierte und erweiterte Auflage 2009
Buch 720 Seiten + CD-ROM + 1 Jahr Online-Zugang
€ 59,–,
ISBN: 978-3-7035-1344-2

ARBEITSRECHT IN FRAGE UND ANTWORT

Thomas Kallab, Erich Ullmann

12. überarbeitete Auflage 2008, 344 Seiten, € 23,80
ISBN: 978-3-7035-1325-1

SOZIALSTAAT ÖSTERREICH

Kammer für Arbeiter und Angestellte für Wien (Hrsg.)

Sozialleistungen im Überblick
Lexikon der Ansprüche und Leistungen
11. aktualisierte Auflage 2009, 384 Seiten, € 23,80
ISBN: 978-3-7035-1366-4

STRESS UND BURN-OUT-PRÄVENTION

Natascha Wendt, Michael Ensle

Handbuch für Führungskräfte, Betriebsräte
und Arbeitsmediziner,
2. aktualisierte Auflage 2009, 152 Seiten, € 21,–
ISBN: 978-3-7035-1387-9

ARBEITSVERFASSUNGSGESETZ IN FRAGE UND ANTWORT

Thomas Kallab, Erich Ullmann, Silvia Hruška-Frank

3. neu bearbeitete Auflage 2009,
212 Seiten, € 19,80,
ISBN: 978-3-7035-1374-9

IHRE RECHTE. ATYPISCH BESCHÄFTIGTE

2006, 128 Seiten, € 14,90,
ISBN: 978-3-7035-1247-6

IHR RECHT BEI KÜNDIGUNG

Günter Krapf

3. Auflage 2001, 224 Seiten, € 18,80,
ISBN: 978-3-7035-0840-0

KAMPAGNEN UND AKTIONEN ERFOLGREICH ORGANISIEREN

Willi Mernyi

2. Auflage 2007, 128 Seiten, € 18,80,
ISBN: 978-3-7035-1306-0

MITWIRKUNG DER ARBEITNEHMERSCHAFT IM AUFSICHTSRAT

Alexander Putzer

2005, 160 Seiten, € 21,–,
ISBN: 978-3-7035-1076-2

DER BESONDERE KÜNDIGUNGS- UND ENTLASSUNGSSCHUTZ FÜR BETRIEBSRATSMITGLIEDER

Silke Heinz-Ofner

2. Auflage 2004, 248 Seiten, € 24,80
ISBN: 978-3-7035-0994-0

GEWINNBETEILIGUNG – MITARBEITERBETEILIGUNG

Heinz Leitsmüller (Hrsg.)

2008, 272 Seiten, € 35,–,
ISBN: 978-3-7035-1330-5

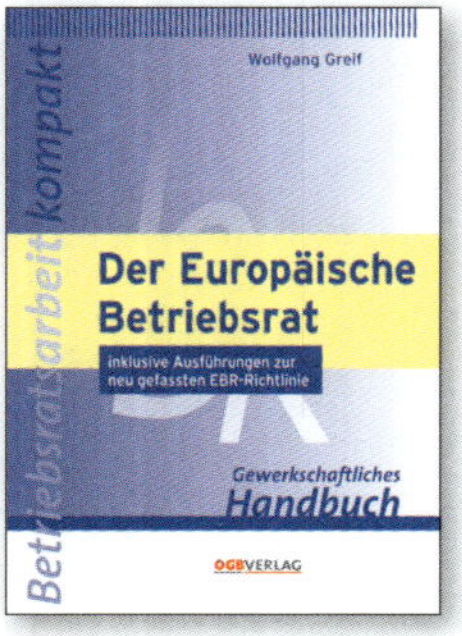

DER EUROPÄISCHE BETRIEBSRAT

Wolfgang Greif

2009, 328 Seiten, € 28,50
ISBN: 978-3-7035-1350-3

NEUE WEGE DER BETRIEBSRATSARBEIT

Michael Vlastos, Ulrich Schönbauer (Hg.)

2009, ca. 240 Seiten, € 28,50
ISBN: 978-3-7035-1369-5

DER AUFSICHTSRAT

Walter Gagawczuk, Helmut Gahleitner, Heinz Leitsmüller, Joachim Preiss, Hannes Schneller

2004, 224 Seiten, € 21,–,
ISBN: 978-3-7035-0964-3

BILANZANALYSE

Helmut Gahleitner, Wolfgang Hess, Heinz Leitsmüller, Ruth Naderer

Ein Handbuch
2. Auflage 2000, 360 Seiten, € 29,80,
ISBN: 978-3-7035-0822-6

ERFOLGREICHE KOMMUNIKATION IN DER BETRIEBLICHEN PRAXIS

Michael Vlastos

2006, 68 Seiten, € 12,90,
ISBN: 978-3-7035-1249-0

ERFOLGREICHE MODERATION IN DER BETRIEBLICHEN PRAXIS

Richard Ondraschek

2007, 68 Seiten, € 12,90,
ISBN: 978-3-7035-1250-6

ERFOLGREICHE TEAMARBEIT IN DER BETRIEBLICHEN PRAXIS

Heinz Strobel

2007, 88 Seiten, € 12,90,
ISBN: 978-3-7035-1251-3

ARBEITSKRÄFTEÜBERLASSUNGS-KV

René Schindler

2003, 320 Seiten, € 30,–,
ISBN: 978-3-7035-0908-7

7.3 KONTAKTDATEN-VERZEICHNIS

ÖSTERREICHISCHER GEWERKSCHAFTSBUND

1010 Wien, Laurenzerberg 2
Telefon: (01) 534 44, Fax: (01) 534 44/204
ÖGB-Servicecenter 05 777 444
E-Mail: oegb@oegb.at, Internet: www.oegb.at

GEWERKSCHAFTEN

Gewerkschaft der Privatangestellten, Druck, Journalismus, Papier

1034 Wien, Alfred-Dallinger-Platz 1
Telefon: 05 03 01/301, Fax: 05 03 01/300
E-Mail: service@gpa-djp.at, Internet: www.gpa-djp.at

Gewerkschaft Öffentlicher Dienst

1010 Wien, Teinfaltstraße 7
Telefon: (01) 534 54, Fax: (01) 534 54/207
E-Mail: goed@goed.at, Internet: www.goed.at

Gewerkschaft der Gemeindebediensteten

1090 Wien, Maria-Theresien-Straße 11
Telefon: (01) 313 16, Fax: (01) 313 16/838 81
E-Mail: gdg@gdg.at, Internet: www.gdg.at

Kulturgewerkschaft Kunst, Medien, Sport, freie Berufe

1090 Wien, Maria-Theresien-Straße 11
Telefon: (01) 313 16, Fax: (01) 313 16/838 99
E-Mail: sekretariat@kmsfb.at,
Internet: www.kmsfb.at

Gewerkschaft Bau-Holz

1010 Wien, Ebendorferstraße 7
Telefon: (01) 401 47, Fax: (01) 401 47/258
E-Mail: bau-holz@gbh.at,
Internet: www.bau-holz.at

Gewerkschaft der Chemiearbeiter

1060 Wien, Stumpergasse 60
Telefon: (01) 597 15 01, Fax: (01) 597 21 01/26
E-Mail: gdc@gdc.oegb.or.at,
Internet: www.chemiearbeiter.at

Gewerkschaft vida

1050 Wien, Margaretenstraße 166
Telefon: (01) 546 41, Fax: (01) 534 44/102 100
E-Mail: info@vida.at, Internet: www.vida.at

Gewerkschaft der Post- und Fernmeldebediensteten

1010 Wien, Biberstraße 5
Telefon: (01) 512 55 11, Fax: (01) 512 55 11/52
E-Mail: gpf@gpf.oegb.or.at, Internet: www.gpf.at

Gewerkschaft Metall-Textil-Nahrung

1041 Wien, Plößlgasse 15
Telefon: (01) 501 46, Fax: (01) 534 44/103 300
E-Mail: gmtn@gmtn.at, Internet: www.gmtn.at

LANDESORGANISATIONEN DES ÖGB

Burgenland

7000 Eisenstadt, Wiener Straße 7
Telefon: (02682) 770, Fax: (02682) 770/62
E-Mail: burgenland@oegb.at
Internet: www.oegb.at/burgenland

Kärnten

9020 Klagenfurt, Bahnhofstraße 44
Telefon: (0463) 58 70, Fax: (0463) 58 70/330
E-Mail: kaernten@oegb.at
Internet: www.oegb.at/kaernten

Niederösterreich

1060 Wien, Windmühlgasse 28
Telefon: (01) 586 21 54, Fax: (01) 586 21 54/1566
E-Mail: niederoesterreich@oegb.at
Internet: www.oegb.at/niederoesterreich

Oberösterreich

4020 Linz, Weingartshofstraße 2
Telefon: (0732) 66 53 91, Fax: (0732) 66 53 91/6099
E-Mail: oberoesterreich@oegb.at
Internet: www.oegb.at/oberoesterreich

Salzburg

5020 Salzburg, Markus-Sittikus-Straße 10
Telefon: (0662) 88 16 46, Fax: (0662) 88 19 03
E-Mail: salzburg@oegb.at
Internet: www.oegb.at/salzburg

Steiermark

8020 Graz, Karl-Morre-Straße 32
Telefon: (0316) 70 71, Fax: (0316) 70 71/341
E-Mail: steiermark@oegb.at
Internet: www.oegb.at/steiermark

Tirol

6010 Innsbruck, Südtiroler Platz 14–16
Telefon: (0512) 597 77, Fax: (0512) 597 77/650
E-Mail: tirol@oegb.at
Internet: www.oegb.at/tirol

Vorarlberg

6800 Feldkirch, Widnau 2
Telefon: (05522) 35 53/0, Fax: (05522) 35 53/13
E-Mail: vorarlberg@oegb.at
Internet: www.oegb.at/vorarlberg

ARBEITERKAMMERN

AK Wien

1040 Wien, Prinz-Eugen-Straße 20–22,
Telefon: (01) 501 65/0,
E-Mail: mailbox@akwien.at

AK Burgenland

7000 Eisenstadt, Wiener Straße 7,
Telefon (02682) 740, Fax: (02682) 740-40,
E-Mail: akbgld@akbgld.at

AK Kärnten

9020 Klagenfurt, Bahnhofplatz 3,
Telefon: 050 477, Fax: 050 477-2100,
E-Mail: arbeiterkammer@akktn.at

AK Niederösterreich

1060 Wien, Windmühlgasse 28,
Telefon: 05 71 71, Fax: +43 (1) 588 83-1555,
E-Mail: mailbox@aknoe.at

AK Oberösterreich

4020 Linz, Volksgartenstraße 40,
Telefon: 050 6906-0, Fax: 050 6906-2860,
E-Mail: info@akooe.at

AK Salzburg

5020 Salzburg, Markus-Sittikus-Straße 10,
Telefon: (0662) 86 87-0, Fax: (0662) 87 62 58,
E-Mail: kontakt@ak-salzburg.at

Kammer für Arbeiter und Angestellte für Steiermark

8020 Graz, Hans-Resel-Gasse 8–10,
Telefon: 05 77 99-0, Fax: (0316) 77 99/23 87,
E-Mail: info@akstmk.net

AK Tirol

6010 Innsbruck, Maximilianstraße 7,
Telefon: 0800 22 55 22,
E-Mail: ak@tirol.com

AK Vorarlberg

6800 Feldkirch, Widnau 4,
Telefon: 050 258-0, Fax: 050 258-1001,
E-Mail: kontakt@ak-vorarlberg.at

AUTORINNEN-VERZEICHNIS

ROBERT HAUSER

Robert Hauser lernte in einem Wiener Metallbetrieb den Beruf eines Lüftungstechnikers. Von 1982 bis 1989 war er Mitglied des Arbeiterbetriebsrates. 1988/89 Besuch des 40. Lehrganges der Sozialakademie.

Seit 1.12.1989 Rechtsschutzsekretär und seit 2002 Leiter der Rechtsabteilung der Gewerkschaft Metall - Textil - Nahrung.

MAG. GERHARD HÖBART

Studium der Rechtswissenschaften und Gerichtspraxis in Wien. Seit 2003 für den Insolvenzschutzverband für ArbeitnehmerInnen (AK/ÖGB-Insolvenzbüro) in der AK Wien tätig: Beratung und Vertretung von ArbeitnehmerInnen im Insolvenzverfahren ihres Arbeitsgebers; Vortragstätigkeit auf der Sozialakademie und der Wiener Betriebsräteakademie zum Thema „Arbeitsverhältnis und Insolvenz".

DR. PETER HOFFMANN

Klinischer Psychologe und Gesundheitspsychologe, Arbeits- und Organisationspsychologe, Luftfahrtpsychologe. Seit 1989 Referent in der AK Wien, bis 2004 Abteilung Sozialwissenschaft, ab 2005 Abteilung Sozialpolitik.

Arbeitsschwerpunkte: Planung und Durchführung von arbeits- und organisationspsychologischen Studien; Arbeitssituation im Gesundheitswesen; ältere ArbeitnehmerInnen; Mobbing- und Konfliktberatung.

MAG. HELGA HONS

Studium der Rechtswissenschaften in Wien, nach Gerichtsjahr und einem Praktikum bei der OÖ GKK mit 1.12.1989 in der GPA OÖ als Rechtschutzsekretär. Von 1.9.2000 bis 15.1.2008 stellvertretende Regionalgeschäftsführerin der Region Wien der GPA-djp mit dem Aufgabengebiet der Koordination des Rechtschutzes in Wien, seit 16.1.2008 stellvertretende Leiterin der Bundesrechtsabteilung der GPA-djp.

MAG. ROLAND LANG

Studium der Volkswirtschaftslehre an der Universität Wien. Eintritt in die AK Wien im Jahr 1986. Seit 2002 Stellvertretender Leiter der Abteilung Wirtschaftspolitik.

Schwerpunkt der Expertentätigkeit in den Bereichen Industrie- u. Technologiepolitik, KMU, Förderungswesen. Publikationstätigkeit, Vertreter der AK in den verschiedensten Industrie-, Technologie- und Fördergremien. Derzeit unter anderem Aufsichtsrat in der Austria Wirtschaftsservice GmbH (AWS).

MAG. HEINZ LEITSMÜLLER

Studium der Betriebswirtschaft an der Wirtschaftsuniversität Wien, Universitätslehrgang systemisches Management Universität Graz, ist Leiter der Abteilung Betriebswirtschaft der AK-Wien.

Arbeitsschwerpunkte sind die Beratung und Ausbildung von Aufsichtsräten in betriebswirtschaftlichen Belangen wie Umstrukturierungen, Analyse des Jahresabschlusses oder gesellschaftsrechtlichen Fragen, Autor mehrerer Fachpublikationen.

WILLI MERNYI

Nach einer Lehrausbildung zum Starkstrommonteur Absolvierung des Hochschullehrganges Kulturmanagement, danach Bundessekretär der Österreichischen Gewerkschaftsjugend. Seit 1999 Leiter des Referates für Kampagnen, Projekte und Zielgruppen im ÖGB, Vorsitzender „Mauthausen Komitee Österreich", Ausbildung zum Projektmanager, NLP-Coach und NLP-Trainer.

DR. GERNOT MITTER

Stellvertretender Leiter der Abteilung Arbeitsmarkt und Integration in der AK Wien.

Er beschäftigt sich seit rund 20 Jahren mit Fragen der Arbeitsmarktpolitik, von der Europäischen Beschäftigungspolitik über Tätigkeiten im Verwaltungsrat des Arbeitsmarktservice Österreich bis hin zur Umsetzung der Arbeitsmarktpolitik auf dem Wiener Arbeitsmarkt durch das AMS Wien und den Wiener ArbeitnehmerInnen-Förderungsfonds.

MAG. RUTH NADERER

Betriebswirtschaftsstudium an der WU Wien, Ausbildungen zur Organisationsberaterin und Coach; seit 1991 Mitarbeiterin der Abteilung Betriebswirtschaft in der AK Wien. Im Bereich Beratung und Ausbildung von BetriebsrätInnen und ArbeitnehmervertreterInnen im Aufsichtsrat tätig; Themenfelder: Bilanzanalysen, Branchenanalysen, wirtschaftliche Mitbestimmung, Aufsichtsrat, Umstrukturierungen, Mitarbeiterbeteiligung, Publikationen in Fachbüchern und Zeitschriften.

JOHANN OFNER

Seit 1999 Sekretär der Gewerkschaft Metall-Textil-Nahrung. Zuvor war der Absolvent der Sozialakademie der Arbeiterkammer in Bereichen der Industrie und des Handels als Betriebsrat tätig.

Er war der Initiator für die Errichtung der Tiroler Landesarbeitsstiftung. Der Arbeitsmarktexperte vertritt den ÖGB Tirol und seine Gewerkschaften auch als Mitglied des AMS-Direktoriums und als Kammerrat in der AK.

DR. RENÉ SCHINDLER

Leitender Sekretär der Gewerkschaft Metall-Textil-Nahrung, verantwortlich für Grundsatzfragen, den Rechtsbereich und die Sozialpolitik. In dieser Funktion hat er die Regelungen über die „Kurzarbeit-neu" ebenso mitverhandelt wie viele betriebliche Maßnahmen zur Bewältigung der Wirtschaftskrise bzw. von Krisen in einzelnen Unternehmen.

MAG. HANNES SCHNELLER

Jurist in der Abteilung Sozialpolitik der AK Wien. Neben sozialpartnerschaftlichen Verhandlungen für Beratungen im Individual- und Kollektivarbeitsrecht zuständig; insbesondere zu den Themen Betriebsrats-Rechte, Aufsichtsrat, Umstrukturierungen, Arbeitszeit und Arbeitskräfteüberlassung.

Publikationen in Fachbüchern und arbeitsrechtlichen Fachzeitschriften; Vortragstätigkeit im Rahmen der gewerkschaftlichen Bildung und in EU-weiten Mitbestimmungsnetzwerken.

STICHWORT-VERZEICHNIS

B

C

D

E

F

L

M

V

W

Z